Schriftenreihe aus dem Institut für Strömungsmechanik

Herausgeber
J. Fröhlich, R. Mailach, S. Odenbach

Institut für Strömungsmechanik
Technische Universität Dresden
D-01062 Dresden

Band 24

Fabian Wolf

Gaskavitation in kohlenwasserstoffhaltigen Flüssigkeiten: Einfluss von ruhendem, strömendem und hydrodynamisch kavitierendem Zustand

TUDpress
2018

Die vorliegende Arbeit wurde am 26. Juli 2016 an der Fakultät Maschinenwesen der Technischen Universität Dresden als Dissertation eingereicht und am 15. Juni 2017 erfolgreich verteidigt.

This work was submitted as a PhD thesis to the Faculty of Mechanical Science and Engineering of TU Dresden on 26th July 2016 and successfully defended on 15th June 2017.

Gutachter | Reviewers
1. Prof. Dr.-Ing. habil. J. Fröhlich
2. Prof. Dr.-Ing. habil. W. Heller
3. Prof. Dr.-Ing. R. Skoda

Bibliografische Information der Deutschen Nationalbibliothek
Die Deutsche Nationalbibliothek verzeichnet diese Publikation in der Deutschen Nationalbibliografie; detaillierte bibliografische Daten sind im Internet über http://dnb.d-nb.de abrufbar.

Bibliographic information published by the Deutsche Nationalbibliothek
The Deutsche Nationalbibliothek lists this publication in the Deutsche Nationalbibliografie; detailed bibliographic data are available in the Internet at http://dnb.d-nb.de.

ISBN 978-3-95908-130-6

bei Thelem Universitätsverlag
und Buchhandlung GmbH & Co. KG
Bergstr. 70 | D-01069 Dresden
http://www.tudpress.de

Gesetzt vom Autor. | Typeset by the author.
Printed in Germany.

Gaskavitation in kohlenwasserstoffhaltigen Flüssigkeiten: Einfluss von ruhendem, strömendem und hydrodynamisch kavitierendem Zustand

An der Fakultät Maschinenwesen
der
Technischen Universität Dresden

zur

Erlangung des akademischen Grades
Doktoringenieur (Dr.-Ing.)

angenommene Dissertation

von

Dipl.-Ing. Fabian Wolf
geboren am 10. Juli 1982 in Stuttgart

Tag der Einreichung: 26. Juli 2016
Tag der Verteidigung: 15. Juni 2017

Promotionskommission:

Vorsitzende:	Prof. Dr. rer. nat. habil. C. Breitkopf
Gutachter:	Prof. Dr.-Ing. habil. J. Fröhlich
	Prof. Dr.-Ing. habil. W. Heller
	Prof. Dr.-Ing. R. Skoda
Mitglieder:	Prof. Dr.-Ing. J. Weber
	Prof. Dr.-Ing. U. Gampe

Vorwort

Die vorliegende Arbeit entstand während meiner Tätigkeit als Doktorand bei der Robert Bosch GmbH im Zentralbereich Forschung und Vorausentwicklung.

Mein besonderer Dank gilt Herrn Prof. Dr.-Ing. habil. Jochen Fröhlich für die wissenschaftliche Betreuung und die Übernahme des Referats. Sein stetiges Interesse, seine wertvollen Ratschläge und seine motivierenden Worte hatten einen großen Anteil am Gelingen dieser Promotion. Auch Herrn Prof. Dr.-Ing. habil. Winfried Heller und Herrn Prof. Dr.-Ing. Romuald Skoda möchte ich für das entgegengebrachte Interesse, die fachlichen Diskussionen und die Anfertigung der Korreferate aufrichtig danken.

Dr. Dr. Uwe Iben danke ich für die Grundsteinlegung und die Betreuung dieser Arbeit bei der Robert Bosch GmbH. Ganz besonders gilt Herrn Dr. Alexander Morozov mein Dank, denn ohne dessen tatkräftige Unterstützung und den nötigen Wissenstransfer hätte sich die Einarbeitung in die Optische Messtechnik deutlich schwieriger gestalltet.

Darüber hinaus haben bei der Robert Bosch GmbH eine Vielzahl von Beteiligten zum Gelingen dieser Arbeit beigetragen, bei denen ich mich recht herzlich bedanken möchte. In besonderem Maße möchte ich Dr. Helmut Schomburg für seine wertvollen Anregungen und die kritische Durchsicht meiner Arbeit danken. Des Weiteren gilt mein Dank meinen Kollgen Dr. Ronny Leonhardt und Dr. Alexander Klein.

Ein ganz herzlicher Dank gilt an dieser Stelle meiner Familie, allen voran meiner Frau Marissa. Deren unermüdliches und motivierendes Verständnis gaben mir den Rückhalt, der letztendlich zur erfolgreichen Vollendung dieser Arbeit geführt hat.

Renningen, im Februar 2018 — Fabian Wolf

Inhaltsverzeichnis

Symbole und Abkürzungen **V**

Kurzzusammenfassung **XV**

1 Einleitung **1**

2 Grundlagen, Stand des Wissens, Theoretische Untersuchungen und Ziele der Arbeit **5**

2.1 Löslichkeit von Gasen in Flüssigkeiten 5

2.1.1 Angabe der Gaslöslichkeit 6

2.1.2 Thermodynamik der Gaslöslichkeit 9

2.1.3 Gaslöslichkeit in Wasser und in Alkanen 12

2.1.4 Gaslöslichkeit bei mehreren Gaskomponenten - Luft 15

2.2 Dampf- und Gaskavitation 18

2.2.1 Dampfkavitation 18

2.2.2 Gaskavitation 24

2.3 Gasblasenkeime 38

2.4 Diskussion und Ziele der Arbeit 44

3 Prüfstandsvorstellung - Gaskavitation in ruhenden Flüssigkeiten **49**

3.1 Prüfstandsvorstellung 49

3.2 Bestimmung der Löslichkeit von Gasen in Flüssigkeiten 55

3.2.1 Messmethode und Messverfahren 55

3.2.2 Messgröße und Messprinzip 56

3.2.3 Messung Mehrkomponentengase - Luft 59

3.2.4 Messablauf einer kompletten Messreihe 62

3.2.5 Validierung und Messungenauigkeit 65

3.3 Optische Bestimmung der Gasblasengrößenverteilung 70

3.3.1 Messmethode 70

3.3.2 Messprinzip 72

3.3.3 Optischer Aufbau 78
3.3.4 Validierungsmessung und Messbereich 81

4 Messergebnisse - Gaskavitation in ruhenden Flüssigkeiten 85
4.1 Löslichkeit von Gasen in Flüssigkeiten 85
4.1.1 Modell-Diesel 86
4.1.2 Prüf-, Kalibrier- und Konservierungsöl - V1404 88
4.1.3 Diesel - EN590 90
4.1.4 Hydraulikflüssigkeit - HLP46 91
4.1.5 Zusammenfassung Gaslöslichkeits-Messergebnisse 92
4.2 Gasblasengrößenverteilung in Flüssigkeiten 96
4.3 Fazit und Diskussion von Gaskavitation in quasi-ruhenden Flüssigkeiten 101

5 Prüfstandsvorstellung - Gaskavitation in strömenden Flüssigkeiten 105
5.1 Hydraulische Komponenten 105
5.1.1 Hochdruckversorgung 107
5.1.2 Strömungsprüfstände 108
5.2 Vorstellung der Strömungskanal-Geometrien 111
5.3 Optische Bestimmung der Kavitations- und der Gasblasengrößenverteilung 114
5.3.1 Messaufbau und Messprinzip 114
5.3.2 Auflösungsgrenzen der Durchlichtaufnahmen 116
5.3.3 Bildbearbeitung der Durchlichtaufnahmen 118
5.3.4 Ermittlung der Kavitationswahrscheinlichkeit im Strömungskanal 118
5.3.5 Ermittlung der Gasblasengrößenverteilung im Nachlauf 121
5.3.6 Messunsicherheit der Gasblasengrößenverteilung 126
5.4 Akustische Untersuchungen am Strömungskanal 128

6 Messergebnisse - Gaskavitation in strömenden Flüssigkeiten 131
6.1 Zugspannungsmessung, Geo-V 131
6.1.1 Messergebnisse Zugspannungsmessung 131
6.1.2 Fazit und Diskussion der Zugspannungsmessung 138
6.2 Ein- und Zweiphasenströmung in Geo-I und Geo-V 140
6.2.1 Hydraulische Messung der Drosselkurven 140
6.2.2 Optische Messung der Kavitationsverteilung 143

6.3 Ungelöste Luft im Nachlauf . . . 148
6.4 Akustische Messungen . . . 159
6.5 Fazit und Diskussion von Gaskavitation in strömenden Flüssigkeiten . 162

7 Zusammenfassung **173**

A Kavitationsverteilungen **177**

Literaturverzeichnis **185**

Symbole und Abkürzungen

Lateinische Buchstaben

A	Querschnittsfläche	m^2
a	Abstand	m
a_{13}	Abstand der Leuchtpunkte 1 und 3 auf der Blasenoberfläche	m
AF	Akkumulatorfeld zum Detektieren der Blasenmittelpunkte beim Hough-Algorithmus	
B	zweiter Virialkoeffizient	
B_{11}	zweiter Virialkoeffizient der reinen Komponente 1	
B_{22}	zweiter Virialkoeffizient der reinen Komponente 2	
B_{12}	Kreuz-Virialkoeffizient	
$\widehat{B}$	Fouriertransformierte der Beschleunigung	
$\widehat{B}_{\mathrm{ref}}$	Fouriertransformierte der Referenz-Beschleunigungs-Messung	$\mathrm{m}^2\,\mathrm{s}$
b	Brechzahl	
b_{r}	relative Brechzahl bzw. Brechzahlverhältnis zwischen Lösungsmittel und Blase oder Partikel	
b_{sp}	Brechzahl der Blase oder dem Partikel	
C_{D}	Durchflusskoeffizient bei einer Drosselströmung	
C_{p}	Korrekturwert des Durchflusskoeffizienten	$\mathrm{g}^2\,\mathrm{s}^{-2}$
c	Stoffmengenkonzentration	$\mathrm{mol\,m}^{-3}$
c'_{g}	Stoffmengenkonzentration der Gaskomponente in der flüssigen Phase	$\mathrm{mol\,m}^{-3}$
c''_{g}	Stoffmengenkonzentration der Gaskomponente in der gasförmigen Phase	$\mathrm{mol\,m}^{-3}$
D	Diffusionskoeffizient	$\mathrm{m}^2\,\mathrm{s}^{-1}$
D_{B}	Blasendurchmesser	m
D_{h}	hydraulischer Durchmesser	m
d_{res}	optische Auflösung	m

Symbol	Bedeutung	Einheit
F	Kennzeichnung einer Frequenz	Hz
F_{err}	Erregerfrequenz des elektrischen Antriebes	Hz
F_{res}	Resonanzfrequenz	Hz
f	Fugazität	bar
f_{o}	Brennweite einer Optik	mm
$f_i^{\star}$	Fugazität einer reinen Komponente i	bar
f_i°	Standardfugazität der Komponente i	bar
G^a	erster Gleichgewichtszustand bei der Gaslöslichkeitsmessung	
G^b	zweiter Gleichgewichtszustand bei der Gaslöslichkeitsmessung	
g	molare freie Enthalpie oder molare Gibbs-Energie	$\mathrm{J\,mol^{-1}}$
g_{kav}	molare freie Enthalpie - Hohlraumbildung	$\mathrm{J\,mol^{-1}}$
g_{int}	molare freie Enthalpie - Tansport und Interaktionen	$\mathrm{J\,mol^{-1}}$
$\tilde{g}$	Erdbeschleunigung	$\mathrm{m\,s^{-2}}$
H	Henry-Koeffizient	bar
$H_{\mathrm{g,l}}$	Henry-Koeffizient bzw. Fugazität des Gases im Lösungsmittel	bar
h	molare Enthalpie	$\mathrm{J\,mol^{-1}}$
$h_{\mathrm{g}}^{'}$	molare Enthalpie des Gases in der Flüssigphase	$\mathrm{J\,mol^{-1}}$
$h_{\mathrm{g}}^{''}$	molare Enthalpie des Gases in der Gasphase	$\mathrm{J\,mol^{-1}}$
$h_{\mathrm{g}}^{'\infty}$	molare Enthalpie des Gases in der Flüssigphase bei unendlicher Verdünnung	$\mathrm{J\,mol^{-1}}$
I	Kennzeichnung einer Lichtintensität	
$I^{\diamond}$	Lichtintensität nach einer Kontrastnormierung um Helligkeitsschwankungen der Lichtquelle auszugleichen	
I^{∞}	Lichtintensität nach einer Kontrastnormierung $I^{\diamond}$ und einer Normierung mit einer Referenzaufnahme um räumliche Intensitätsschwankungen auszugleichen	
$I^{\infty\infty}$	Lichtintensität nach der Bildbearbeitung in Schritt I^{∞} und einem zusätzlichen Gauß-Filter	

$\overline{I}(R)$	durchschnittlicher Intensitätsgradient in Abhängigkeit vom Radius	
j	Flussdichte	$\mathrm{kg\,s^{-1}\,m^{-2}}$
K	Kennzeichnung eines Koeffizienten	
K_{Aus}	Koeffizient zur Beschreibung des Stoffübergangs beim Ausgasen der gelösten Gase	
K_{E}	Ersatzkoeffizient beim Stoffübergangsmodell	
K_{Ein}	Koeffizient zur Beschreibung des Stoffübergangs beim Lösen der ungelösten Gase	
k	Massentransferkoeffizient	$\mathrm{m\,s^{-1}}$
k_{Bo}	Boltzmannkonstante	$\mathrm{J\,K^{-1}}$
Ka	Kavitationszahl bei Drosselströmungen	
Ka_U	Kavitationszahl, definiert über den dynamischen Druck	
Ka_{end}	Kavitationszahl, bei der letztmalig Kavitation auftritt	
Ka_{inc}	Kavitationszahl, bei der erstmalig Kavitation auftritt	
Ka_{kkp}	Kavitationszahl, bei der erstmalig Drosselung durch Kavitation auftritt	
L	Ostwald-Koeffizient - Volumenverhältnis	
L_c	Ostwald-Koeffizient - Konzentrationsverhältnis	
L_{mix}	Ostwald-Koeffizient eines Mehrkomponentengases	
$L_{\mathrm{g}}^{p^{\ominus}}(T, \bar{p})$	Ostwald-Koeffizient, gemessen bei Temperatur T und mittlerem Druck $\bar{p}$, bezogen auf Standardatmosphärendruck	
L_{Balg}	Länge des Metallbalges	mm
$\widetilde{L}_{\mathrm{ch}}$	charakteristisches Längenmaß	m
L_{Ein}	Länge des Strömungskanals vor dem engsten Querschnitt	mm
M	molare Masse	$\mathrm{kg\,mol^{-1}}$
m	Masse	kg
$\dot{m}$	Massenstrom	$\mathrm{g\,s^{-1}}$
$\vec{MP}$	Vektor vom detektierten Mittelpunkt zum Pixel	$\mathrm{\mu m\,pix^{-1}}$
N	Anzahl	

N_{int}	Anzahl an Interaktionen vom Strahl mit der Blase oder dem Partikel	
N_{ST}	Anzahl an Interferenz-Streifen	
n	Stoffmenge	mol
$N(R_{\text{B}})$	Keimdichteverteilungsfunktion von R_{B}	m^{-4}
NA	Numerische Apertur	
p	Druck	bar
p_i	Partialdruck der Komponente i	bar
p_{l}''	Dampfdruck des Lösungsmittels	bar
$p_{\text{l}}^{\star}$	Dampfdruck des reinen Lösungsmittels	bar
$p_{\text{s},i}$	Sättigungsdruck der Komponente i	bar
$p^{\ominus}$	Standardatmosphärendruck $p^{\ominus} = 1{,}013\,25\,\text{bar}$	bar
Q	Kennzeichnung eines Quellterms	
Q_{Aus}	Quellterm für das Ausgasen der gelösten Gase	
Q_{Ein}	Quellterm für das Lösen der ungelösten Gase	
R	Radius	m
R_0	hydrodynamischer Radius der diffundierenden Teilchen	
R_{B}	Blasenradius	m
$\overline{R}_{\text{B}}$	mittlerer Blasenradius bei einer Intervallbreite $\Delta R_{\text{B}} = 10\,\mu\text{m}$	m
$R_{\text{B,def}}$	realer Blasenradius, bei Annahme einer defokussierten Abbildung	m
$\tilde{R}$	allgemeine Gaskonstante	$\text{J}\,\text{mol}^{-1}\,\text{K}^{-1}$
$\tilde{R}_{\text{sp}}$	spezifische Gaskonstante	$\text{J}\,\text{mol}^{-1}\,\text{K}^{-1}$
r	Radius im Kugelkoordinatensystem	m
r_{g}	Molverhältnis bzw. Stoffmengenverhältnis der gelösten Gasmoleküle in der Flüssigkeit	
Re	Reynolds-Zahl	
Re_{B}	Reynolds-Zahl, charakteristisches Längenmaß ist der Blasendurchmesser	

Re_{Ro}	Reynolds-Zahl bei einer Rohrströmung, charakteristisches Längenmaß ist der hydraulische Durchmesser D_{h}	
S	Sättigungsgrad einer Lösung bezüglich eines Gases	
s_i	Empfindlichkeitskoeffizient bei der Messunsicherheitsbewertung	
Sc	Schmidt-Zahl	
SF	Skalierungsfaktor zwischen realer Größe und Pixel	$\mu\mathrm{m\,pix^{-1}}$
Sh	Sherwood-Zahl	
T	Temperatur	°C
$T^{\ominus}$	Standardtemperatur $T^{\ominus} = 25\,°\mathrm{C}$	°C
t	Zeit	s
U	Strömungsgeschwindigkeit	$\mathrm{m\,s^{-1}}$
U_c	Schallgeschwindigkeit	$\mathrm{m\,s^{-1}}$
u	Standardunsicherheit	
V	Volumen	$\mathrm{m^3}$
V'_{g}	Volumen des ungelösten Gases in der gasförmigen Phase	$\mathrm{m^3}$
V''_{l}	Volumen des Lösungsmittels in der flüssigen Phase	$\mathrm{m^3}$
$V^{\star}_{\mathrm{l}}$	Volumen der reinen Komponente	$\mathrm{m^3}$
V_{m}	molares Volumen	$\mathrm{m^3\,mol^{-1}}$
VK	relative Standardabweichung bzw. Variationskoeffizient	
w	Massenfraktion	
x_i	Messgrößen, die zur Messunsicherheit beitragen	
y	Molfraktion in der Gasphase	
Z	Kompressibilitäts- bzw. Realgasfaktor	
z_{t}	Tiefe in z-Richtung	mm

Griechische Buchstaben

α	halber Porenöffnungswinkel	°
β	Massenkonzentration	$\mathrm{kg\,m^{-3}}$
χ	Molfraktion bzw. Stoffmengenanteil	

$\chi_{\mathrm{g}}^{p^\ominus}(T,\bar{p})$	Molfraktion der gelösten Gasmoleküle, bezogen auf Standardatmosphärendruck, gemessen bei Temperatur T und mittlerem Druck $\bar{p}$	
χ_{g}	Molfraktion der gelösten Gasmoleküle im Lösungsmittel	
χ_{mix}	Molfraktion eines Mehrkomponentengases im Lösungsmittel	
δ	laminarer Strömungskoeffizient	
ϵ	Volumenfraktion	
ϵ^+	obere Grenze der Volumenfraktionsangabe inklusive Messunsicherheitsbeiträgen	
ϵ^-	untere Grenze der Volumenfraktion inklusive Messunsicherheitsbeiträgen	
γ	Aktivitätskoeffizient	
$\Gamma_{\to\infty}$	äußerer Rand des mathematischen Lösungsgebietes	
$\Gamma_{R_{\mathrm{B}}}$	innerer Rand des mathematischen Lösungsgebietes	
κ_{ad}	adiabate Kompressibilität	
κ_{B}	Konvertierungsfaktor zwischen D_{B} und Leuchtpunktabstand	
κ_{P}	Konvertierungsfaktor zwischen D_{P} und Leuchtpunktabstand	
Λ	Öffnungswinkel der Abbildungsoptik	$^\circ$
λ	Wellenlänge	nm
λ_{Ro}	Rohrreibungszahl	
μ	dynamische Viskosität	$\mathrm{N\,s\,m^{-2}}$
μ_i	chemisches Potential der Komponente i	J
ν	kinematische Viskosität	$\mathrm{m^2\,s^{-1}}$
ω	azentrischer Faktor	
$\overline{\Phi}$	mittlerer Betrachtungswinkel zwischen Lichtschnitt und Kamera	$^\circ$
Φ	Kennzeichnung eines Streuwinkels	$^\circ$
ψ	Hilfswinkel für die geometrische Herleitung von κ_{B}	$^\circ$
ρ	Dichte	$\mathrm{kg\,m^{-3}}$

σ	Oberflächenspannung	$\mathrm{N\,m^{-1}}$
τ	Zeitkonstante	s
θ	Kontaktwinkel zwischen Flüssigkeit und Feststoff	
υ	Winkel zwischen zwei konstruktiven Interferenzstreifen nach einem Doppelspalt	°
φ	Fugazitätskoeffizient	
φ''	Fugazitätskoeffizient in der Gasphase	
$\varphi^{\star}$	Fugazitätskoeffizient der reinen Komponente	
ξ	Einfallswinkel des Strahls	°
ζ	Einfallswinkel bei der Reflexion des Strahls	°

Indizes

0	Kennzeichnung eines initialen Zustandes
1	Kennzeichnung einer Komponente
2	Kennzeichnung einer Komponente
$'$	Kennzeichnung einer Flüssigphase
$''$	Kennzeichnung einer Gasphase
∞	unendlich
$\star$	Kennzeichnung eines reinen Zustandes
$\ominus$	Kennzeichnung einer Standardbedingung
a	erster Gleichgewichtszustand bei der Gaslöslichkeitsmessung
ad	adiabat
b	zweiter Gleichgewichtszustand bei der Gaslöslichkeitsmessung
B	Kennzeichnung einer Blase
bp	Kennzeichnung eines Betriebspunktes
c	Kennzeichnung einer Konzentration
cav	Hohlraum
ch	charakteristisch

Dr	Kennzeichnung einer Drossel
g	Kennzeichnung eines Gases oder einer Gaskomponente
h	hydraulisch
iG	Kennzeichnung eines idealen Gases
Ein	Einlassrandbedingung, zum Beispiel vor dem Strömungskanal
inc	inception, kennzeichnet den Beginn
int	Interaktion
i, j	Kennzeichnung einer Laufvariablen
K	Kohlenstoffatome
k	Kennzeichnung eines kritischen Punktes, beispielsweise der Thermodynamik
krit	Kennzeichnung eines kritischen Wertes
kav	Kavitation
l	Kennzeichnung eines Lösungsmittels oder einer Flüssigkomponente
Lu	Kennzeichnung der Luft
m	mol, molar
max	maximal
Mess	Kennzeichnung einer Messung oder eines Messbereiches
min	minimal
mix	Mischung, beispielsweise eines Mehrkomponentengases wie Luft
mp	Kennzeichnung eines Mittelpunktes
n	Polytropenexponent
Aus	Auslassrandbedingung, zum Beispiel nach dem Strömungskanal
P	Kennzeichnung eines Partikels
ph	Kennzeichnung einer Phase
p^{s}	bezogen auf Sättigungsdruck
$p^{\ominus}$	bezogen auf Standardatmosphärendruck

ref	Referenz
Rohr	Kennzeichnung eines Rohres
s	Sättigungszustand
sp	Kennzeichnung einer Sphäre bzw. Kugel
ST	Kennzeichnung eines Interferenzstreifens
stat	stationär, zeitunabhängige Betrachtungsweise
sw	Kennzeichnung eines Schwellwert
tur	Kennzeichnung einer turbulenten Strömung
trans	transient, zeitabhängige Betrachtungsweise
pix	Kennzeichnung eines Pixels

Abkürzungen

BHMIE	Bohren-Huffman-Mie
CSM	Cavitation Susceptibility Meter
De	Kennzeichnung von n-Decan
Geo-I	Drosselgeometrie I
Geo-V	Venturigeometrie V
Kam	Messkammervolumen
KP	kritischer Punkt
LM	Kennzeichnung eines Lösungsmittels oder einer Flüssigkomponente
PMMA	Polymethylmethacrylat
PS	Polystyrol
SPT	Scaled Particle Theory
TP	Tripelpunkt
VE	Ventil
Wa	Kennzeichnung von Wasser

Kurzzusammenfassung

Der Schwerpunkt der vorliegenden Arbeit waren experimentelle Untersuchungen in kohlenwasserstoffhaltigen Flüssigkeiten zur Gaskavitation, die auch unter Luftausgasung bekannt ist. Das hier in ruhenden, strömenden und hydrodynamisch kavitierenden Flüssigkeiten untersuchte Phänomen zum Stoffübergang der gelösten Gase ist insbesondere in Hydraulik- und Einspritzsystemen relevant.

Die Untersuchung zu den Stoffübergangsraten in quasi-ruhenden Flüssigkeiten erfolgte bei technisch relevanten Druckgradienten und Gasgehalten in einer Druckkammer mit variablem Volumen. Zusätzlich wurden in dieser Messkammer wichtige Einfluss- und Modelleingangsgrößen zur Gaskavitation ermittelt. Die druck- und temperaturabhängige Gaslöslichkeit wurde für verschiedene Dieselflüssigkeiten und ein Hydrauliköl bestimmt. Die Messung der Gasblasengrößenverteilung erfolgte interferometrisch für ausgewählte Alkane und einen Dieselersatzstoff.

Der Einfluss von strömender sowie hydrodynamisch kavitierender Flüssigkeit auf die Gaskavitation wurde in einem Strömungsprüfstand untersucht. Hierbei wurde über zeitlich und räumlich hochauflösende Durchlichtverfahren die Phasenverteilung im Strömungskanal und in dessen Nachlauf bestimmt. Die Detektion der sphärischen Gasblasen im Nachlauf erfolgte über einen Hough-Algorithmus. Somit konnte die Blasendichteverteilung und die Volumenfraktion ungelöster Gase über große Massenstrom- und Druckbereiche ermittelt und wichtige Einflussgrößen auf die Luftausgasung bestimmt werden.

Die Untersuchungen verdeutlichten das Entstehen großer Mengen ungelöster Gase in Sekundenbruchteilen nur bei ausgeprägter hydrodynamischer Kavitation und bei einem gleichzeitig niedrigen Auslassdruck. Somit wurde für die hier untersuchten Flüssigkeiten und Randbedingungen gezeigt, dass neben der Kenntnis wichtiger Modellparameter vor allem die Dampfkavitation in Gaskavitationsmodellen berücksichtigt werden muss. Basierend auf den in dieser Arbeit gewonnenen Erkenntnissen wurde ein Gaskavitationsmodell vorgestellt, das mit den hier vorgestellten Experimenten in Zukunft validiert werden kann.

1 Einleitung

Hydrauliksysteme kommen in einer Vielzahl von Anwendungen der Industrie vor, um Energie mithilfe einer Hydraulikflüssigkeit zu übertragen, zu steuern oder zu regeln. Zu den Vorteilen von Hydrauliksystemen, gegenüber rein elektrisch betriebenen Systemen, zählt ihr geringes Leistungsgewicht bei einfacher Erzeugung, Übertragung, Kontrolle und Lagerung von Energie. Die hydraulischen Produkte reichen vom Hydraulikzylinder zum Heben schwerer Lasten bis zu elektronisch geregelten Einspritzsystemen, die bei über 2500 bar Einspritzdruck stabile Mehrfacheinspritzungen bei kleinsten Spritzabständen gewährleisten. Um bei großen Temperatur- und Druckbereichen die Betriebssicherheit, die Wirtschaftlichkeit und die Lebensdauer der Hydrauliksysteme zu erfüllen, werden häufig Mehrkomponenten-Fluide aus einer komplexen Kohlenwasserstoff-Zusammensetzung als Hydraulikmedium verwendet.

Diese mehrkomponentigen Kohlenwasserstoffe können wie alle anderen Flüssigkeiten alle Gase intermolekular lösen, siehe Pollack (1991). Die Löslichkeiten sind jedoch stark abhängig vom Gas, der Flüssigkeit, dem Druck und der Temperatur. Nach dem Henry-Gesetz, dessen Gültigkeit bei vielen Flüssigkeiten und Gasen bei Atmosphärenbedingungen angenommen werden kann, ist die Menge an gelöstem Gas proportional zum Partialdruck in der Gasphase. Folgt eine Druckabsenkung unter den Sättigungsdruck, gilt die Flüssigkeit als übersättigt und Gas wird aufgrund eines geringeren Lösungsvermögens freigesetzt. Dieser Vorgang einer veränderlichen ungelösten Gasmasse wird nach Totten u. De Negri (2011) als Gaskavitation bezeichnet. Ein ebenfalls häufig verwendeter Ausdruck ist hierfür Luftausgasung oder Gasfreisetzung. Sie kommt nach Power u. a. (2009) oder Liger-Belair (2005) unter anderem infolge einer Druckreduzierung beim Öffnen von kohlensäurehaltigen Getränken vor. Ein weiteres bekanntes Beispiel ist die Dekompressions- beziehungsweise Taucherkrankheit, die nach einem zu schnellen Auftauchvorgang erfolgen kann, siehe hierzu Harvey (1945) oder Blatteau u. a. (2006), und die in ihrer Auswirkung von Kopf- und Gelenkschmerzen über Lähmung bis zum Tode reichen kann. Hierbei führt eine zu hohe Stickstoffübersättigung zu Blasenbildung im Blut, im Gewebe, in Gelenken und in Knochen. In Hydrauliksystemen kann die Luftausgasung beispielsweise im Niederdruckbereich von Leitungen (Wiggert

u. Sundquist, 1979; Kranenburg, 1974), in der Ansaugphase bei Pumpen (Müller u. a., 2016; Harris u. a., 1994; Casoli u. a., 2006), in Hydraulikspeichern (Longhitano u. a., 2016) oder im Rücklauf von Einspritzsystemen auftreten und über Änderungen der Fluideigenschaften zu erheblichen Funktionseinflüssen führen.

Während die gelöste Luft auf die Dichte und die Viskosität keinen relevanten Einfluss hat, kann die ungelöste Luft die Fluideigenschaften in erheblichem Maße beeinträchtigen. Die ungelöste Luft führt zu einer Änderung der Dichte und der Kompressibilität des Mediums. Als Folge kann nach Brennen (2005) die Schallgeschwindigkeit des Zweiphasen-Mediums deutlich kleiner als die der jeweils einzeln betrachteten Phasen werden und somit die Eigenfrequenzen der Hydrauliksysteme beeinflussen. Die Änderungen der physikalischen Fluideigenschaften durch die ungelösten Gase kann von einer Geräuscherhöhung oder einem Leistungs- und Effizienzverlust bis hin zu einer Minderung der Funktion und gar zu ihrem Verlust reichen. In einigen Fällen werden die Eigenschaften einer Gasphase in Hydrauliksystemen auch gezielt genutzt, um Massenströme zu reduzieren oder Druckwellen zu dämpfen. Bekanntermaßen kommen in der chemischen Industrie Mehrphasenströmungen zum Einsatz, damit Gas-Flüssig-Reaktionen begünstigt oder unerwünschte Komponenten eines Gases durch die Absorption einer untersättigten Flüssigkeit gereinigt werden können, siehe auch Kohl u. Nielsen (1997).

Um Auswirkungen der ungelösten Luft auf Betriebscharakteristiken gezielt zu reduzieren oder zu nutzen, muss der dynamische Prozess der Gaskavitation physikalisch grundlegend verstanden sein. Es gibt bereits einige, teilweise sehr unterschiedliche Ansätze, die Gaskavitation zu modellieren. Ein allgemeingültiger Ansatz ist jedoch nicht vorhanden und eine Anwendbarkeit der einzelnen Modelle ist häufig nur auf ein System oder auf einen Betriebspunkt beschränkt. Dies liegt darin begründet, dass die Gaskavitation nach Kranenburg (1974) von vielen unbekannten Parametern abhängig ist und demnach eine quantitative Vorhersage von ausgegaster Luft Experimente benötige, die vermutlich auf Prototypenebene basieren müssen. Auch für Jiang u. a. (2012) bleibt die Modellierung von Gas- und Dampfkavitation weiterhin eine Herausforderung, bei der das Fehlen angemessener Experimente das Problem vergrößere. Die Datenbasis experimenteller Untersuchungen in der Literatur ist allerdings für Hydraulikflüssigkeiten auf Mineralölbasis nochmals deutlich kleiner, da die meisten Untersuchungen zu Dampf- und Gaskavitation in Wasser durchgeführt wurden.

Der Mangel an experimentellen Grundlagen- und Validierungsexperimenten führt dazu, dass weiterhin die Betriebspunkte in Hydraulik- oder Einspritzsystemen, in denen die ungelöste Luft zu große Auswirkungen auf die Funktion oder die Lebensdauer hat, aufgrund unzureichender Qualität der Gaskavitationsmodelle nicht mit der Simulation ausgelegt werden können. Daher werden diese Betriebspunkte weiterhin durch aufwändige Funktionsmessungen und Absicherungen ermittelt und schlussendlich durch Eingrenzung der Randbedingungen vermieden. Ausgehend von diesen Voraussetzungen soll diese Arbeit daher einen Beitrag leisten, um die zugrunde liegende Physik des Stoffübergangs der Gasmoleküle für die bisher in der Literatur weniger betrachteten kohlenwasserstoffhaltigen Flüssigkeiten bei technisch relevanten Randbedingungen experimentell zu analysieren und modelltechnisch zu beschreiben. Technisch relevante Randbedingungen sind in dieser Arbeit angelehnt an Druckbereiche von Hydraulik- und Einspritzsystemen, die innerhalb von Sekundenbruchteilen bei hohen Druckgradienten von bis zu $1\,\text{bar}\,\text{ms}^{-1}$ zu großen Mengen ungelöster Luft führen können. Um den Stoffübergang der Gase bei diesen Randbedingungen zu untersuchen werden experimentelle Untersuchungen durchgeführt, welche auch die bisher bekannten wesentlichen Einflussgrößen auf den Stoffübergang qualitativ und quantitativ bewerten können. Dazu gehören insbesondere die Messung des Gasgehaltes und der Gasblasengrößenverteilung, die aufgrund häufig unbekannter und daher angenommener Werte als Favoriten für die Unterschiede zwischen Simulation und Experiment gelten. Im Anschluss daran sollen vorhandene Gaskavitationsmodelle aus der Literatur bewertet werden und für technisch relevante Bedingungen entweder angepasst oder neu formuliert werden.

Die detaillierten Ziele und die Vorgehensweise dieser Arbeit werden am Ende des Kapitels 2 vorgestellt. Es beinhaltet den Stand des Wissens und die Grundlagen zur Gaskavitation und zeigt theoretische Untersuchungen zur Gaskavitation für Flüssigkeiten wie Wasser und Kohlenwasserstoffe im Hinblick auf deren Stoffdaten-Unterschiede. Hieraus folgt die Notwendigkeit, das Absorptionsgleichgewicht von Gasen in Kohlenwasserstoffgemischen zu bestimmen und die Relaxationsprozesse grundlegend bei technisch relevanten Übersättigungsgraden mikroskopisch und makroskopisch, ohne Einfluss des Bewegungszustandes der Flüssigkeit zu untersuchen. Hierzu wird ein neuer Prüfstand entwickelt, der inklusive neuer Messmethoden in Kapitel 3 vorgestellt wird. Die hiermit ermittelten Messergebnisse zur druck- und temperaturabhängigen

Gaslöslichkeit sowie die Messung von Gasblasenkeimen in quasi-ruhenden Hydraulikflüssigkeiten sind Inhalt von Kapitel 4.

Zusätzlich zu diesen grundlagenorientierten Untersuchungen wird die Gaskavitation in einem anwendungsnahen Prüfstand in einer strömenden und hydrodynamisch kavitierenden Flüssigkeit untersucht. Hierfür wird in einem Strömungsprüfstand mit zwei verschiedenen Strömungskanal-Geometrien die hydrodynamische Kavitation hydraulisch, akustisch und optisch untersucht und im Nachlauf die Menge der ungelösten Luft bei verschiedenen Betriebspunkten gemessen. Die Vorstellung dieses Strömungsprüfstandes und dessen Messmethoden erfolgt in Kapitel 5 und die Messergebnisse hierzu werden in Kapitel 6 veranschaulicht. Eine abschließende Zusammenfassung dieser Arbeit folgt in Kapitel 7.

2 Grundlagen, Stand des Wissens, Theoretische Untersuchungen und Ziele der Arbeit

In diesem Kapitel werden die Grundlagen, der Stand des Wissens und theoretische Untersuchungen zur Gaskavitation vorgestellt. Zu Beginn wird das druck- und temperaturabhängige Verhalten der Löslichkeit von Gasen in Flüssigkeiten in Abschnitt 2.1 beschrieben. Von einem Gleichgewichtszustand ausgehend ist eine Änderung des Absorptionsgleichgewichtes durch eine Druck- oder Temperaturänderung bei einer vorhandenen Phasengrenzfläche die Ursache für eine Änderung der ungelösten Gasmasse und somit der Gaskavitation. Die Relaxationszeit wird über den Stofftransport und den Stoffübergang der Gasmoleküle bestimmt und ist neben der Dampfkavitation Inhalt von Abschnitt 2.2. Einen bedeutenden Einfluss auf die Dampf- und Gaskavitation haben Blasenkeime, auf die in Abschnitt 2.3 eingegangen wird. Abschließend wird in Abschnitt 2.4 der Stand des Wissens zur Gaskavitation in Kohlenwasserstoffen im Vergleich zu Wasser diskutiert und die daraus abgeleiteten Ziele für diese Arbeit vorgestellt.

2.1 Löslichkeit von Gasen in Flüssigkeiten

Nach Pollack (1991) können alle Gase in allen Flüssigkeiten gelöst werden, deren Löslichkeit jedoch über mehrere Größenordnungen variieren kann. Die Löslichkeit von Xenon in n-Oktan ist beispielsweise 470-fach höher als die Löslichkeit von Helium in Wasser und kann für komplexere Lösungsmittel und Gase noch weitaus mehr variieren. Neben diesen großen Unterschieden in der Gaslöslichkeit sind auch die Arten diese Gaslöslichkeit anzugeben stark unterschiedlich. Daher werden in Abschnitt 2.1.1 häufig in der Literatur verwendete Arten die Gaslöslichkeit anzugeben, vorgestellt. Anschließend werden in Abschnitt 2.1.2 die druck- und temperaturabhängige Gaslöslichkeit auf Basis des thermodynamischen Gleichgewichtes beschrieben. Für die Lösungsmittel Wasser und n-Alkane wird die Gaslöslichkeit aus der Literatur in Abschnitt 2.1.3

vorgestellt und auf molekularer Ebene interpretiert. Auf die Löslichkeit von Mehrkomponentengasen, wie Luft, wird in Abschnitt 2.1.4 eingegangen.

2.1.1 Angabe der Gaslöslichkeit

Die Löslichkeit von Gasen in Flüssigkeiten kann je nach je nach Themengebiet, Anwendungsfall oder Zugänglichkeit der Messgrößen auf mehrere Arten angegeben werden. Einen Überblick über einige Gaslöslichkeitsgrößen und deren teilweise mögliche Umrechnung ineinander geben zum Beispiel Hefter u. Tomkins (2003) und Sander (2015). Hefter u. Tomkins (2003) empfehlen bei neuen Gaslöslichkeitsmessungen aufgrund ihrer allgemeinen Anwendbarkeit lediglich die Molfraktion, den Henry-Koeffizient oder den Ostwald-Koeffizient als Gaslöslichkeitsangabe zu verwenden. Neben diesen Größen werden auch das Molverhältnis, die Massenfraktion und die Massenkonzentration nachfolgend vorgestellt.

Molverhältnis und Molfraktion Da in der Chemie häufig die thermodynamischen Größen als Molverhältnis ausgedrückt werden, ist das Molverhältnis r_g nach Gerrard (1976) die grundlegendste Art die Gaslöslichkeit bei bekanntem Druck und Temperatur auszudrücken. Es ist definiert als das Verhältnis der Molmengen aus gelöstem Gas n_g und Lösungsmittel n_l:

$$r_\mathrm{g} = \frac{n_\mathrm{g}}{n_\mathrm{l}}. \tag{2.1}$$

Im Vergleich hierzu wird bei der Molfraktion χ_g die Molmenge an gelöstem Gas n_g zum Verhältnis der gesamten Molmenge n gesetzt:

$$\chi_\mathrm{g} = \frac{n_\mathrm{g}}{\sum n_i}. \tag{2.2}$$

In vielen Flüssigkeiten ist jedoch die Zusammensetzung und daher die mittlere molare Masse M beziehungsweise die Molmenge des Lösungsmittels n_l nicht bekannt. Eine Bestimmung des Molverhältnis r_g und der Molfraktion χ_g ist daher häufig nicht möglich.

Ostwald-Koeffizient Der Ostwald-Koeffizient L ist nach Battino (1984) eine besonders nützliche und ebenso intuitive Art die Gaslöslichkeit anzugeben. Er ist definiert

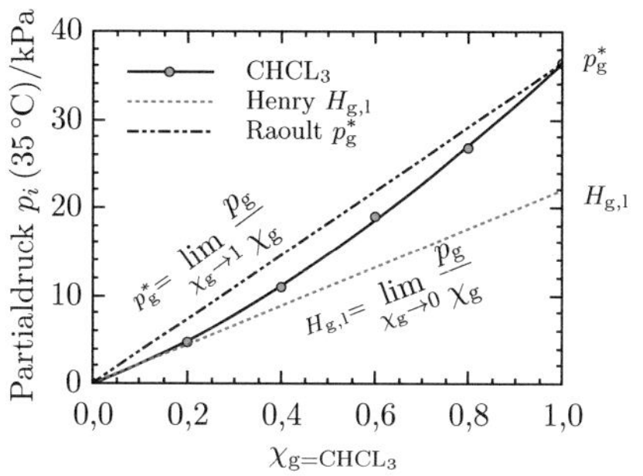

Abbildung 2.1: Darstellung des experimentell ermittelten Partialdruckes von Chloroform $CHCL_3$ bei einer Mischung mit Aceton CH_3COCH_3 über der Molfraktion χ_{CHCL_3}. Zusätzlich dargestellt sind die Grenzgesetze für eine ideale und eine ideal verdünnte Lösung, das Raoult-Gesetz und das Henry-Gesetz, entnommen aus Atkins u. De Paula (2014).

als das Verhältnis der Stoffmengenkonzentration des gelösten Gases in der Flüssigkeit c'_g zu der Stoffmengenkonzentration des Gases in der Gasphase c''_g:

$$L_c(T, p) = \frac{c'_g}{c''_g}. \tag{2.3}$$

Falls das Gas als ideal betrachtet wird und das Volumen der Flüssigkeit V''_l durch das gelöste Gas unbeeinflusst bleibt, ergibt sich der Ostwald-Koeffizient L nach Fogg u. Gerrard (1991) aus dem Verhältnis der Volumina des absorbierten Gases V'_g zu dem der absorbierenden Flüssigkeit V''_l:

$$L(T, p) = \frac{V'_g}{V''_l}. \tag{2.4}$$

Somit resultiert auch für mehrkomponentige Fluide mit unbekannter Zusammensetzung und daher unbekannter mittlerer molarer Masse M eine experimentell messbare sowie gut vorstellbare Größe.

Henry-Gesetz Die Abbildung 2.1 zeigt den experimentell ermittelten Partialdruck p_i von Chloroform $CHCL_3$ in einer Mischung mit Aceton CH_3COCH_3 in Abhängigkeit der Molfraktion $\chi_{g=CHCL_3}$. Für kleine Molfraktionen von Chloroform $\chi_g \to 0$ ist der Partialdruck proportional zur Molfraktion χ_g, wobei die Proportionalitätskonstante die Henry-Konstante $H_{g,l}$ ist. Dieser lineare Zusammenhang wurde von Henry (1803) aufgrund experimenteller Untersuchungen aufgezeigt, gilt im thermodynamischen Gleichgewicht jedoch nur für unendlich verdünnte Lösungen, siehe Abbildung 2.1. Die Henry-

Konstante $H_{\mathrm{g,l}}$ für eine reale Gasphase ist durch

$$H_{\mathrm{g,l}}(T,p) = \lim_{\chi_{\mathrm{g}}\to 0} \frac{f_{\mathrm{g}}}{\chi_{\mathrm{g}}} = \lim_{\chi_{\mathrm{g}}\to 0} \frac{\varphi''(T,p,y)\, y_{\mathrm{g}} p}{\chi_{\mathrm{g}}} \tag{2.5}$$

definiert. Hierbei beschreibt die Fugazität f das Verhalten eines realen Gases und die Abweichung vom idealen Gas wird mit dem Fugazitätskoeffizienten φ'' korrigiert. Der Henry-Koeffizient $H_{\mathrm{g,l}}^{\mathrm{iG}}$ bei einer ideal betrachteten Gasphase ergibt sich dementsprechend zu

$$H_{\mathrm{g,l}}^{\mathrm{iG}}(T,p) = \lim_{\chi_{\mathrm{g}}\to 0} \frac{p_{\mathrm{g}}}{\chi_{\mathrm{g}}}. \tag{2.6}$$

Für den praktischen Gebrauch wird das Henry-Gesetz als Abschätzung auch bei größeren Konzentrationen verwendet. Nach Fogg u. Gerrard (1991) ist bei einer Molfraktion des Gases im Lösungsmittel von $\chi_{\mathrm{g}} < 0{,}01$ die Annahme des Henry-Gesetzes häufig zweckdienlich.

Massenfraktion Die Massenfraktion w_{g} beschreibt das Verhältnis der gelösten Gasmasse m_{g} zur Gesamtmasse m:

$$w_{\mathrm{g}} = \frac{m_{\mathrm{g}}}{\sum m_i}. \tag{2.7}$$

Sie kann auch für Flüssigkeiten unbekannter Zusammensetzung über die messbare Dichte ρ_{l}' aus dem Ostwald-Koeffizienten bestimmt werden:

$$w_{\mathrm{g}} = \frac{\rho_{\mathrm{g}}'' V_{\mathrm{g}}''}{\rho_{\mathrm{g}}'' V_{\mathrm{g}}'' + \rho_{\mathrm{l}}' V_{\mathrm{l}}'} = \frac{1}{1 + \frac{\rho_{\mathrm{l}}'}{\rho_{\mathrm{g}}''} L^{-1}}. \tag{2.8}$$

Ist die mittlere Molzahl M der Mischung und die Molzahl des Gases M_{g} bekannt, erfolgt die Umrechnung zur Molfraktion χ_{g} aus der Massenfraktion des Gases w_{g} nach

$$\chi_{\mathrm{g}} = w_{\mathrm{g}} \frac{M}{M_{\mathrm{g}}}. \tag{2.9}$$

Massenkonzentration Unter der Annahme, dass sich die Dichte der Flüssigkeit durch die gelösten Gasmoleküle nicht verändert, kann durch die Gleichung

$$\beta = \frac{m_{\mathrm{g}}}{V_{\mathrm{ges}}'} = \rho_{\mathrm{l}}' w_{\mathrm{g}} = \frac{\rho_{\mathrm{l}}'}{1 + \rho_{\mathrm{l}}' / \left(\rho_{\mathrm{g}}'' L\right)} \tag{2.10}$$

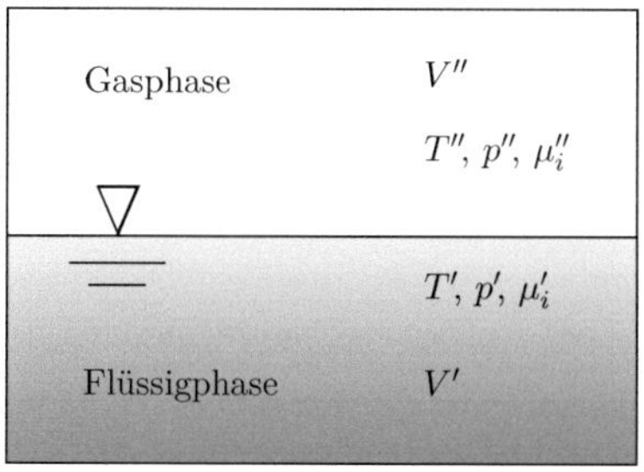

Abbildung 2.2: Schematische Darstellung eines Zweiphasensystems, bestehend aus einer Gas- und Flüssigphase bei ebener Phasengrenzfläche. Bei einem Absorptionsgleichgewichtszustand sind die Temperaturen, die Drücke und die chemischen Gleichgewichte jeder Komponente in beiden Phasen gleich.

die Massenkonzentration β der gelösten Gasmoleküle über den Ostwald-Koeffizienten L, die Lösungsmitteldichte ρ_1' und die Gasdichte ρ_g'' bestimmt werden.

2.1.2 Thermodynamik der Gaslöslichkeit

Die Löslichkeit von Gasen in Flüssigkeiten in Abhängigkeit der Temperatur und des Druckes können aus dem thermodynamischen Gleichgewicht hergeleitet werden. Die Forderung nach dem thermodynamischen Gleichgewicht beinhaltet thermisches, mechanisches als auch chemisches Gleichgewicht für jede Komponente in beiden Phasen. Die grundlegenden Gleichungen für das in Abbildung 2.2 veranschaulichte Gas-Flüssigkeits-Gleichgewicht lauten daher:

$$T' = T'', \qquad p' = p'', \qquad \mu_i' = \mu_i''. \tag{2.11}$$

Das chemische Gleichgewicht μ_i lässt sich auch gleichermaßen über das Isofugazitätskriterium

$$f_i^{'}(T, p, \chi) = f_i^{''}(T, p, y) \tag{2.12}$$

ausdrücken und stellt für ein Zweiphasen-Gemisch die Grundlage zur Berechnung von Phasengleichgewichten dar, siehe beispielsweise Lüdecke u. Lüdecke (2000). Der Vorteil hierbei ist, dass die Fugazität f über Hilfsgrößen wie den Fugazitätskoeffizienten φ oder den Aktivitätskoeffizienten $\gamma^{'}$ mit messbaren Größen wie dem Druck p, der Temperatur T und der Zusammensetzung χ_i beziehungsweise y_i beschrieben werden kann.

Die Fugazität der Gasphase $f_i^{''}$ wird meistens mit einer Zustandsgleichung berechnet. Für Dampf-Flüssigkeitsgleichgewichte bei niedrigem bis moderatem Druck findet hierbei häufig die Virial-Zustandsgleichung Anwendung. Die Abweichung vom idealen Gasverhalten wird über den Fugazitätskoeffizienten φ_i'' durch

$$f_i'' = y_i \varphi_i'' (T, p, y)\, p \tag{2.13}$$

ausgedrückt. Für die Flüssigphase liegen die Stoffdaten für die jeweiligen Drücke, Temperaturen und Zusammensetzungen jedoch nach Lüdecke u. Lüdecke (2000) häufig nicht in ausreichendem Maße vor. Daher wird die Fugazität f_i' nicht über eine Zustandsgleichung, sondern über Aktivitätsmodelle bestimmt. Hierbei wird die Abweichung der realen Mischung zu einer geeigneten Standardfugazität f_i° über den Aktivitätskoeffizienten γ_i' nach

$$f_i' (T, p, x) = \chi_i \gamma_i' (T, p, x)\, f_i^\circ (T, p) \tag{2.14}$$

bestimmt. Da die Standardfugazität f_i° der reinen Lösungsmittelkomponente bei Sättigungsdampfdruck $p_{\mathrm{s,l}}$ bekannt ist, wird häufig der Dampfdruck als Referenzzustand gewählt. Ausgehend vom Dampfdruck und der Poynting-Korrektur auf Systemdruck, resultiert mit den Fugazitäten der Dampf - und Flüssigphase aus den Gleichungen 2.12 und 2.13 und dem Aktivitätskoeffizienten

$$\gamma_{\mathrm{l}}' = \frac{f_{\mathrm{l}}}{\chi_{\mathrm{l}} f_{\mathrm{l}}^\star}, \tag{2.15}$$

aus Gleichung 2.14, der nun über die Fugazität $f_{\mathrm{l}}^\star$ der reinen Lösungsmittelkomponente definiert ist, das Phasengleichgewicht für die Lösungsmittelkomponente, vergleiche Wilhelm (1985):

$$y_{\mathrm{l}} \varphi_{\mathrm{l}}'' (T, p, y_{\mathrm{l}})\, p = \chi_{\mathrm{l}} \gamma_{\mathrm{l}} (T, p_{\mathrm{s,l}}, \chi_{\mathrm{g}})\, p_{\mathrm{s,l}} \varphi_{\mathrm{s,l}}' (T, p) \exp \left(\int_{p_{\mathrm{s,l}}}^{p} \frac{V_{\mathrm{m,l}}' (T, p, \chi_{\mathrm{g}})}{\tilde{R} T} \, \mathrm{d}p \right). \tag{2.16}$$

Im Gegensatz zur Berechnung von Dampf-Flüssigkeitsgleichgewichten ist bei der Bestimmung des Absorptionsgleichgewichtes von Gasen in Flüssigkeiten die Systemtemperatur über der kritischen Temperatur des Gases. Die Standardfugazität f_i° aus Gleichung 2.14 kann somit nicht wie beim Lösungsmittel über den Dampfdruck und den Fugazitätskoeffizienten der reinen Lösungsmittelkomponente bestimmt werden. Daher wird die sogenannte unsymmetrische Normierung verwendet, bei der für das Lösungsmittel das Modell der idealen Mischung und für die zu lösende Komponente das Modell der ideal verdünnten Lösung angewandt wird, siehe Lucas (2008). Als Standardfugazität f_{g}° der überkritischen und stark verdünnten Gaskomponente wird demnach entsprechend Abbildung 2.1 der Henry-Koeffizient eingeführt. Die reale Abweichung vom ideal verdünnten Verhalten wird wieder über den Aktivitätskoeffizient $\gamma^{'}$ realisiert, der sich hierbei jedoch auf die unendlich verdünnte Lösung bezieht:

$$\gamma_{\mathrm{g}}^{'} = \frac{f_{\mathrm{g}}}{\chi_{\mathrm{g}} H_{\mathrm{g,l}}}. \tag{2.17}$$

Somit ergibt sich, analog zur Lösungsmittelkomponente in Gleichung 2.16, die Gleichgewichtsbedingung für die überkritische Gaskomponente

$$y_{\mathrm{g}}\varphi_{\mathrm{g}}^{''}(T, p, y_{\mathrm{g}})\, p = \chi_{\mathrm{g}}\gamma_{\mathrm{g}}^{'}(T, p_{\mathrm{s,l}}, \chi_{\mathrm{g}})\, H_{\mathrm{g,l}}(T, p_{\mathrm{s,l}}) \exp\left(\int_{p_{\mathrm{s,l}}}^{p} \frac{V_{\mathrm{m,g}}^{'}(T, p, \chi_{\mathrm{g}})}{\tilde{R}T}\, \mathrm{d}p\right). \tag{2.18}$$

Ausgehend von Gleichung 2.18 können bekannte Gesetze und Zusammenhänge zur Gaslöslichkeit abgeleitet werden. Bei Annahme einer geringen Löslichkeit der Gase kann zum Beispiel die Lösung als ideal verdünnt und somit der Aktivitätskoeffizient mit $\gamma_{\mathrm{g}}^{'} = 1$ angenommen werden. Zusätzlich kann das molare Volumen $V_{\mathrm{m,g}}^{'}$ des Gases weit unterhalb des kritischen Punktes des Lösungsmittels als druckunabhängig betrachtet werden. Somit kann Gleichung 2.18 zur bekannten Krichevsky-Kasarnovsky Gleichung umgeformt werden:

$$\ln\left(\frac{y_{\mathrm{g}}\varphi_{\mathrm{g}}^{''}(T, p, y_{\mathrm{g}})\, p}{\chi_{\mathrm{g}} H_{\mathrm{g,l}}(T, p)}\right) = \frac{(p - p_{\mathrm{s,l}})\, V_{\mathrm{m,g}}^{'}}{\tilde{R}T}. \tag{2.19}$$

Die von Krichevsky u. Kasarnovsky (1935) vorgestellte Gleichung erweist sich nach Prausnitz u. a. (1999) auch bei sehr hohen Drücken als ausgesprochen gut geeignet für die Beschreibung schwer löslicher Gase. Wird nun die Flüssigphase als vollständig ideal betrachtet und somit die Poynting-Korrektur vernachlässigt, folgt aus Gleichung 2.19 die schon im Abschnitt 2.1.1 vorgestellte Bestimmungsgleichung 2.5 der Henry-Konstanten:

$$H_{\mathrm{g,l}}(T, p) = \frac{y_{\mathrm{g}}\varphi_{\mathrm{g}}^{''}(T, p, y_{\mathrm{g}})\, p}{\chi_{\mathrm{g}}}. \tag{2.20}$$

Die Druckabhängigkeit der Gaslöslichkeit wird nach Umformung der Krichevsky-Kasarnovsky Gleichung 2.19 mit Gleichung 2.20 durch

$$\ln \frac{H_{\mathrm{g,l}}\left(T,p\right)}{H_{\mathrm{g,l}}\left(T,p_{\mathrm{s,l}}\right)} = \frac{\left(p - p_{\mathrm{s,l}}\right) V_{\mathrm{m,g}}^{'}}{\widetilde{R}T} \tag{2.21}$$

verdeutlicht. Demnach steigt die Gaslöslichkeit in Form von $\ln H_{\mathrm{g,l}}$ linear mit dem Druck, wobei der Anstieg durch $V_{\mathrm{m,g}}^{'}/\widetilde{R}T$ gegeben ist, vergleiche Lüdecke u. Lüdecke (2000).

In ähnlicher Weise zur hier vorgestellten Bestimmung der Druckabhängigkeit, kann die Temperaturabhängigkeit für ein unendlich verdünntes Gas aus den Fundamentalgleichungen der Thermodynamik abgeleitet werden, siehe zum Beispiel Stephan u. Mayinger (1999). Für ein unendlich verdünntes Gas wird die Temperaturabhängigkeit der Gaslöslichkeit von der partiellen molaren Enthalpie in der Gasphase $h_{\mathrm{g}}^{''}$ und der Flüssigphase $h_{\mathrm{g}}^{'\infty}$ bei unendlicher Verdünnung der Gaskomponente beeinflusst:

$$\frac{\partial \ln H_{\mathrm{g,l}}}{\partial T} = -\frac{h_{\mathrm{g}}^{'\infty} - h_{\mathrm{g}}^{''}}{\widetilde{R}T^2} = -\frac{\left(h_{\mathrm{g}}^{'} - h_{\mathrm{g}}^{''}\right) + \left(h_{\mathrm{g}}^{'\infty} - h_{\mathrm{g}}^{'}\right)}{\widetilde{R}T^2}. \tag{2.22}$$

Da die Kondensationsenthalpie $h_{\mathrm{g}}^{'} - h_{\mathrm{g}}^{''}$ immer negativ ist, muss nach Lüdecke u. Lüdecke (2000) eine stark endotherme Mischung $h_{\mathrm{g}}^{'\infty} \gg h_{\mathrm{g}}^{'}$ vorliegen, damit die Gaslöslichkeit mit zunehmender Temperatur ansteigen kann. Dies ist der Fall, wenn die Anziehungskräfte zwischen dem Lösungsmittel und dem Gas sehr groß sind, siehe auch Stephan u. Mayinger (1999).

Die Temperaturabhängigkeit der Gaslöslichkeit in Wasser und in n-Alkanen wird unter anderem auf molekularer Ebene in Abschnitt 2.1.3 diskutiert. Überwiegend nimmt die Gaslöslichkeit bei Atmosphärenbedingungen jedoch mit zunehmender Temperatur ab, weshalb der Mischungsprozess endotherm oder gar exotherm ist und insgesamt betrachtet ein exothermer Lösungsvorgang vorliegt.

2.1.3 Gaslöslichkeit in Wasser und in Alkanen

Im vorangegangenen Abschnitt 2.1.2 wurde die Temperatur- und die Druckabhängigkeit der Gaslöslichkeit aus der Forderung des thermodynamischen Gleichgewichtes hergeleitet. In diesem Abschnitt werden nun Literaturwerte der Gaslöslichkeit für Wasser und n-Alkane als Lösungsmittel exemplarisch vorgestellt und das thermodynamische Verhalten mittels molekularer Eigenschaften der Flüssigkeit und des Gases interpretiert. Hierfür wird die auf statistischer Mechanik basierende Scaled Particle Theory (SPT) angewandt, die laut Akbari u. Modarress (2013) die Gaslöslichkeit relativ einfach und schon bei unterschiedlichen Systemen gut vorhergesagt hat.

Die SPT teilt den Lösungsvorgang in zwei Schritte auf. Der erste beinhaltet die Bildung eines Hohlraumes, der groß genug ist, um das Gasmolekül aufzunehmen. Die hierfür benötigte partielle molare freie Enthalpie wird mit Δg_{cav} bezeichnet. Der zweite Schritt schließt den Transport und die Interaktion des Gasmoleküls mit den Lösungsmittelmolekülen über die freie Enthalpie Δg_{int} ein. Die freie Enthalpie g betrachtet neben der Enthalpie h, die für die Bestimmung der Temperaturabhängigkeit in Gleichung 2.22 verwendet wird, zusätzlich die Entropie beim Lösungsvorgang, wodurch eine Aussage über das Lösungsvermögen getroffen werden kann. Die freie Enthalpie der Interaktionen Δg_{int} setzt sich nach Akbari u. Modarress (2013) aus Londonschen Dispersions-, Induktiven- und Dipol-Dipol-Interaktionsenergien zusammen. Bei unpolaren Gas-Lösungsmittelsystemen beeinflussen laut Pierotti (1976) nur die Londonschen Dispersionskräfte die Interaktionsenergie Δg_{int}, welche häufig mit dem Lennard Jones Potential berechnet wird. Die Änderungen in der partiellen molaren freien Enthalpie sind für diese beiden Schritte nach Pierotti (1976) und Wilhelm (1997) mit der Henry-Konstante H und dem Ostwald-Koeffizient L verknüpft:

$$\ln \frac{H_{\mathrm{g,l}} V_{\mathrm{l}}^{\star}}{\tilde{R}T} = \frac{\Delta g_{\mathrm{kav}}}{\tilde{R}T} + \frac{\Delta g_{\mathrm{int}}}{\tilde{R}T} \approx -\ln L_{\mathrm{g,l}}. \tag{2.23}$$

Somit erlaubt Gleichung 2.23 Gaslöslichkeitsmessungen auf intermolekularer Ebene zu analysieren.

In Abbildung 2.3 ist die Löslichkeit mit dem Ostwald-Koeffizienten L von Edelgasen in Wasser und in Alkanen dargestellt. Die deutlich geringere Löslichkeit von Edelgasen in Wasser als in Alkanen kann nach Graziano (2003) mit der höheren Hohlraumenergie Δg_{kav} für Wasser erklärt werden. Dies liegt laut Alvarez u. Fernandez-Prini (2008) an der geringen Größe des H_2O Moleküls und der daraus geringeren Wahrscheinlichkeit einen Hohlraum für ein Gasmolekül bereitzustellen.

Die Löslichkeit der Edelgase nimmt nach Abbildung 2.3a mit der Temperatur für alle

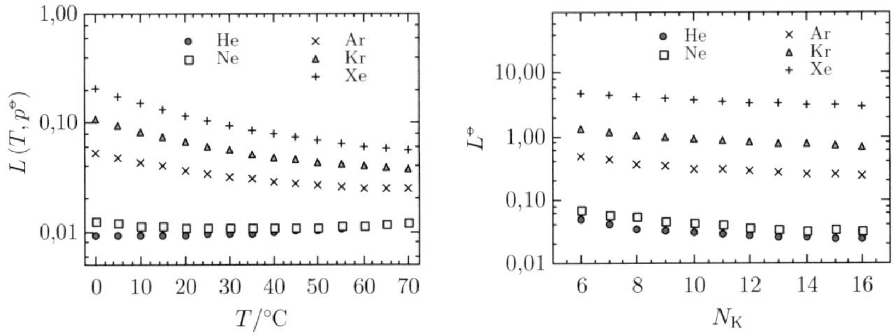

(a) Ostwald-Koeffizient L in Wasser in Abhängigkeit von der Temperatur

(b) Ostwald-Koeffizient L in Alkanen in Abhängigkeit von der Kohlenstoffanzahl N_K

Abbildung 2.3: Darstellung der Edelgaslöslichkeit von Argon bis Xenon in Wasser nach Wilhelm u. a. (1977) und in n-Alkanen nach Hesse u. a. (1996). In (a) ist die Edelgaslöslichkeit über der Temperatur bei Atmosphärendruck für Wasser dargestellt. In Abhängigkeit der Kohlenstoffatomanzahl ist die Löslichkeit von Hexan bis Hexadecan bei Standardatmosphärenbedingungen in (b) visualisiert.

Gase in Wasser zuerst ab, wobei sie für die gering lösbaren Gase Helium und Neon ab Raumtemperatur wieder ansteigen. Dieser Verlauf gilt auch für die stark löslichen Edelgase Argon bis Krypton wobei hierbei die minimale Löslichkeit erst bei etwa 100 °C erreicht wird. Graziano u. Lee (2003) begründen dies mit einem Maximum an Hohlraumenergie Δg_{kav} für die Größe gewöhnlicher Gasmoleküle bei 100 °C. Garde u. a. (1999) erklären eine minimale Löslichkeit mit zunehmenden anziehenden Interaktionskräften Δg_{int} zwischen Wasser und gelöstem Gasmolekül bei ansteigender Temperatur. Je größer die anziehenden Interaktionsenergien sind, desto größer ist die Gaslöslichkeit und desto höher ist die Temperatur bei der minimalen Löslichkeit.

Bei Wasser als auch bei Alkanen steigt nach Abbildung 2.3 die Löslichkeit der Edelgase von Helium bis Xenon deutlich an, obwohl die Atomgröße der gelösten Gase anwächst. Die benötigte größere Energie um Hohlräume Δg_{kav} für die Gasmoleküle zu schaffen, wird durch die zunehmende Interaktionsenergie Δg_{int} mehr als ausgeglichen. Der Anstieg der Interaktionsenergie Δg_{int} bei wachsender Atomgröße erfolgt bei Wasser in Form von Dipol-induzierten Dipolkräften und bei unpolaren Alkanen in Form von Londonschen Dispersionskräften. Beide Effekte beruhen auf der Polarisierbarkeit der Gasmoleküle, die laut House (2012) von Helium bis Radon deutlich anwachsen. Nach

Campanell u. a. (2010) sind die Londonschen Dispersionskräfte in unpolaren Lösungsmitteln der dominierende Faktor bei der Gaslöslichkeit.

Die Abbildung 2.3b zeigt die Abnahme der Gaslöslichkeit bei ansteigender Kohlenstoffanzahl der Alkane. Graziano (2003) erklärt dies mit einer höheren Packungsdichte und der daraus resultierenden höheren nötigen Hohlraumenergie Δg_{kav} bei langkettigen Alkanen. Zusätzlich zu der höheren Hohlraumenergie nimmt nach Hesse u. a. (1996) und Mizerovskii u. Smirnova (2009) die Interaktionsenergie Δg_{int} bei langkettigen Alkanen ab. Hierfür verantwortlich sind die höheren intermolekularen Kräfte zwischen gelöstem Gas und den Methylgruppen (CH_3), die bei kurzkettigen Alkanen noch häufig vorhanden sind. Bei langkettigen Alkanen dominieren Methylengruppen (CH_2), die jedoch mit dem gelösten Gas schwächer interagieren und somit die Löslichkeit bei langkettigen Alkanen abnimmt.

In Tabelle 2.1 sind die Gaslöslichkeiten der sechs häufigsten in der Luft vorkommenden Gase in Wasser, in n-Octan und in n-Decan dargestellt. Auffällig ist hier zum einen die sehr hohe Löslichkeit von Kohlenstoffdioxid und zum anderen die schon von William Henry festgestellte höhere Löslichkeit von Sauerstoff im Vergleich zu Stickstoff. Die sehr hohe Löslichkeit von Kohlenstoffdioxid ist bei Getränken wie zum Beispiel Champagner bekannt, siehe Liger-Belair (2005), und wird nach Pollack (1991) mit einer sehr großen Interaktionsenergie Δg_{int} zwischen Lösungsmittel und Kohlenstoffdioxidmolekül begründet. Weniger als ein Prozent des gelösten Kohlenstoffdioxids CO_2 reagiert dann mit Wasser H_2O zu Kohlensäure H_2CO_3 und steht mit dem gelösten Gas im Gleichgewicht, siehe unter anderem (Pepper u. a., 2011). Weshalb Sauerstoff grundsätzlich besser löslich ist als Stickstoff wird von Battino u. Seybold (2011) diskutiert. Sie vermuten, dass die geringere Stickstofflöslichkeit trotz größerer Polarisierbarkeit in einer höheren Hohlraumenergie Δg_{kav} für das größere Stickstoffmolekül begründet liegt.

2.1.4 Gaslöslichkeit bei mehreren Gaskomponenten - Luft

Experimentelle und theoretische Untersuchungen zur Löslichkeit von Gasen gibt es hauptsächlich bei Einzelkomponentengasen und -flüssigkeiten. Für Mehrkomponentengase wie Luft gibt es vergleichsweise wenig Untersuchungen, siehe auch Wilhelm u. a. (1977) oder Lei u. a. (2014). Selbst für das System Wasser-Luft gibt es nach Shulgin u.

Tabelle 2.1: Darstellung der Partialdrücke p_j^{Lu} von den sechs häufigsten Einzelkomponentengasen j der Luft sowie deren Gaslöslichkeiten in Form der Molfraktion $\chi_j^{\ominus}$ und des Ostwald-Koeffizienten $L_j^{\ominus}$ bei Standardbedingungen. Zusätzlich sind beide Gaslöslichkeitsangaben bei dem jeweiligen Gaspartialdruck in der Luft sowie die mit Gleichung 2.24 berechnete Luftlöslichkeit dargestellt. Die Gaslöslichkeitswerte χ_{g} in Wasser sind aus Wilhelm u. a. (1977) und bei den n-Alkanen aus Hesse u. a. (1996) sowie aus Fogg u. Gerrard (1991) entnommen.

Flüssigkeit	Gas_j	$\chi^{\ominus} \cdot 10^4$	$L^{\ominus}$	p_j^{Lu} in bar	$\chi^{\ominus} \cdot \frac{p_j^{\mathrm{Lu}}}{p^{\mathrm{Lu}}} \cdot 10^4$	$L^{\ominus} \cdot \frac{p_j^{\mathrm{Lu}}}{p^{\mathrm{Lu}}}$
Wasser	N_2	0,117	0,0159	0,7912	0,0914	0,0124
	O_2	0,229	0,0312	0,2128	0,0481	$6{,}6 \cdot 10^{-3}$
	Ar	0,251	0,0341	$9{,}3 \cdot 10^{-3}$	$2{,}3 \cdot 10^{-3}$	$3{,}1 \cdot 10^{-4}$
	CO_2	6,111	0,8280	$3{,}9 \cdot 10^{-4}$	$2{,}3 \cdot 10^{-3}$	$3{,}2 \cdot 10^{-4}$
	Ne	0,0813	0,0110	$1{,}8 \cdot 10^{-5}$	$1{,}4 \cdot 10^{-6}$	$2{,}0 \cdot 10^{-7}$
	He	0,0698	$9{,}5 \cdot 10^{-3}$	$5{,}3 \cdot 10^{-6}$	$3{,}7 \cdot 10^{-7}$	$5{,}0 \cdot 10^{-8}$
	Luft			$\sum = 1{,}013$	$\sum = 0{,}144$	$\sum = 0{,}0196$
Octan	N_2	13,05	0,1953	0,7912	10,19	0,1525
	O_2	20,50	0,3068	0,2128	4,305	0,0644
	Ar	24,39	0,3652	$9{,}3 \cdot 10^{-3}$	0,2238	$3{,}4 \cdot 10^{-3}$
	CO_2	121	1,8109	$3{,}9 \cdot 10^{-4}$	0,0466	$7{,}0 \cdot 10^{-4}$
	Ne	3,627	0,0543	$1{,}8 \cdot 10^{-5}$	$6{,}4 \cdot 10^{-5}$	$9{,}6 \cdot 10^{-7}$
	He	2,351	0,0352	$5{,}3 \cdot 10^{-6}$	$1{,}2 \cdot 10^{-5}$	$1{,}8 \cdot 10^{-7}$
	Luft			$\sum = 1{,}013$	$\sum = 14{,}76$	$\sum = 0{,}221$
Decan	N_2	12,78	0,1598	0,791	9,979	0,1248
	O_2	21,78	0,2723	0,2128	4,574	0,0572
	Ar	24,79	0,3100	$9{,}3 \cdot 10^{-3}$	0,228	$2{,}8 \cdot 10^{-3}$
	CO_2	125	1,8707	$3{,}9 \cdot 10^{-4}$	0,0481	$7{,}2 \cdot 10^{-4}$
	Ne	3,464	0,0433	$1{,}8 \cdot 10^{-5}$	$6{,}2 \cdot 10^{-5}$	$7{,}7 \cdot 10^{-7}$
	He	2,392	0,0299	$5{,}3 \cdot 10^{-6}$	$1{,}3 \cdot 10^{-5}$	$1{,}6 \cdot 10^{-7}$
	Luft			$\sum = 1{,}013$	$\sum = 14{,}83$	$\sum = 0{,}186$

Ruckenstein (2002) keine vollständigen Löslichkeitsdaten für alle Druck- und Temperaturbereiche.

Allgemein wird angenommen, dass die Interaktionen der gelösten Gaskomponenten von Luft in Wasser vernachlässigbar sind und somit die Mischung der gelösten Gase ideal ist, siehe beispielsweise Battino u. a. (1984), Wilcock u. Battino (1974) oder Wilhelm u. a. (1977). Für eine Mischung, deren Gaskomponenten sich nicht gegenseitig beeinflussen, kann die Löslichkeit χ_{mix} oder L_{mix} von einem Mehrkomponentengas nach

$$\chi_{\text{mix}}(p,T) = \sum \chi_j(p,T) \cdot \frac{p_j}{p} \qquad \text{oder} \qquad L_{\text{mix}}(p,T) = \sum L_j(p,T) \cdot \frac{p_j}{p} \tag{2.24}$$

über die jeweiligen Molfraktionen, beziehungsweise bei einem idealen Gas über die Partialdrücke, bestimmt werden. Wilcock u. Battino (1974) zeigen experimentell für Stickstoff, Sauerstoff und Wasser, dass die Löslichkeit eines Mehrkomponentengases bei Atmosphärendruck als ideale Mischung nach Gleichung 2.24 bestimmt werden kann. Experimentelle und theoretische Untersuchungen nach Dhima u. a. (1998) und Shulgin u. Ruckenstein (2002) bestätigen die ideale Gaslöslichkeit bei einer Gasmischung aus Methan und Ethan in Wasser bei bis zu 1000 bar Gaspartialdruck, wobei für die Gasmischung aus Methan und n-Butan leichte Abweichungen vom idealen Verhalten auffällig sind. Bei ionischen Flüssigkeiten zeigen schwach lösliche Gase bei Drücken bis zu 300 bar ein ideales, jedoch bei der Präsenz des stark löslichen Kohlenstoffdioxid CO_2 häufig ein nicht ideales Mischungsverhalten, siehe Lei u. a. (2014).

Für die Lösungsmittel Wasser, Decan und Octan zeigt die Tabelle 2.1 die mit Gleichung 2.24 berechnete ideale Gaslöslichkeit für Luft. Eine grafische Veranschaulichung der Luftlöslichkeit über den Ostwald-Koeffizient L gibt Abbildung 2.4 bei Standardbedingungen in Wasser und Octan. Die Tabelle 2.1 verdeutlicht, dass Stickstoff aufgrund seines großen Bestandteils in der Luft auch im Lösungsmittel die am meisten gelöste Gaskomponente ist. Während Stickstoff und Sauerstoff zusammen in der Gasphase eine Molfraktion von $y''^{\text{Lu}}_{\text{O}_2+\text{N}_2} \approx 0{,}99$ einnehmen, beträgt die Molfraktion von Sauerstoff und Stickstoff bezogen auf alle im Lösungsmittel gelösten Gase jedoch infolge der höheren Löslichkeit von Argon und CO_2 lediglich $y'^{\text{Lu}}_{\text{O}_2+\text{N}_2} \approx 0{,}97$. Daher resultiert auch der Unterschied des Ostwald-Koeffizienten zwischen einem häufig verwendeten Ersatzluftgemisch, bestehend aus 21 % Sauerstoff- und 79 % Stickstoff-Volumenanteil, und

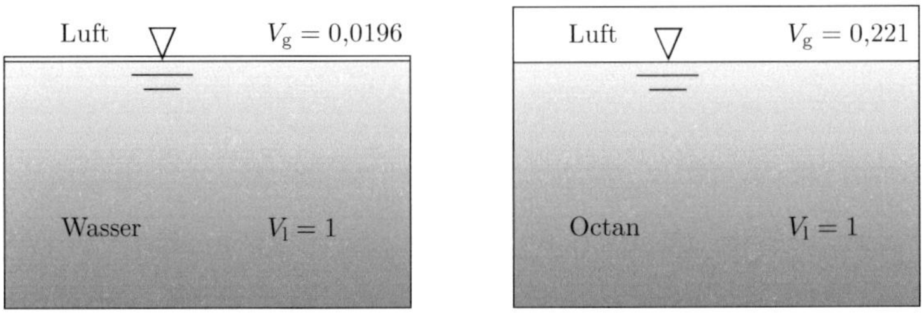

(a) L von Luft in Wasser **(b)** L von Luft in Octan

Abbildung 2.4: Grafische Darstellung des Ostwald-Koeffizienten L von Luft in Wasser in (a) und von Luft in Octan in (b) bei Standardbedingungen $p^{\ominus}$ und $T^{\ominus}$. Das Lösungsmittelvolumen V_l kann bei Standardbedingungen die jeweils dargestellten Gasvolumen V_g lösen. Für das Gasgemisch Luft beträgt der Ostwald-Koeffizient nach Tabelle 2.1 für Wasser $L = 0{,}0196$ und für Octan $L = 0{,}221$.

realer Luft. Beispielsweise beträgt der Gaslöslichkeits-Unterschied zwischen Luft und dem Ersatzluftgemisch für die Flüssigkeiten n-Decan und n-Octan 1,2 %.

2.2 Dampf- und Gaskavitation

Kavitation beschreibt den dynamischen Prozess der Bildung, dem Wachstum und dem Auflösen von Hohlräumen in Flüssigkeiten. Bei der Dampfkavitation, die in Abschnitt 2.2.1 vorgestellt wird, entstehen die Kavitäten durch Verdampfen der Flüssigkeit. Auf die Grundlagen des Stoffüberganges bei der Gaskavitation wird am Beispiel einer Einzelblase in Abschnitt 2.2.2 eingegangen. Des Weiteren folgt ein Überblick über Modellansätze, die in der Simulation von kompletten Hydrauliksystemen verwendet werden.

2.2.1 Dampfkavitation

Jeder Stoff kann in Abhängigkeit von Druck und Temperatur in festem, flüssigem und gasförmigem Zustand vorkommen. Dies wird im p,T-Phasendiagramm in Abbildung 2.5a visualisiert. Am Tripelpunkt TP sind die drei Aggregatszustände eines Stoffes im thermodynamischen Gleichgewicht. Die Dampfdrucklinie zwischen diesem Tripelpunkt TP und dem kritischen Punkt KP trennt die flüssige und die dampfförmige Phase. Wird diese Dampfdrucklinie, ausgehend vom flüssigen Zustand, durch eine

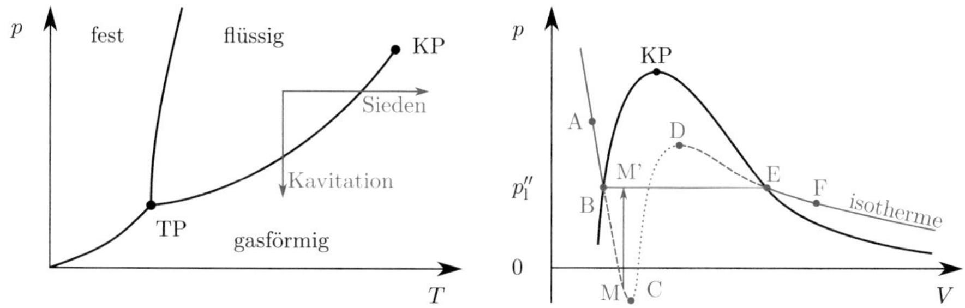

(a) p,T-Phasendiagramm (b) p,V-Diagramm

Abbildung 2.5: Schematische Darstellung des p,T-Phasendiagramms einer exemplarischen Flüssigkeit in (a). In (b) ist in grau eine theoretische Isotherme nach der van der Waals Zustandsgleichung im p,V-Diagramm abgebildet. Die gestrichelte Linie zwischen den Punkten B-C und D-E visualisiert den metastabilen Bereich in dem die überhitzte Flüssigkeit oder der unterkühlte Dampf homogen vorliegen kann.

Temperaturerhöhung überschritten, wird das Verdampfen der Flüssigkeit als Sieden bezeichnet. Ist die Ursache für den Verdampfungsvorgang eine Druckabsenkung, die beispielsweise durch Strömungsvorgänge hervorgerufen werden kann, wird hingegen von Kavitation gesprochen.

Im p,V-Diagramm in Abbildung 2.5b ist eine isotherme Zustandsänderung ausgehend vom Punkt A durch eine Expansion dargestellt. Bei einer vorhandenen ebenen Gas-Flüssig-Phasengrenzfläche verdampft die Flüssigkeit zwischen der horizontalen Koexistenzlinie zwischen den Punkten B-E beim Sättigungsdampfdruck. Ist im Zustand B jedoch keine ebene Phasengrenzfläche vorhanden, folgt der homogene metastabile Zustand des Reinstoffes der Isothermen maximal bis zum Punkt C. Die Flüssigkeit ist zwischen den Punkten B und C überhitzt und Abbildung 2.5b zeigt das Erreichen von Zugspannungen in der Flüssigkeit entlang dieser theoretischen Isothermen. Der gepunktete Bereich nach Punkt C kennzeichnet den absolut instabilen Bereich entlang der theoretischen Isothermen, in dem nach Strunk (2015) jedoch keine räumlich homogenen Gleichgewichtszustände auftreten können.

Laut Tarantino u. a. (2009) kann nach der Van der Waals´schen Zustandsgleichung die maximale theoretische Zugspannung in Wasser bei 20 °C über 1000 bar betragen. Die meisten Kavitationsexperimente in Wasser, die mit großer Sorgfalt bezüglich der Wasserreinheit bei Raumtemperatur durchgeführt wurden, zeigen jedoch laut Caupin u.

Abbildung 2.6: Schematische Darstellung eines Blasenkeims im mechanischen Gleichgewicht. In der Blase mit Radius R_B addieren sich die Partialdrücke des Dampfes und des Gases entsprechend Gleichung 2.25.

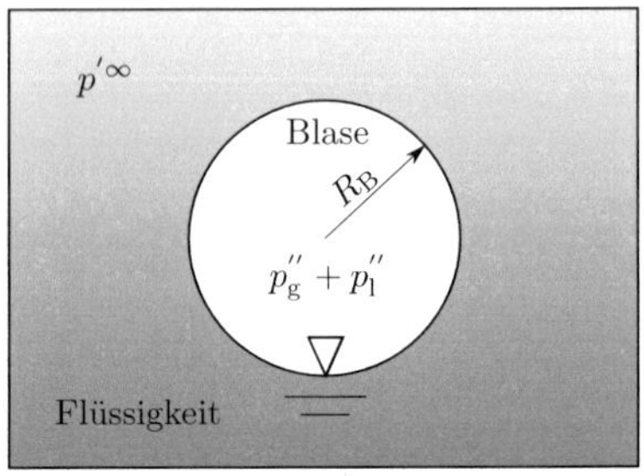

Herbert (2006) maximale Zugspannungswerte von etwa 250 bar. Lediglich Versuche von Zheng u. a. (1991) erreichen in mineralischen Quarz-Einschlüssen Zugspannungswerte von bis zu 1400 bar, die jedoch nicht direkt gemessen, sondern über eine Zustandsgleichung abgeschätzt wurden. In den Experimenten mit moderaten Zugspannungen folgt die Flüssigkeit im p,V-Diagramm in Abbildung 2.5b der theoretischen Isothermen, bis die Flüssigkeit im Punkt M instabil wird, verdampft und anschließend ab dem Punkt M' der horizontalen Koexistenzlinie folgt.

Bis auf das Experiment im Quarzkristall liegen die experimentellen Zugspannungswerte eine Größenordnung unterhalb der theoretisch erreichbaren Zugspannung. Dies liegt nach Mørch (2009) und Tarantino u. a. (2009) an Fehlstellen in der Flüssigkeit, die beispielsweise in Form von Blasenkeimen auftreten. In Abhängigkeit der Blasenkeimgröße können diese bei deutlich geringeren Zugspannungen zu aktiven Blasen werden und somit zur Verdampfung der Flüssigkeit führen.

Der Einfluss von Blasenkeimen auf den Kavitationsbeginn kann durch das vereinfachte Modell eines quasi-statischen Blasenkeimes im mechanischen Gleichgewicht beschrieben werden. Quasi-statisches Keimverhalten bedeutet hier, dass der Druck in der Flüssigkeit ausreichend langsam geändert wird, damit isothermes Verhalten angenommen werden kann und Trägheits- und Viskositätseffekte vernachlässigt werden können. Jedoch muss der Druck wiederum hinreichend schnell geändert werden, damit die ungelöste Gasmasse im Keim aufgrund vernachlässigbarer Diffusion von Gasmolekülen als konstant angenommen werden kann, siehe beispielsweise Heller (2005), Brennen (1995) oder Mørch (2009).

Die mechanische Gleichgewichtsbedingung für den Druck innerhalb und außerhalb eines

Blasenkeimes in Abbildung 2.6 lautet:

$$p_\mathrm{g}^{''} + p_\mathrm{l}^{''} = p^{'\infty} + \frac{2\sigma}{R_\mathrm{B}}. \tag{2.25}$$

Hierbei sind $p_\mathrm{g}^{''}$ und $p_\mathrm{l}^{''}$ die Partialdrücke von ungelöstem Gas und Dampf in der Blase. Sie sind im mechanischen Gleichgewicht mit dem Druck in der Flüssigkeit $p^{'\infty}$ und dem sogenannten Laplace Druck $2\sigma/R_\mathrm{B}$. Der Laplace Druck erhöht infolge der Oberflächenspannung σ der Flüssigkeit bei kleiner werdendem Blasenradius R_B den Druck in der Blase im Vergleich zur Flüssigkeit.

Ausgehend von Gleichung 2.25 lautet der Zusammenhang zwischen dem Druck in der Flüssigkeit $p^{'\infty}$ und dem Blasenradius R_B unter Annahme eines idealen Gases bei einer isothermen Zustandsänderung:

$$p^{'\infty} = \left(\frac{R_\mathrm{B,0}}{R_\mathrm{B}}\right)^3 p_\mathrm{g,0}^{''} + p_\mathrm{l}^{''} - \frac{2\sigma}{R_\mathrm{B}}. \tag{2.26}$$

Der Blasenradius $R_\mathrm{B,0}$ und der Gaspartialdruck $p_\mathrm{g,0}$ bezeichnen hier den initialen Zustand der Blase. In Abbildung 2.7a ist das quasi-statische Keimverhalten nach Gleichung 2.26 für initiale Blasenradien $R_\mathrm{B,0}$ zwischen $5 \cdot 10^{-8}\,\mathrm{m}$ und $5 \cdot 10^{-6}\,\mathrm{m}$ bei einem initialen Flüssigkeitsdruck von $p^{'\infty} = 1$ bar in Prüföl V 1404 nach DIN ISO 4113 dargestellt. Über eine isotherme Volumenvergrößerung der Flüssigkeit wird der Druck in der Flüssigkeit $p^{'\infty}$ abgesenkt. Das Diagramm zeigt ausgehend vom initialen Zustand eine stabile anwachsende Blase bis ein kritischer Blasenradius $R_\mathrm{B,krit}$ bei einem minimalen Flüssigkeitsdruck erreicht wird. Expandiert die Blase über diesen kritischen Blasenradius $R_\mathrm{B,krit}$ hinaus, wird die Blase instabil und wächst sehr schnell bei gleichzeitiger Verdampfung der Lösungsmittelmoleküle an.

Da der kritische Blasenradius $R_\mathrm{B,krit}$ beim minimalen Flüssigkeitsdruck $p_\mathrm{krit}^{'\infty}$ vorliegt, kann er über die Ableitung der Gleichung 2.26 nach dem Blasenradius R_B bestimmt werden:

$$\frac{\mathrm{d}p^{'\infty}}{\mathrm{d}R_\mathrm{B}} = \frac{2\sigma}{R_\mathrm{B}^2} - \frac{3p_\mathrm{g,0}R_\mathrm{B,0}^3}{R_\mathrm{B}^4} = 0 \qquad \Rightarrow \qquad R_\mathrm{B,krit} = \sqrt{\frac{3p_\mathrm{g,0}R_\mathrm{B,0}^3}{2\sigma}}. \tag{2.27}$$

Der beim Erreichen des kritischen Blasenradius anliegende kritische Druck p_krit^{∞} in der Flüssigkeit folgt durch Einsetzen des kritischen Radius aus Gleichung 2.27 in Glei-

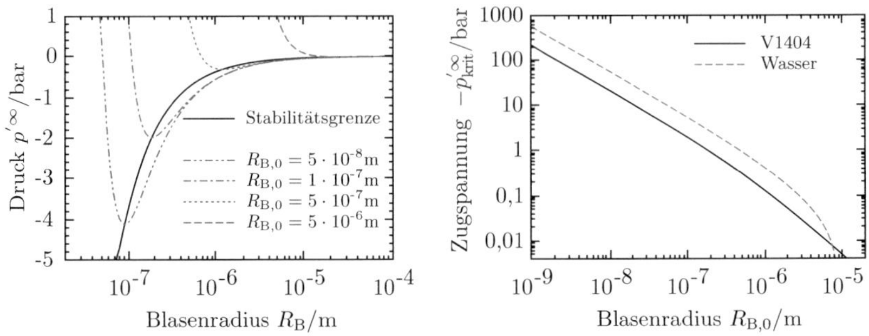

(a) quasi-statisches Keimverhalten (b) kritischer Druck

Abbildung 2.7: In Abbildung (a) ist das quasi-statische Keimverhalten nach Gleichung 2.26 visualisiert. Hierbei ist der Druck in der Flüssigkeit $p^{'\infty}$ über dem Blasenradius während einer isothermen Volumenvergrößerung dargestellt. Die Stabilitätsgrenze folgt aus Gleichung 2.27. In Abbildung (b) ist die maximale Zugspannung in Wasser und in Prüföl V 1404 für eine Blase mit Anfangsradius $R_{B,0}$ (1 bar) entsprechend Gleichung 2.28 dargestellt. Die verwendeten Oberflächenspannungen sind: $\sigma_{Wa} = 0{,}0725\,\mathrm{N\,m^{-1}}$, $\sigma_{V1404} = 0{,}028\,\mathrm{N\,m^{-1}}$

chung 2.26:

$$p^{'\infty}_{krit} = p^{''}_{l} - \frac{4\sigma}{3R_{B,0}\sqrt{3\left(\frac{p^{'\infty}_{0} - p^{''}_{l}}{2\sigma}R_{B,0} + 1\right)}}. \tag{2.28}$$

Abbildung 2.7b zeigt den kritischen Druck $p^{'\infty}_{krit}$ in der Flüssigkeit für die Oberflächenspannung von Wasser sowie für Prüföl V 1404 in Abhängigkeit des initialen Blasenradius $R_{B,0}$ bei 1 bar Flüssigkeitsdruck $p^{'\infty}_{0}$ an. Die maximale Zugspannung für Wasser liegt demnach für eine Blase mit 0,1 µm Blasendurchmesser bei knapp 12 bar, während sie für eine Blase mit 1 µm Blasendurchmesser bei knapp 1 bar liegt. Aufgrund der deutlich geringeren Oberflächenspannung von V 1404 im Vergleich zu Wasser reduziert sich die Zugspannung bei gleichen Randbedingungen auf 4 bar beziehungsweise auf 0,3 bar bei einer Blase in Prüföl V 1404.

Eine Einteilung der Kavitationsart kann nach der Ursache für die Unterschreitung des kritischen Druckes p_{krit} erfolgen. Führen Druckwellen wie in Ultraschallbädern zur Kavitation, wird dies als akustische Kavitation bezeichnet. Wird der kritische Druck p_{krit} durch Strömungsvorgänge unterschritten, spricht man hingegen von hydrodynamischer Kavitation. Sie tritt zum Beispiel in Blenden oder Düsen auf, bei denen die Strömung infolge von Querschnittsverengungen oder Strömungsumlenkungen beschleunigt wird und somit der kritische Druck p_{krit} unterschritten werden kann. Um das hydrodynamische Kavitationsverhalten bei verschiedenen Randbedingungen oder in geometrisch ähnlichen Strömungsgeometrien zu beurteilen, wird die dimensionslose Ähnlichkeitskennzahl Ka verwendet:

$$Ka_U = \frac{2\,(p_{\text{ref}} - p_{\text{krit}})}{\rho U_{\text{ref}}^2}, \qquad Ka = \frac{p_{\text{ref}} - p_{\text{krit}}}{p_{\text{ref}} - p_{\text{Aus}}}. \tag{2.29}$$

Die Kavitationszahl Ka_U stellt das Verhältnis aus der Druckdifferenz zwischen Referenzdruck p_{ref} und kritischem Druck p_{krit} und dem dynamischen Druck dar. Eine kleinere Kavitationszahl deutet demnach auf eine höhere Kavitationswahrscheinlichkeit hin, entweder weil der Referenzdruck p_{ref} verhältnismäßig gering ist oder weil die Strömungsgeschwindigkeit U_{ref} hoch ist. Bei der Ermittlung der Kavitationszahl Ka in Drosseln oder Blenden wird der dynamische Druck häufig durch die leichter zugängliche Druckdifferenz zwischen Referenzdruck p_{ref} und Auslassdruck p_{Aus} ersetzt. Um die Kavitation mit anderen Experimenten vergleichen zu können, wird die Kavitationszahl Ka bei unterschiedlichen Intensitäten oder Funktionsauswirkungen angegeben. Die Kavitationszahl Ka_{inc} beschreibt beispielsweise das erstmalige messbare Auftreten von Kavitation, wohingegen Ka_{kkp} den Beginn der Drosselwirkung von Kavitation auf den Durchfluss bei Blenden kennzeichnet, siehe Castillo (1993).

Vergleichende Untersuchungen zwischen mehreren international verteilten Strömungskanälen, beispielsweise von Lindgren u. Johnsson (1966) oder der ITTC (1978), zeigen deutliche Unterschiede des Kavitationsbeginns Ka_{inc} bei gleichem Testkörper auf. Da bei gleichen Versuchsrandbedingungen und gleicher Geometrie Maßstabseffekte ausgeschlossen sind, bleibt nach Heller (2005) praktisch nur eine unterschiedliche Wasserqualität als Erklärung für die Streuung des Kavitationsbeginns von 150 % übrig. Als mögliche Haupteinflussgrößen zählen nach Tropea u. a. (2007) unter anderem Staubpartikel, der Gasgehalt der Flüssigkeit und die Vorgeschichte des Druckes in der Flüssigkeit. Untersuchungen von Holl (1970) und Keller (1974) zeigen beispielsweise einen deutlich früheren Kavitationsbeginn Ka_{inc} bei einer Zunahme der ungelösten Gasmenge in Form von Blasenkeimen und einem gleichzeitig höheren gelösten Gasanteil auf. Der gelöste Gasanteil kann somit nach Tropea u. a. (2007) den Beginn der Dampfkavitation beeinflussen, wenn gleichzeitig die Anzahl und die Größe der Blasenkeime wächst. Brennen (1995) schließt daher, dass es bei Untersuchungen zum Kavitationsbeginn Ka_{inc} zwingend notwendig ist, die Keimverteilung zu messen.

Weitere Experimente von Holl (1960) deuten darauf hin, dass nicht nur der Kavitationsbeginn, sondern auch der Prozess des Stoffüberganges durch das gelöste Gas beeinflusst werden kann, da Gas- und Dampfkavitation im Experiment gemeinsam auftreten können. Der Stoffübergangsprozess der gelösten Gasmoleküle bei der Gaskavitation unterscheidet sich von der Dampfkavitation deutlich und wird im folgenden Abschnitt 2.2.2 vorgestellt.

2.2.2 Gaskavitation

Die druck- und temperaturabhängige Löslichkeit von Gasen in Flüssigkeiten wird in Abschnitt 2.1 beschrieben. Ist eine Flüssigkeit mit einem Gas entsprechend dem Absorptionsgleichgewicht gesättigt, führt beispielsweise eine Druckabsenkung zu einer Löslichkeitsabnahme und die Flüssigkeit wird in diesem Fall als übersättigt bezeichnet. Nach Heller (2005) ist der Sättigungsgrad S definiert als das Verhältnis der vorhandenen Konzentration $\beta_0\,(p_0, T_0)$ in der Flüssigkeit zu der Sättigungskonzentration β_s bei gegebenem Druck p und Temperatur T:

$$S = \frac{\beta_0\,(p_0, T_0)}{\beta_s\,(p, T)} \begin{cases} S > 1, & \text{übersättigt} \\ S = 1, & \text{gesättigt} \\ S < 1, & \text{untersättigt.} \end{cases} \tag{2.30}$$

Bei einer vorhandenen Phasengrenzfläche wird eine übersättigte Lösung Gas freisetzen, während nach einer Druckerhöhung oder Temperaturänderung eine untersättigte Lösung Gas intermolekular lösen wird. Dieser Vorgang der veränderlichen, ungelösten als auch gelösten Gasmasse wird nach Totten u. De Negri (2011), analog zur Dampfkavitation, als Gaskavitation bezeichnet. Ein ebenfalls häufig verwendeter Fachbegriff ist hierfür Luftausgasung, Luftausscheidung oder Gasfreisetzung und entsprechend gaseous cavitation oder air/gas release im Englischsprachigen.

Die Gaskavitation ist allerdings zu unterscheiden mit der Pseudokavitation, bei der die ungelöste Gasmasse konstant bleibt und lediglich das ungelöste Gasvolumen entspre-

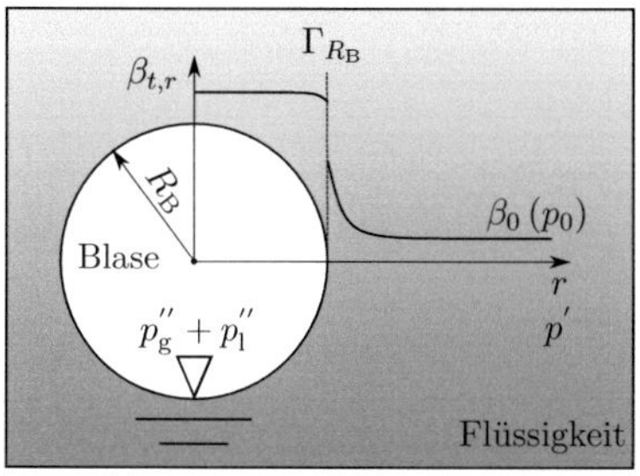

Abbildung 2.8: Schematische Darstellung der Konzentrationsverteilung von Gas in einer mit Dampf und Gas gefüllten Blase und in einem untersättigten Lösungsmittel über der Koordinate r.

chend Druck- oder Temperaturänderungen folgt, siehe unter anderem Holl (1970) oder Braun u. Hannon (2010). Diese eingeschlossene Luft kann infolge freier Phasengrenzflächenströmung beispielsweise nach Waniewski u. a. (2001) bei einem hydraulischen Sprung nach einem Wehr oder auch durch schlechte Befüllung oder Undichtheit eines Prüfstandes vorliegen, siehe Totten u. a. (1997).

Die Änderung der ungelösten Gasmenge resultiert bei der Gaskavitation aus einem geänderten Absorptionsgleichgewicht. Der Transport der Gasmoleküle erfolgt aufgrund von Konzentrationsunterschieden, beispielsweise zwischen Lösungsmittel und Phasengrenzflächen durch molekulare Diffusion. Dieser Stofftransport der Gasmoleküle, repräsentiert durch die Flussdichte j, kann mit dem ersten Fick´schen Gesetz beschrieben werden:

$$j = -D\nabla\beta. \tag{2.31}$$

Hierbei ist die Flussdichte j abhängig von der Diffusionskonstanten D und dem Konzentrationsgradienten-Feld $\nabla\beta$. Neben diesem laut Cussler (2010) fundamentaleren und allgemeineren Weg kann die Flussdichte auch über den phänomenologischen und approximativen Weg mit dem Massentransferkoeffizient k und der Konzentrationsdifferenz $\Delta\beta$ bestimmt werden:

$$j = -k\Delta\beta. \tag{2.32}$$

Gaskavitation an einer Einzelblase

Der Stoffübergang bei der Gaskavitation erfolgt häufig an dispersen Gasblasen in der Flüssigkeit. Entsprechend Abbildung 2.8 begrenzen drei Widerstände diesen Stoffübergang der Gasmoleküle von der Lösung zur Gasphase. Unter Berücksichtigung der Konvektion kann der Transport der Gasmoleküle in der Flüssigphase durch einen Konvektions-Diffusionsprozess beschrieben werden. Der nächste Widerstand erfolgt an der Phasengrenzfläche, gefolgt von einem Konvektions-Diffusionsprozess in der Gasphase, da in einer realen Blase ein Gemisch aus Lösungsmitteldampf und Gas vorliegt.

Aufgrund der etwa vier Größenordnungen höheren Diffusionskoeffizienten für die Gasmoleküle in der Gasphase im Vergleich zur Flüssigphase, wird die Lösung der Konvektions-Diffusionsgleichung in der Gasphase wegen der deutlich kleineren Konzentrationsgradienten häufig vernachlässigt, siehe Kolev (2007). Der Stoffübergang in die Gasblase erfolgt demnach über den Fluss j nach dem ersten Fick'schen Gesetz aus Gleichung 2.31 mit dem Diffusionskoeffizienten D und dem Konzentrationsgradienten $\partial\beta/\partial r|_{\Gamma_{R_\mathrm{B}}}$ über die gesamte Gasblasenoberfläche A:

$$\frac{\mathrm{d}m_\mathrm{B}}{\mathrm{d}t} = jA = DA \left.\frac{\partial\beta}{\partial r}\right|_{\Gamma_{R_\mathrm{B}}}. \tag{2.33}$$

Der Konzentrationsgradient an der Blasengrenzfläche Γ_{R_B} wird unter Berücksichtigung der Kugelsymmetrie über die Lösung der Diffusions-Konvektionsgleichung für die räumlich und zeitlich abhängige Gaskonzentration β bei konstantem und isotropen Diffusionskoeffizienten D im Lösungsmittel bestimmt:

$$\frac{\partial\beta}{\partial t} + \frac{\mathrm{d}R_\mathrm{B}}{\mathrm{d}t}\left(\frac{R_\mathrm{B}}{r}\right)^2 \frac{\partial\beta}{\partial r} = \frac{D}{r^2}\frac{\partial}{\partial r}\left(r^2\frac{\partial\beta}{\partial r}\right). \tag{2.34}$$

In dieser partiellen Differentialgleichung beschreibt der zweite Term auf der linken Seite den konvektiven Stofftransport und die rechte Seite den diffusiven Stofftransport.

Ruhende Einzelblase In realen, ruhenden Systemen kann der konvektive Term jedoch vernachlässigt werden, da nach Plesset u. Prosperetti (1977) die Blasenoberflächengeschwindigkeit und demnach der Trägheitseffekt infolge des Stofftransportes sehr gering ist. Somit folgt aus Gleichung 2.34 unter Vernachlässigung des konvektiven Terms die Diffusionsgleichung an einer Blase:

$$\frac{\partial\beta}{\partial t} = \frac{D}{r^2}\frac{\partial}{\partial r}\left(r^2\frac{\partial\beta}{\partial r}\right). \tag{2.35}$$

Für eine kleine Blase in einer unendlich ausgedehnten Flüssigkeit sind die Randbedingungen für die Lösung der Differentialgleichung 2.35 für die beiden Ränder Γ durch

$$\Gamma_{R_\mathrm{B}}\colon \beta|_{t,r=R_\mathrm{B}} = \beta_{\Gamma_{R_\mathrm{B}}}\left(R_\mathrm{B}, p^{'}\right) \tag{2.36}$$

$$\Gamma_{r\to\infty}\colon \beta|_{t,r\to\infty} = \beta_0\left(p_0^{'}\right) \tag{2.37}$$

definiert. Diese Randbedingungen entsprechen den Annahmen, dass in Gleichung 2.36 die Konzentration an der Blasenoberfläche $\beta_{\Gamma_{R_\mathrm{B}}}$ mit dem Gas in der Blase im Gleichgewicht steht und in Gleichung 2.37 die Konzentration $\beta_{\Gamma_{r\to\infty}}$ in einem unendlich ausgedehnten Flüssigkeitsvolumen konstant bleibt und somit der initialen Gaskonzentration $\beta_0\left(p_0^{'}\right)$ entspricht. Mit diesen Randbedingungen folgt analytisch aus Gleichung 2.35 der Konzentrationsgradient an der Blasenoberfläche für einen konstanten Blasenradius

$$\left.\frac{\partial\beta}{\partial r}\right|_{\Gamma_{R_\mathrm{B}}} = \left(\beta_0 - \beta_{\Gamma_{R_\mathrm{B}}}\right)\left(\frac{1}{R_\mathrm{B}} + \frac{1}{\sqrt{\pi D t}}\right) \tag{2.38}$$

und wurde von Epstein u. Plesset (1950) in Analogie zur Wärmeleitung vorgestellt. Die zeitliche Änderung der ungelösten Gasmasse $\mathrm{d}m_\mathrm{B}/\mathrm{d}t$ in Abhängigkeit des Blasenradius $\mathrm{d}R_\mathrm{B}/\mathrm{d}t$ unter Beachtung der Oberflächenspannung σ ist:

$$m_\mathrm{B} = V_\mathrm{B}\rho\left(R_\mathrm{B}, p^{'}\right) \quad \Rightarrow \quad \frac{\mathrm{d}m_\mathrm{B}}{\mathrm{d}t} = \left(p^{'} + \frac{4\sigma}{3R_\mathrm{B}}\right)\frac{4\pi R_\mathrm{B}^2}{\tilde{R}_\mathrm{sp}T}\frac{\mathrm{d}R_\mathrm{B}}{\mathrm{d}t}. \tag{2.39}$$

Mit den Gleichungen 2.33, 2.38 und 2.39 folgt die gewöhnliche Differentialgleichung

$$\frac{\mathrm{d}R_\mathrm{B}}{\mathrm{d}t} = -\frac{D\tilde{R}_\mathrm{sp}T}{p^{'} + 4\sigma/\left(3R_\mathrm{B}\right)}\left(\beta_{\Gamma_{R_\mathrm{B}}}\left(R_\mathrm{B}, p^{'}\right) - \beta_0\left(p_0^{'}\right)\right)\left(\frac{1}{R_\mathrm{B}} + \frac{1}{\sqrt{\pi D t}}\right), \tag{2.40}$$

welche die zeitliche Radienänderung $\mathrm{d}R_\mathrm{B}/\mathrm{d}t$ für eine Blase in Folge eines Konzentrationsunterschiedes zwischen Blasenoberflächenkonzentration $\beta_{\Gamma_{R_\mathrm{B}}}$ und Lösungsmittelkonzentration $\beta_0\left(p_0^{'}\right)$ unter Beachtung der Oberflächenspannung angibt.

Da der Konzentrationsgradient aus Gleichung 2.38 für eine stationäre Blasenoberfläche unter Vernachlässigung der Radienänderung durch den diffusiven Stoffübergang ermittelt wurde, beschreibt Gleichung 2.40 ein quasi-stationäres Blasenwachstum für eine infinitesimal langsam wachsende Blase. Der Unterschied zwischen experimentellen

Untersuchungen von Duncan u. Needham (2004) und der Theorie nach Gleichung 2.40 für das quasi-stationäre Blasenwachstumsmodell beträgt für eine schrumpfende Blase mit einem Blasenradius $R_\mathrm{B} < 15\,\mu\mathrm{m}$ in einer untersättigten Lösung unter zehn Prozent, während für anwachsende Blasen laut Solano-Altamirano u. a. (2015) geringere Unterschiede auftreten.

Weit entfernt von der Blase kann die Massenkonzentration $\beta_0\left(p_0^{'}\right)$ für das gelöste Gas im Lösungsmittel über den Ostwald-Koeffizient nach Gleichung 2.10 beim initialen Sättigungsdruck $p_0^{'}$ bestimmt werden:

$$\beta_0\left(p_0^{'}\right) = \frac{\rho_\mathrm{l}}{1 + \rho_\mathrm{l}\widetilde{R}_\mathrm{sp}T/\left(Lp_0^{'}\right)}. \tag{2.41}$$

Die Massenkonzentration an der Blasenoberfläche $\beta_{\Gamma_{R_\mathrm{B}}}$ unterscheidet sich zu Gleichung 2.41 durch den geänderten Flüssigkeitsdruck $p^{'}$ und dem zusätzlichen Laplace Druck der durch die Oberflächenspannung aufgeprägt wird:

$$\beta_{\Gamma_{R_\mathrm{B}}}\left(R_\mathrm{B}, p^{'}\right) = \frac{\rho_\mathrm{l}}{1 + \rho_\mathrm{l}\widetilde{R}_\mathrm{sp}T/\left(L\left(p^{'} + \frac{2\sigma}{R_\mathrm{B}}\right)\right)}. \tag{2.42}$$

In Abbildung 2.9 ist die Lösung der Differentialgleichung 2.40 für Luft in unter- und übersättigtem Wasser sowie in n-Decan visualisiert. Die Lösung dieser Differentialgleichung erfolgt numerisch mit MATLAB (2006) und dem Löser ODE23s. Ausgehend von einer Luftblase mit $R_{\mathrm{B},0}(p_0^{'}) = 5\,\mu\mathrm{m}$ wird über eine Druckerhöhung auf $p^{'} = 5 \cdot p^{\ominus}$ in Abbildung 2.9a eine Untersättigung und in Abbildung 2.9b eine Übersättigung mit $p_\mathrm{l} = p^{\ominus}/5$ herbeigeführt. Unter Annahme einer isothermen Zustandsänderung ändert sich der Blasenradius R_B durch die Druckerhöhung in Wasser auf $R_{\mathrm{B},0}^{\mathrm{Wa}}(p^{'}) = 3{,}1\,\mu\mathrm{m}$, während sie durch die Druckabsenkung auf $R_{\mathrm{B},0}^{\mathrm{Wa}}(p_\mathrm{l}) = 7{,}4\,\mu\mathrm{m}$ anwächst. Das Auflösen der Blase in der untersättigten Lösung als auch das Anwachsen in der übersättigten Lösung auf den zehnfachen Anfangsdurchmesser erfolgt in n-Decan deutlich schneller als in Wasser. Dieser Unterschied resultiert aus einer deutlich höheren Löslichkeit und einem etwas höheren Diffusionskoeffizienten von Luft in n-Decan bei gleichzeitig niedrigerer Oberflächenspannung.

Eine Übersicht mit Zeitdauern für das Auflösen als auch das Anwachsen der Luftblasen für verschiedene initiale Blasenradien $R_{\mathrm{B},0}\left(p_0^{'}\right) = 0{,}5/5/50\,\mu\mathrm{m}$ gibt Tabelle 2.2 für

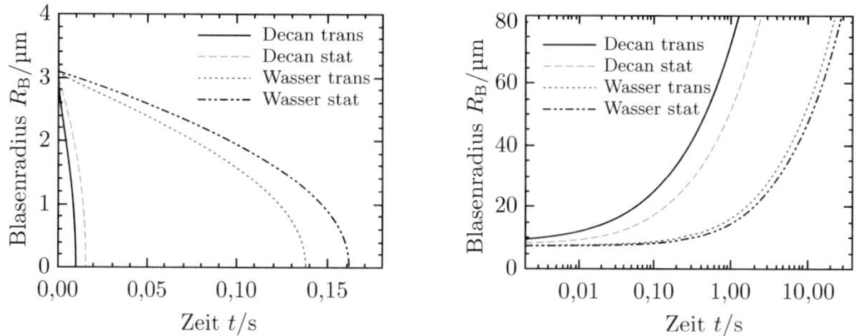

(a) $p_0^{'} = p^{\ominus}$, $p^{'} = 5 \cdot p^{\ominus}$ (b) $p_0^{'} = p^{\ominus}$, $p^{'} = p^{\ominus}/5$

Abbildung 2.9: Änderung des Radius einer ruhenden Luftblase mit initialem Blasenradius $R_B = 5\,\mu m$ durch Gasdiffusion in Wasser und in Decan für den transienten Konzentrationsgradienten nach Gleichung 2.40 und den stationären Konzentrationsgradienten bei $Sh = 2$. In (a) wird der Druck in der Flüssigkeit auf $p^{'} = 5 \cdot p^{\ominus}$ erhöht und in (b) auf $p^{'} = p^{\ominus}/5$ abgesenkt. Die verwendeten Stoffdaten sind: $\sigma_{Wa} = 0{,}0725\,Nm^{-1}$, $L_{Wa} = 0{,}0196$, $D_{Wa} = 1{,}73 \cdot 10^{-9}\,m^2s^{-1}$, $\rho_{Wa} = 997\,kgm^{-3}$, $\sigma_{De} = 0{,}0238\,Nm^{-1}$, $L_{De} = 0{,}186$, $D_{De} = 1{,}89 \cdot 10^{-9}\,m^2s^{-1}$, $\rho_{De} = 726\,kgm^{-3}$. Die Diffusionskoeffizienten D sind mit der Stokes-Einstein-Gleichung $D = k_{Bo}T/4\pi\mu R_0$ für kleine gelöste Stoffe abgeschätzt, siehe Cussler (2010, S. 128 f.). Der hydrodynamische Radius R_0 entspricht der Größe eines mittleren Luftmoleküls, vergleiche Mench (2008, S. 226 f.)

Wasser und n-Decan. Hierbei bezeichnet t_{trans} die Zeitdauer für das Auflösen oder Anwachsen einer Blase unter Beachtung eines transienten Konzentrationsgradienten nach Gleichung 2.40. Für den gesättigten Zustand im Lösungsmittel, bei dem der Druck konstant ist und Atmosphärenbedingungen entspricht $\left(p_0^{'} = p^{'} = p^{\ominus}\right)$, erfolgt das Auflösen der Blasen aufgrund einer lokalen Übersättigung am Blasenrand Γ_{R_B} durch die Oberflächenspannung. Die Auflösungszeiten variieren je nach Lösungsmittel und nach Anfangsblasenradius deutlich. Eine Blase mit Anfangsradius $R_{B,0}\left(p_0^{'}\right) = 50\,\mu m$ benötigt in Wasser beispielsweise 849 s, während eine Blase mit Anfangsradius $R_{B,0}\left(p_0^{'}\right) = 0{,}5\,\mu m$ nur 2,8 ms benötigt. In n-Decan reduziert sich diese Zeit nochmals auf 0,32 ms.

Im Falle der Untersättigung verringert sich sowohl der initiale Blasenradius $R_{B,0}(p^{'})$ durch den erhöhten Druck als auch die Auflösungszeiten durch die Erhöhung der Konzentrationsdifferenz. Die Auflösungszeiten reduzieren sich im Vergleich zum gesättigten Lösungsmittel für Wasser von 42,0 % bis 98,4 % und für n-Decan sogar von 67,5 % bis 99,6 %. Für den übersättigten Fall ($p_0^{'} = p^{\ominus}$, $p^{'} = p^{\ominus}/5$) erfolgt in Wasser aufgrund der hohen Oberflächenspannung bei einer Blase mit $R_{B,0}(p^{'}) = 0{,}56\,\mu m$ trotzdem ein

Tabelle 2.2: Zeitangaben für das vollständige Auflösen oder für das Anwachsen von Luftblasen auf den zehnfachen Blasendurchmesser $t_{10} \uparrow$ für die Lösungsmittel LM Wasser und n-Decan. Ausgehend von einem Gleichgewichtszustand $p_0^{'}$ bei $p^{\ominus}$ werden die Auflösungszeiten in der ersten Spalte für eine $R_{\mathrm{B},0}(p_0^{'}) = 0{,}5/5/50$ µm große Blase dargestellt. In der zweiten Spalte ist der Blasenradius $R_{\mathrm{B}}\,(p_1)$ nach einer Druckerhöhung auf den fünffachen Atmosphärendruck und in der dritten Spalte auf ein Fünftel des Atmosphärendruckes angegeben. Die Zeitangabe t_{trans} ist mit dem transienten Konzentrationsgradient nach Gleichung 2.40 und t_{stat} für einen stationären Konzentrationsgradient über $Sh = 2$ bestimmt. Die verwendeten Stoffdaten sind in der Abbildungsunterschrift 2.9 aufgelistet.

	gesättigt $p_0^{'} = p^{'} = p^{\ominus}$			untersättigt $p_0^{'} = p^{\ominus}, p^{'} = 5 \cdot p^{\ominus}$			übersättigt $p_0^{'} = p^{\ominus}, p^{'} = p^{\ominus}/5$		
LM	$R_{\mathrm{B},0}(p_0^{'})$ in µm	t_{trans} in s	t_{stat} in s	$R_{\mathrm{B},0}(p^{'})$ in µm	t_{trans} in s	t_{stat} in s	$R_{\mathrm{B},0}(p^{'})$ in µm	t_{trans} in s	t_{stat} in s
Wa	0,5	$2{,}8 \cdot 10^{-3}$	$3{,}3 \cdot 10^{-3}$	0,38	$1{,}6 \cdot 10^{-3}$	$1{,}9 \cdot 10^{-3}$	0,56	$3{,}5 \cdot 10^{-3}$	$4{,}2 \cdot 10^{-3}$
De	0,5	$3{,}2 \cdot 10^{-4}$	$4{,}9 \cdot 10^{-4}$	0,34	$1{,}0 \cdot 10^{-4}$	$1{,}7 \cdot 10^{-4}$	0,64	$1{,}8 \cdot 10^{-2} \uparrow$	$2{,}7 \cdot 10^{-2} \uparrow$
Wa	5	0,99	1,10	3,08	0,14	0,16	7,4	19 $\uparrow$	24 $\uparrow$
De	5	0,23	0,28	3,0	$9{,}8 \cdot 10^{-3}$	$1{,}5 \cdot 10^{-2}$	8,1	1,2 $\uparrow$	2,4 $\uparrow$
Wa	50	849	882	29,4	13,5	15,8	84,0	2072 $\uparrow$	2608 $\uparrow$
De	50	238	255	29,3	0,98	1,53	85,0	125 $\uparrow$	256 $\uparrow$

Auflösen der Blase. Für n-Decan als auch die größeren Blasen in Wasser resultiert ein Anwachsen aufgrund des kleiner werdenden Laplace-Druckes im übersättigten Lösungsmittel. Die hierbei benötigte Zeit, um auf den zehnfachen Anfangsblasendurchmesser anzuwachsen, ist mit $t_{10} \uparrow$ gekennzeichnet und liegt zwischen 18 ms für eine Blase mit $R_{\mathrm{B},0}(p^{'}) = 0{,}64$ µm in n-Decan und 2072 s für eine Blase mit $R_{\mathrm{B},0}(p^{'}) = 84$ µm in Wasser.

Sherwood-Modelle Die Beispiele in Abbildung 2.9 und in Tabelle 2.2 zeigen die Gaskavitation für eine quasi-ruhende Einzelblase mit zeitabhängigem Konzentrationsgradienten in zwei Lösungsmitteln bei verschiedenen Sättigungszuständen und bei unterschiedlichen initialen Blasenradien. In realen Anwendungen tritt die Gaskavitation jedoch selten in komplett ruhenden Flüssigkeiten auf, sondern beispielsweise bei Blasen mit Relativgeschwindigkeit zum Lösungsmittel oder in turbulenten Rohrströmungen. Die zeitlich und räumlich abhängige Lösung des Konzentrationsfeldes ist demnach in realen Anwendungen vorwiegend sehr komplex und nur in einfachen Fällen direkt be-

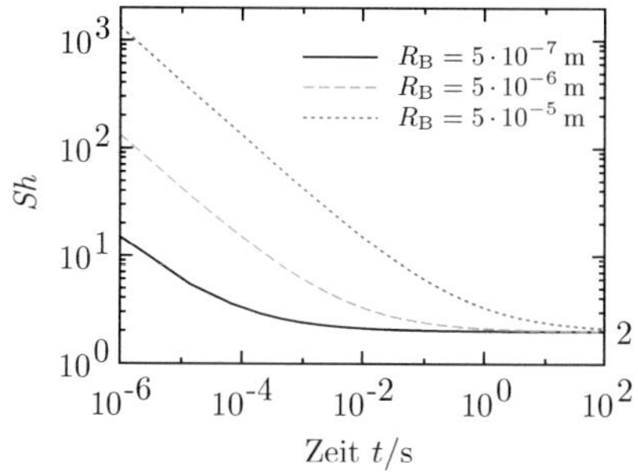

Abbildung 2.10: Grafische Darstellung der Sherwood-Zahl *Sh* über der Zeit nach Gleichung 2.45 für unterschiedliche Blasenradien in n-Decan für Luft, $D_{De} = 1{,}89 \cdot 10^{-9}\,\mathrm{m^2 s^{-1}}$.

stimmbar. Daher wird häufig zur Beschreibung des Stoffüberganges die dimensionslose Sherwood-Zahl verwendet, die äquivalent zu der Nusselt-Zahl bei Wärmeübertragungsproblemen ist, siehe beispielsweise Cussler (2010). Sie wird bei komplexeren Fällen aufgrund numerischer oder experimenteller Untersuchungen an geometrischen ähnlichen Körpern ermittelt. Die Sherwood-Zahl *Sh* ist gewöhnlich über den Massentransferkoeffizient k, einem charakteristischen Längenmaß $\widetilde{L}_{ch}$ und dem Diffusionskoeffizient definiert

$$Sh = \frac{k\widetilde{L}_{ch}}{D} \tag{2.43}$$

und findet bei transienten, stationären, ruhenden und konvektiven Stoffübertragungsproblemen Verwendung. Für den Fall der ruhenden Einzelblase folgt, analog zu Gleichung 2.40, die Änderung des Blasenradius in Abhängigkeit der Zeit und der Sherwood-Zahl *Sh*:

$$\frac{\mathrm{d}R_B}{\mathrm{d}t} = -\frac{ShD\widetilde{R}_{sp}T}{2R_B\left(p' + 4\sigma/\left(3R_B\right)\right)}\left(\beta_{\Gamma B}\left(R_B, p'\right) - \beta_0\left(p_0'\right)\right). \tag{2.44}$$

Hier wird die Flussdefinition j über den Massentransferkoeffizienten k nach Gleichung 2.32 mit der Definition der Sherwood-Zahl nach Gleichung 2.43 ausgedrückt. Der Blasendurchmesser D_B ist für den Fall des Stoffüberganges an Blasen das charakteristische Längenmaß $\widetilde{L}_{ch}$. Ein Koeffizientenvergleich zwischen den Gleichungen 2.40 und 2.44 führt zur Sherwood-Zahl *Sh* für eine ruhende Blase in Abhängigkeit der Zeit:

$$Sh(t) = 2\left(1 + \frac{R_B}{\sqrt{\pi D t}}\right). \tag{2.45}$$

Für Blasen mit Radien $R_B = 0{,}5/5/50$ µm ist die Sherwood-Zahl *Sh* in Abbildung 2.10 über der Zeit aufgetragen. Für große Zeiten nimmt die Sherwood-Zahl *Sh* aus

Tabelle 2.3: Übersicht von stationären Sherwood-Zahlen für Blasen mit Relativgeschwindigkeit für verschiedene Reynolds-Zahlen Re_B und Schmidt-Zahlen Sc.

Re_B	Sc	$Re_B \cdot Sc$	Sherwood-Zahl	Literaturquelle
0			$Sh = 2$	Kraume (2012)
< 1	$\to \infty$	$\to \infty$	$Sh = 0{,}65\,(Re\,Sc)^{0,5}$	Levich (1962)
$\to \infty$	$\to 0$	$\to \infty$	$Sh = 1{,}13\,(Re\,Sc)^{0,5}$	Boussinesq (1905)
< 1	$[0;\infty)$	$[0;\infty)$	$Sh = 2 + \dfrac{0{,}651\,(Re\,Sc)^{1,72}}{1 + (Re\,Sc)^{1,22}}$	Glaeser u. Brauer (1977)
$[0;\infty)$	$\to 0$	$[0;\infty)$	$Sh = 2 + \dfrac{0,232\,(Re\,Sc)^{1,72}}{1 + 0{,}205\,(Re\,Sc)^{1,22}}$	Glaeser u. Brauer (1977)
> 1000	$\to 0$	$[0;\infty)$	$Sh = 2\,(Re\,Sc)^{1/2}/\sqrt{\pi}$	Clift u. a. (2005)

Gleichung 2.45 ab und strebt für $t \to \infty$ gegen den Grenzwert

$$\lim_{t\to\infty} Sh = 2. \tag{2.46}$$

Der stationäre Grenzfall $Sh = 2$ ist der untere Grenzwert für die Massenänderung an Blasen. Er wird häufig verwendet, um zeitunabhängig den Stoffübergang an Blasen zu bestimmen. Die Abweichung zur transienten Sherwood-Zahl ist jedoch vor allem nach Abbildung 2.10 für große Blasen und kurze Zeiten groß, da hier die Konzentrationsgrenzschicht längere Zeit benötigt um sich auszubilden.

In Abbildung 2.9 und in Tabelle 2.2 wird die Differenz zwischen transientem und stationärem Stoffübergang für die Blasengrößenänderung in Wasser und n-Decan für unterschiedliche Blasengrößen dargestellt. Hervorgerufen durch die größere Löslichkeit und einem daraus resultierendem größeren Konzentrationsgradienten ist der Unterschied zwischen dem transienten t_{trans} und dem stationär bestimmten Zeitraum t_{stat} für n-Decan größer. Bei diesen in Tabelle 2.2 beispielhaft gewählten Randbedingungen beträgt die prozentuale Abweichung in n-Decan bis zu 104 %, während er für Wasser bei maximal 26 % liegt.

Die Konzentrationsverteilung und somit der Stoffübergang ist aber nicht nur von der Zeit, sondern nach Glaeser u. Brauer (1977) auch stark vom Umströmungszustand abhängig. Eine Gasblase kann beispielsweise durch ihre Auftriebskraft eine Relativgeschwindigkeit zur Flüssigkeit erfahren wodurch die Diffusion durch die Konvektion unterstützt wird. Bei diesen, nach Power u. a. (2009) auch als konvektive Diffusion bezeichneten Stoffübergangsproblemen, wird die Sherwood-Zahl mit zwei dimensionslosen Ähnlichkeitskennzahlen $Sh = f(Re, Sc)$ ausgedrückt. Die Reynolds-Zahl Re ist ein Maß für die Trägheitskraft zur Zähigkeit und im Falle der Relativbewegung von Blasen zum Lösungsmittel ist sie durch $Re_\mathrm{B} = D_\mathrm{B}U/\nu$ definiert. Dabei bezeichnet U die Relativgeschwindigkeit der Blasen zur Flüssigkeit, ν die Viskosität der Flüssigkeit und als charakteristische Länge $\widetilde{L}_\mathrm{ch}$ wird der Blasendurchmesser D_B verwendet. Für eine Kanal- beziehungsweise Rohrströmung ist die Reynoldszahl Re_Ro definiert über den hydraulischen Durchmesser D_h und über die mittlere Geschwindigkeit im Kanal $\overline{U}_\mathrm{Ro}$. Die Schmidt-Zahl Sc charakterisiert das Verhältnis aus diffusivem Impulstransport zu diffusivem Stofftransport und ist durch $Sc = \nu/D$ definiert. Sie ist für eine isotherme Betrachtung konstant und beträgt bei 20 °C für n-Decan $Sc_\mathrm{De} = 668$ und für Wasser $Sc_\mathrm{Wa} = 579$. Für unterschiedliche Reynolds- und Schmidt-Zahlen gibt Tabelle 2.3 einen Auszug für stationäre Sherwood-Korrelationen an. Weitere theoretische, numerische, experimentell und empirisch ermittelte Sherwood-Zahlen finden sich beispielsweise in Kraume (2012), Clift u. a. (2005), Kolev (2007), Bork (2006) oder Welty u. a. (2008).

Den Einfluss auf den Stoffübergang von aufsteigenden Blasen in einem ruhenden Flüssigkeitszustand ($Re_\mathrm{Ro} = 0$), in einer laminaren ($Re_\mathrm{Ro} = 1600$) und in einer turbulenten Rohrströmung ($Re_\mathrm{Ro} = 3100$), untersuchten Abe u. a. (2008). Bei Blasen mit Durchmessern von 5 mm bis 26 mm und einer entsprechenden Reynolds-Zahl Re_B von 1000 bis 5000 war allerdings kein Einfluss des Strömungszustandes im Rohr auf den Stoffübergang an den Blasen feststellbar. Der Stoffübergang war in diesen Versuchen dominiert durch die große Relativgeschwindigkeit der Blasen.

Für kleinere Blasen mit einer deutlich geringeren Aufstiegsgeschwindigkeit und einer höheren Rohr-Reynolds-Zahl Re_Ro ist jedoch ein anderes Konzentrationsfeld vorhanden. Nach Kolev (2007) bewegen sich Blasen in einer deutlich turbulenten Strömung praktisch mit der Flüssigkeit mit und der Stoffübergangsprozess unterscheidet sich zum Fall einer ruhenden Blase und einer aufsteigenden Blase deutlich. In turbulenten Strömungen wird der Konzentrationsgradient hauptsächlich durch den Austausch von turbulenten Wirbeln zwischen der Grenzschicht und der Flüssigkeit beeinflusst und wird deshalb auch als turbulente Diffusion bezeichnet. Eine Zusammenfassung von empirisch ermittelten stationären Sherwood-Korrelationen in turbulenten Rohrströmungen

Tabelle 2.4: Übersicht von stationären Sherwood-Zahlen für Blasen in turbulenten Rohrströmungen in Abhängigkeit von der Schmidt-Zahl $Sc = \nu/D$, der Reynolds-Zahl Re_{Ro} und dem hydraulischen Durchmessers D_{h}.

Sherwood-Zahl	Re_{Ro}	Sc	Literaturquelle
$Sh = 0{,}34 Re^{0{,}94} Sc^{0{,}5} 2R_{\mathrm{B}}/D_{\mathrm{h}}$	$1{,}2 \cdot 10^4$–$2{,}0 \cdot 10^5$	370–2013	Kress u. Keyes (1973)
$Sh = 0{,}228 Re^{0{,}7} Sc^{0{,}5} 2R_{\mathrm{B}}/D_{\mathrm{h}}$	$8{,}0 \cdot 10^3$–$2{,}0 \cdot 10^6$		Avdeev (1988)
$Sh = 0{,}38 Re^{0{,}75} Sc^{0{,}5} 2R_{\mathrm{B}}/D_{\mathrm{h}}$			Kawase u. a. (1987)
$Sh = 0{,}34 Re^{0{,}86} Sc^{0{,}5} 2R_{\mathrm{B}}/D_{\mathrm{h}}$	$9{,}0 \cdot 10^3$–$5{,}4 \cdot 10^4$	50–90	Ge u. a. (2013)

gibt Tabelle 2.4.

Gaskavitation in Hydrauliksystemen: Modellansätze und experimentelle Untersuchungen

Um die ungelösten Gase und deren Stoffübergang zu modellieren, kann in der Simulation von kompletten Hydrauliksystemen die Lösung der Diffusionsgleichung 2.34 nicht für sehr viele Einzelblasen betrachtet werden. Vor allem bei Hydraulikpumpen und für die Modellierung der Druckwellenausbreitungen in Hydraulikleitungen wurden einige vereinfachte Gaskavitationsmodell-Ansätze entwickelt und mit Experimenten verglichen, die nachfolgend beschrieben werden.

Ein Ansatz, der beispielsweise von Wylie u. Streeter (1978) und Casoli u. a. (2006) untersucht wurde, betrachtet eine konstante ungelöste Gasmasse. Dies wird nach der Definition in Abschnitt 2.2.2 allerdings als Pseudokavitation bezeichnet, da hierbei kein Luftausgasungsprozess beziehungsweise kein Stoffübergang des Gases stattfindet. Die ungelöste Gasvolumenfraktion $\epsilon_{\mathrm{g}} = V_{\mathrm{g}}/V_{\mathrm{ges}}$ verhält sich entsprechend einer polytropen Zustandsänderung:

$$\epsilon_{\mathrm{g}}(p) = \epsilon_{\mathrm{g}}(p_0) \left(\frac{p}{p_0}\right)^{\frac{1}{n}}. \tag{2.47}$$

Im Gegensatz hierzu sieht ein zweiter Ansatz eine instantane Luftausgasung vor. In diesem Modell löst eine Flüssigkeit im initialen Gleichgewichtszustand beim Sättigungsdruck p_{s} die Volumenfraktion ϵ_{g} an Gas. Fällt der Druck p unter den Sättigungsdruck p_{s}, wird die überschüssige Menge an Gas entsprechend dem Henry-Gesetz instantan, also sofort ohne Relaxationsprozesse, ausgelöst:

$$\epsilon_{\mathrm{g}}(p) = \epsilon_{\mathrm{g}}(p_{\mathrm{s}}) \left(1 - \frac{p}{p_{\mathrm{s}}}\right) \left(\frac{p_{\mathrm{s}}}{p}\right)^{\frac{1}{n}} \qquad (p \leq p_{\mathrm{s}}). \tag{2.48}$$

Experimentelle Untersuchungen von Zhou u. a. (2013) und Schrank u. a. (2013) zeigen allerdings einen deutlichen Unterschied zum instantanen Luftausgasungsmodell nach Gleichung 2.48 auf. In beiden Experimenten wird ein Zweiphasengemisch aus Flüssigkeit und Gas innerhalb einer oder mehrerer Sekunden vom Gleichgewichtszustand bei Atmosphärendruck durch Volumenänderung komprimiert beziehungsweise expandiert. Die Anwendung des instantanen Luftausgasungsmodell führt, bei diesen für Hydrauliksysteme repräsentativen Randbedingungen, zu großen Unterschieden zwischen Modellierung und Experiment. Dies ist darauf zurückzuführen, dass die Druckänderungen in diesem Zeitraum zu groß sind, um über den diffusionsgetriebenen Stofftransport der Gasmoleküle ein Gleichgewichtszustand zu erreichen.

Infolgedessen wird häufig eine zeitverzögerte Luftausgasung modelliert. Dabei ist die auf den Sättigungsdruck bezogene Volumenübergangsrate $\dot{\epsilon}_{\mathrm{g}}^{p_{\mathrm{s}}}$

$$\dot{\epsilon}_{\mathrm{g}}^{p_{\mathrm{s}}} = \frac{\epsilon_{\infty,\mathrm{g}}^{p_{\mathrm{s}}} - \epsilon_{\mathrm{g}}^{p_{\mathrm{s}}}}{\tau} \tag{2.49}$$

proportional zum Unterschied zwischen der auf Sättigungsdruck p_{s} bezogenen Gasvolumenfraktion $\epsilon_{\infty,\mathrm{g}}^{p_{\mathrm{s}}}$ und der momentanen Gasvolumenfraktion $\epsilon_{\mathrm{g}}^{p_{\mathrm{s}}}$. Hier entspricht $\epsilon_{\infty,\mathrm{g}}^{p_{\mathrm{s}}}$ der Gasvolumenfraktion im Gleichgewichtszustand, welche sich nach einer unendlich langen Zeit oder einem unendlich schnell ablaufenden Vorgang einstellen würde:

$$\epsilon_{\infty,\mathrm{g}}^{p_{\mathrm{s}}} = \epsilon_{\mathrm{g}}(p_{\mathrm{s}}) \left(1 - \frac{p}{p_{\mathrm{s}}}\right). \tag{2.50}$$

Über eine Zeitkonstante τ in Gleichung 2.49, die zwischen Ein- und Ausgasen unterscheiden kann, wird die Volumenübergangsrate in Gleichung 2.49 skaliert. Die Gasvolumenfraktion beim Druck p resultiert wiederum über eine polytrope Zustandsänderung:

$$\epsilon_{\mathrm{g}} = \epsilon_{\mathrm{g}}^{p_{\mathrm{s}}} \left(\frac{p_{\mathrm{s}}}{p}\right)^{\frac{1}{n}}. \tag{2.51}$$

Tabelle 2.5: Übersicht über die Zeitkonstanten τ für die Modellierung der Gaskavitation nach Gleichung 2.49, die über eine vergleichende Betrachtung mit unterschiedlichen Experimenten ermittelt wurden.

Literaturquelle	$\tau_{\mathrm{Aus}}/\mathrm{s}$	$\tau_{\mathrm{Ein}}/\mathrm{s}$	V_0/m^3	Anwendung
Pettersson u. a. (1993)	0,5	0,5		Kolbenpumpe
Harris u. a. (1994)	5	10		Kolbenpumpe
Jiang u. a. (2012)	5,88	11,35	$9{,}72 \cdot 10^{-9}$	Hydraulikleitung
Li u. a. (2008)	11,35	23,61	$3{,}93 \cdot 10^{-9}$	Hydraulikleitung
	K_{Aus}	K_{Ein}	τ/s	
Zhou u. a. (2013)	2000	0,1	1	Druckbehälter

Dieser Modellansatz wurde unter anderem von Pettersson u. a. (1993) und Harris u. a. (1994) bei der Berechnung von Kolbenpumpen sowie von Li u. a. (2008) und Jiang u. a. (2012) bei der Simulation von Druckwellenausbreitungen in Hydraulikleitungen verwendet. Tabelle 2.5 zeigt eine Zusammenfassung von Zeitkonstanten, die aus einer vergleichenden Betrachtung mit dem jeweiligen Experiment ermittelt wurden. Bis auf die Untersuchung von Pettersson u. a. (1993), die keine unterschiedlichen Zeitkonstanten für das Ein- und Ausgasen ermittelten, zeigen die Publikationen aus Tabelle 2.5 in anwendungsnahen Versuchen immer eine längere Zeitkonstante für das Eingasen auf.

Grundlagenorientierte experimentelle Untersuchungen von 18 Flüssigkeiten in einem abgeschlossenen, geschüttelten Gas-Flüssigkeits-Behälter von Schweitzer u. Szebehely (1950) stützen die Annahme von unterschiedlichen Zeitkonstanten für das Ein- und Ausgasen. Der Unterschied der Zeitkonstanten zwischen den unterschiedlichen Medien wie Treibstoffen, Schwerölen und Wasser variierte jedoch deutlich mehr, als die Ratenunterschiede zwischen dem Ein- und Ausgasen. Den größten Einfluss auf die Zeitkonstanten hatte allerdings der Bewegungszustand der Flüssigkeit. Der Unterschied der Stoffübergangsraten zwischen einem ruhenden Behälter und einem geschüttelten war immer größer als Faktor 1000. Dieses grundlagenorientierte Experiment, aber auch die unterschiedlichen Zeitkonstanten zwischen den anwendungsnahen Versuchen in Tabelle 2.5, stützen daher die Aussage von Pettersson u. a. (1993), es sei gefährlich von einem empirisch ermittelten Parametersatz auf andere Systeme mit anderen Randbedingungen zu schließen.

Ein analytisches Stoffübergangsmodell, welches über einen Ersatzkoeffizient K_{E} die Relativgeschwindigkeit U_{B} von mehreren Blasen N_{B} mit dem Blasendurchmesser D_{B} zur Flüssigkeit betrachtet, wird von Wiggert u. Sundquist (1979) bei Untersuchungen zur Druckwellenausbreitung in Hydraulikleitungen verwendet. Hier wird die Ausgasungsrate über einen Quellterm $Q_{\mathrm{Aus}} = f(K_{\mathrm{E}}, H, S)$ abgebildet, der neben dem Ersatzkoeffizienten K_{E} von der Henry-Konstanten H und dem Sättigungsgrad S abhängig ist. Die Anzahl und Größe der Blasen und deren Relativgeschwindigkeit zur Flüssigkeit haben einen großen Einfluss auf den Stoffübergang, sind jedoch meist unbekannt und führen laut Wiggert u. Sundquist (1979) zur größten Unsicherheit in diesem Modell. Die Stoffübergangsrate für den Lösungsprozess wird wie bei den Modellierungen von da Silva u. de Freitas Rachid (2012) und Kessal u. Bennacer (2005) mit $Q_{\mathrm{Ein}} = 0$ unterdrückt und bedeutet, dass die ungelöste Menge an Gas nicht abnehmen kann.

Im Gegensatz hierzu betrachten Zhou u. a. (2013) nach Tabelle 2.5 auch den Eingasungsprozess, jedoch ist der Faktor K_{Ein} um 4 Größenordnungen kleiner als für den Ausgasungsprozess K_{Aus}. Die Beschreibung des Stoffüberganges der Dampf- als auch Gaspmoleküle erfolgt in Analogie zum „Full Cavitation Model“ Ansatz von Singhal u. a. (2002), welcher in kommerziellen 3D CFD Lösern wie Ansys CFX (2012) implementiert ist. Im Vergleich zum Experiment mit einer quasi-ruhenden Flüssigkeit in einem Druckbehälter zeigt die Modellierung der Luftausgasung mit dem zeitverzögerten Quelltermmodell deutlich bessere Ergebnisse als die Modellierung mit einem konstanten Gasgehalt nach Gleichung 2.47 oder dem instantanen Luftausgasungsmodell nach Gleichung 2.48. Die Annahme von willkürlichen Parametern ist allerdings auch hier erforderlich.

Neben dem Bewegungszustand der Flüssigkeit, dem Gasgehalt und der Blasenverteilung scheint auch das Auftreten von Dampfkavitation in den Experimenten einen großen Einfluss auf den Stoffübergang der Gasmoleküle zu haben. Ausgegaste Luft bildete sich bei Untersuchungen von Baasiri u. Tullis (1983) zu Wassersäulenabrissen in Leitungen erst bei Dampfdruck-Unterschreitung und nicht schon bei Gas-Sättigungsdruck-Unterschreitung aus. Ähnliche Beobachtungen machten Lin u. a. (2000) bei Experimenten zu Gasembolien hinter mechanischen Herzklappen. Selbst bei hohen Übersättigungen von CO_2 in Blut konnten keine sichtbaren Gasblasen bei der Durchströmung einer mechanischen Herzklappe detektiert werden. Erst als Dampfkavitation bei kritischen Klappenstellungen auftrat, konnten im Nachlauf stabile Blasen über Sekunden beobachtet werden. Lin u. a. (2000) vermuten daher, dass es sich bei den stabilen Blasen um Gasblasen handelt, die aus Dampfblasen entstanden sind. Untersuchungen in Schmierölen von Vogelpohl (1949) zeigen ebenfalls den großen Einfluss von Dampfkavitation mit nachfolgender Luftausscheidung in Form von Schaumbildung. Demgegenüber konnten Schweitzer u. Szebehely (1950) bei Experimenten in einem Druckbehälter keine Dampfkavitation erzeugen, wenn keine ungelöste Luft vorhanden war. Der bereits in Abschnitt 2.2.1 erwähnte Einfluss des gelösten und ungelösten Gases auf den Kavitationsbeginn und die hier vorgestellten Experimente zur Gaskavitation deuten auf eine teilweise starke Wechselwirkung zwischen Dampf- und Gaskavitation hin.

2.3 Gasblasenkeime

Nach Mørch (2009) und Tarantino u. a. (2009) ist es offensichtlich, dass Schwachstellen, sogenannte Kavitationskeime, den Unterschied zwischen den experimentell und theoretisch ermittelten Zugspannungen in Flüssigkeiten erklären. Neben kosmischer Strahlung, Kollisionen zwischen Partikel und Anhäufungen von organischen oder ionischen Molekülen, gelten vor allem Gasblasenkeime als direkter Favorit für diese Schwachstellen, siehe unter anderem Atchley u. Prosperetti (1989).

Neben dem großen Einfluss der Kavitationskeime auf den Dampfkavitationsbeginn wird in Abschnitt 2.2.2 auch deren Einfluss auf den Stoffübergang bei der Gaskavitation gezeigt. Jedoch ergeben sich zwei offensichtliche Schwierigkeiten mit dem Modell von freien, in der Flüssigkeit vorkommenden Gasblasenkeimen. Zum einen würden größere Keime aufgrund der Auftriebskraft aufsteigen und zum anderen würden sich kleinere Keime durch den aufgeprägten Druck der Oberflächenspannung auflösen. Dies wird in Tabelle 2.2 für Luftblasen in n-Decan und in Wasser für den Fall einer gesättigten Flüssigkeit verdeutlicht. Demnach sind freie Blasenkeime in der Flüssigkeit instabil, stabile freie Blasenkeime wurden jedoch experimentell beispielsweise von Johnson u. Cooke (1981) in Seewasser nachgewiesen. Diese Diskrepanz muss daher laut Trevena (1987) über plausible Nukleationsmodelle oder Stabilisierungsmodelle für Blasenkeime aufgelöst werden.

Einen Überblick über verschiedene Nukleationsmodelle gibt Jones u. a. (1999), der die

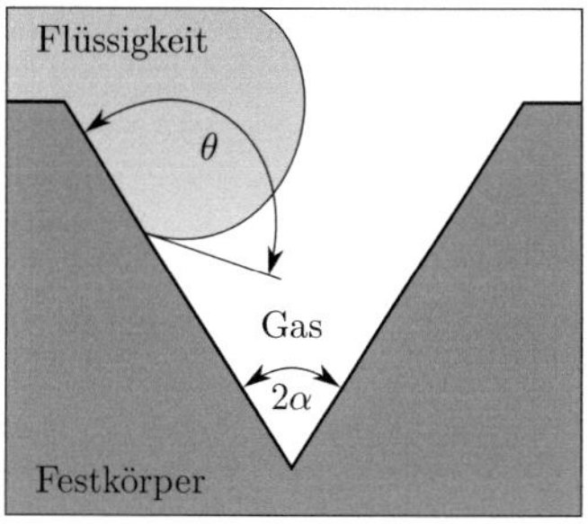

Abbildung 2.11: Schematische Darstellung eines Gaseinschlusses nach einer Prüfstandsbefüllung bei einer Oberflächenunrauigkeit nach Bankoff (1958).

Keimbildung und die Blasenbildung zusammen in die Typen 1–4 aufteilt. Bei Typ 1 und 2 handelt es sich um die klassische homogene und heterogene Keimbildungstheorie. Die homogene Keimbildung bezeichnet die Bildung eines Keimes innerhalb der Flüssigkeit, wohingegen bei der heterogenen Keimbildung die Bildung von neuen Keimen an benetzten Oberflächen wie an Wänden oder Staub betrachtet wird. Bei der klassischen Keimbildungstheorie werden die Keime in einer metastabilen Flüssigkeit durch statistische Schwankungen der Aufenthaltsorte der gasphasenbildenden Moleküle erzeugt. In Abwesenheit der gelösten Gase kann die metastabile Flüssigkeit entsprechend Abbildung 2.5b über eine isotherme Volumenvergrößerung in den Zugspannungsbereich erreicht werden. Bei vorhandenen gelösten Gasen liegt ein metastabiles System bereits bei einer Druckabsenkung unter deren Sättigungsdruck $p_{\mathrm{g,s}}$ vor.

Untersuchungen von Forest u. Ward (1977) und Wilt (1986) zeigen den grundsätzlichen Anstieg der homogenen Keimbildungswahrscheinlichkeit durch gelöstes Gas. Jedoch sind die Keimbildungsraten für das stark lösliche Kohlendioxid bei sehr starken Übersättigungen von über 1000 trotzdem sehr gering und nach Fischer (2001) auch in Getränken mit sehr hohen Übersättigungen ohne Bedeutung. Jones u. a. (1999) schließen aus einer Vielzahl an Keimbildungsexperimenten, dass bei gewöhnlichen Übersättigungen Keime schon vorhanden sein müssen, um aktive Blasen zu erzeugen.

Bereits vorhandene Keime werden bei Typ 3 und 4 der Keim- und Blasenbildungsklassifizierung nach Jones u. a. (1999) daher angenommen. Typ 3 wird als pseudo-klassische Blasenbildung bezeichnet, bei dem der Keimradius kleiner als der kritische Radius nach Gleichung 2.27 ist. Daher wird bei der pseudo-klassischen Blasenbildung eine weitere Keimbildungsenergie benötigt, um eine aktive Blase zu erzeugen. Dies bildet den Unterschied zu der nicht-klassischen Blasenbildungstheorie nach Typ 4, bei der immer ein aktiver Keim ohne zusätzliche Keimbildungsenergie vorliegt. In dieser vorliegenden Arbeit bezeichnet ein Gasblasenkeim einen nicht aktiven Keim nach Typ 3, während eine Gasblase eine aktive Blase über dem kritischen Blasenradius darstellt.

Die für die Blasenbildung nach Typ 3 oder 4 benötigten Keime können freie Keime in der Flüssigkeit oder Porenkeime sein, die beim initialen Befüllen des Prüfstandes entstehen können. Bei einer ausbreitenden Flüssigkeitsfront zeigt Abbildung 2.11 an einem einfachen Modell einer Oberflächenunebenheit nach Bankoff (1958) die Möglichkeit einer Porenkeimbildung. Gilt für den minimalen Kontaktwinkel θ zwischen Flüssigkeit, Gas und Feststoff die Beziehung

$$\theta_{\mathrm{min}} > 2\alpha \tag{2.52}$$

berührt die Flüssigkeit zuerst die gegenüberliegende Wand und schließt Gas ein. Diese eingeschlossene Gasmasse kann für das einfache Modell einer Oberflächenunebenheit je nach Kontaktwinkel θ und Porenöffnungswinkel 2α eine konvexe, ebene oder konkave Form annehmen.

Abbildung 2.12 zeigt das nach Harvey u. a. (1944) benannte Modell eines stabilen Porenkeimes. Hier ist bei einer ebenen oder gar konkaven Oberfläche der Druck in der Gasphase aufgrund der Oberflächenspannung gleich oder kleiner dem Druck in der Flüssigkeit. Für den minimalen Kontaktwinkel θ muss daher

$$\theta_{\mathrm{min}} > \pi/2 + \alpha \tag{2.53}$$

gelten, um in Abhängigkeit des Porenöffnungswinkels 2α einen stabilen Porenkeim in einer gesättigten Flüssigkeit zu erzeugen. In diesem exemplarischen Modell einer Pore können entsprechend Gleichung 2.53 nur lyophobe Oberflächen, bei denen der Kontaktwinkel θ größer als 90° ist, einen stabilen Porenkeim beinhalten. Da jedoch jede Oberfläche nach Collier u. Thome (1994) aus Vertiefungen und Hohlräumen unterschiedlichster Form besteht, wird es praktisch immer stabile Porenkeime nach Typ 3 oder 4 geben.

Folgt nun ausgehend von einem stabilen Porenkeim eine Druckabsenkung, wächst der Porenkeim zu Beginn über die Änderung der Meniskusform der Blase an, bis der Rückzugskontaktwinkel erreicht ist. Im Anschluss wächst die Blasenoberfläche entlang der Pore bis zur Porenöffnung an. Chappell u. Payne (2006) nehmen an, dass der Poren-

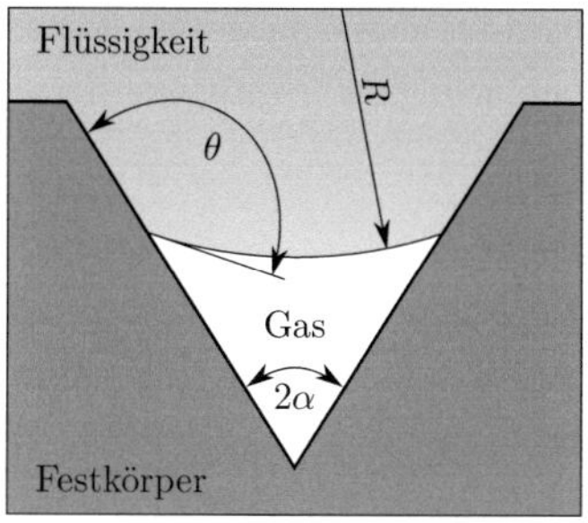

Abbildung 2.12: Schematische Darstellung eines Gaseinschlusses, bei dem die Oberflächenspannung den Druck im Gaseinschluss reduziert, nach Harvey u. a. (1944)

keim bis zu einem kritischen Radius anwächst, bis Strömungskräfte die Blase ablösen und somit freie Blasenkeime erzeugt werden können. Weiterführende und detaillierte Untersuchungen über den Einfluss der Porenöffnungsform auf das nachfolgende Anwachsen des Keimes über die Pore hinaus, geben unter anderem Atchley u. Prosperetti (1989).

Die Untersuchungen von Harvey u. a. (1944) und Bankoff (1958) zeigen, dass stabilisierte Porenkeime in Oberflächenunebenheiten sehr wahrscheinlich sind und dass freie Gasblasen nach Atchley u. Prosperetti (1989) und Chappell u. Payne (2006) durch eine Druckabsenkung aus stabilen Porenkeimen entstehen können. Um nun in der Flüssigkeit stabilisierte freie Blasen zu erklären, wurden laut Brujan (2010) einige Blasenhautmodelle vorgestellt. Diese Häute bestehen zum Beispiel aus verunreinigten Substanzen, die sich an der Oberfläche der Flüssigkeit ablagern und der Oberflächenspannung und der Diffusion der Gasmoleküle entgegenwirken. Im Modell nach Fox u. Herzfeld (1954) besteht diese Haut aus organischen Molekülen wie zum Beispiel Fettsäuren, die eine starre und für Gasmoleküle undurchlässige Haut bilden. Das nach Leighton (1994) erfolgreichste Hautmodell ist das elastische organische Stabilisierungsmodell von Yount (1979). Um den Keim zu stabilisieren, werden hier oberflächenaktive Moleküle angenommen, welche je nach Konzentration, die Diffusion der Gasmoleküle hemmen oder gar stoppen können.

Nach Mørch (2009) war das Verständnis zur Stabilisierung der Kavitationskeime bis zu den ersten Ansätzen von Harvey u. a. (1944) und Yount (1979) das Hauptproblem, um die experimentellen Beobachtungen, beispielsweise in Zugspannungsuntersuchungen, zu erklären. Hayward (1970) und Washio u. a. (2001) bezweifeln jedoch aufgrund von Experimenten in anderen Flüssigkeiten als Wasser, dass stabilisierte Porenkeime

Tabelle 2.6: Darstellung der Blasenkonzentration für verschiedene Durchmesserintervalle in Meerwasser und in Wasserkanälen, entnommen aus Billet (1986).

		N Blasen pro V/cm^3		
	D_B/µm	10 - 20	20 - 40	40 - 80
Pazifischer Ozean in 3 m Tiefe	Medwin (1977)	13,12	1,4	0,14
Atlantischer Ozean in 10 m Tiefe	Shen u. a. (1984)	24,64	3,05	0,25
Hafen	O'Hern u. a. (1985)	297	17	2,5
Wassertunnel $Ka_U = 1{,}2$	Shen u. a. (1984)	18,5	3,51	0,37
Wassertunnel $Ka_U = 0{,}5$	Shen u. a. (1984)	3,57	0,68	0,08
Kavitationskanal	Hentschel u. a. (1985)	-	144	9

und freie Blasenkeime die Ursache für den Kavitationsbeginn sind. Beide sind skeptisch, ob Porenkeime bei nicht wässrigen Flüssigkeiten, aufgrund eines geringeren Kontaktwinkels θ und demnach einer besseren Benetzbarkeit von Metalloberflächen, möglich sind. Für Washio u. a. (2001) gibt es Anzeichen, dass gewöhnlich freie Blasenkeime in Öl nicht vorhanden sind. Zumindest eine reduzierte Blasenbildung in Ölen zeigten Schweitzer u. Szebehely (1950) im Vergleich zu Wasser auf. Hier konnte in ruhendem Wasser durch Übersättigung sofort eine Blasenbildung festgestellt werden, wohingegen bei Kohlenwasserstoffen eine Blasenbildung bei Übersättigungen von 100 % erst durch Rühren gelang.

Die Messung von freien Gasblasen und Gasblasenkeimen in Flüssigkeiten kann über elektrische, optische und akustische Messmethoden ermittelt werden. Eine Übersicht über die unterschiedlichen Messmethoden geben unter anderem Heller (2005), Tropea u. a. (2007) und Billet (1986). In Abhängigkeit von Ort, Anwendung und Wasserqualität variiert die Gasblasenkeimverteilung für Wasser stark und ist in Tabelle 2.6 dargestellt. Die Tabelle zeigt die Blasenanzahl N_B für Proben in Meerwasser unterschiedlicher Tiefe, sowie in Wasser- und in Kavitationskanälen für Blasendurchmesser D_B zwischen 10 µm und 80 µm. Auffällig ist die deutlich erhöhte Blasenkonzentration im Hafen bei O'Hern u. a. (1985) im Vergleich zu den Messungen im Ozean und die deutlich erhöhte Blasenanzahl im Kavitationskanal bei Hentschel u. a. (1985) zu den Wassertunnelversuchen von Shen u. a. (1984).

Generell haben die meisten messbaren Blasen in den Versuchen aus Tabelle 2.6 einen

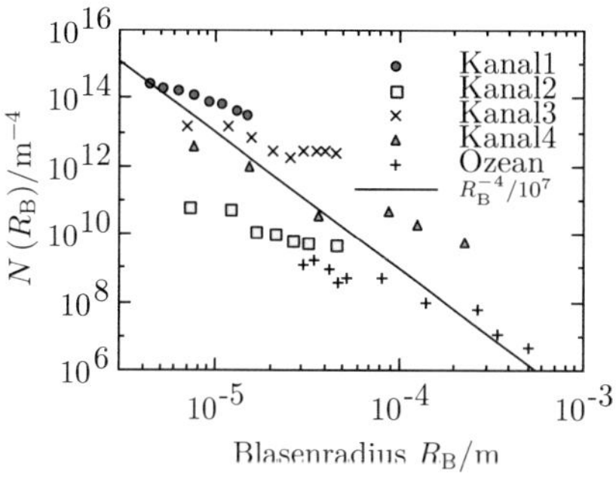

Abbildung 2.13: Darstellung der Keimdichteverteilung aus verschiedenen Strömungskanälen und aus dem Ozean. Die Darstellung ist angelehnt an die Abbildungen aus Liu u. Brennen (1998) und Sauer (2000).

Durchmesser zwischen 10 µm und 20 µm, bei stark abnehmender Blasenkonzentration mit ansteigendem Blasendurchmesser D_B. Diese Tendenz wird in Abbildung 2.13 verdeutlicht, bei der die Keimanzahl-Dichteverteilungsfunktion $N(R_B)$ in Abhängigkeit des Blasenradius für verschiedene Messungen nach Liu u. Brennen (1998) dargestellt ist. Die Keimanzahl-Dichteverteilungsfunktion $N(R_B)$ gibt die Anzahl an Blasen N_B an, die in einem Radienintervall von R_B bis $R_B + \Delta R_B$ pro Einheitsvolumen V und dem jeweiligen betrachteten Radienintervall ΔR_B liegen:

$$N\left(R_B\right) = \frac{N_B\left[R_B, R_B + \Delta R_B\right]}{V \Delta R_B}. \tag{2.54}$$

Ab einem Blasenradius R_B von 5 µm korreliert die Keimanzahldichte $N\left(R_B\right)$ nach Brennen (1995) in etwa mit R_B^{-4} und verdeutlicht die zumeist stark abnehmende Gasblasenwahrscheinlichkeit mit ansteigendem Blasenradius. Abweichungen dieser Tendenz zeigen jedoch Hamadeh u. a. (2009) bei Messungen der Gasblasenkeimverteilung auf der Saugseite einer Pumpe, bei der die Anzahl der Blasen konstant zwischen 10 µm und 200 µm lag. Auch bei d'Agostino u. Green (1992) liegt die größte Gasblasenwahrscheinlichkeit zwischen 40 µm und 100 µm in Leitungswasser. Für unbehandeltes Leitungswasser und für entgastes Wasser ergab die Messung von Hammitt (1980) den wahrscheinlichsten Gasblasenkeimdurchmesser D_B von 6 µm, wobei die Anzahl der gemessenen Keime für entgastes Wasser um 20 % abnahm.

Tabelle 2.7: Vergleichende Darstellung der Stoffdaten für Wasser und n-Decan, die einen großen Einfluss auf die Gas- und Dampfkavitation haben. Die Stoffdaten gelten für 20 °C, außer für den Ostwald-Koeffizient $L^{\ominus}$, der bei 25 °C angegeben ist.

		Wasser	n-Decan
Ostwald-Koeffizient $L^{\ominus}_{Lu}$		0,0196	0,186
Oberflächenspannung σ	/N m^{-1}	0,073	0,024
Diffusionskoeffizient D	/m^{2}s^{-1}	$1{,}73 \cdot 10^{-9}$	$1{,}89 \cdot 10^{-9}$
Dampfdruck p_l''	/bar	0,023	0,0013
kinematische Viskosität ν	/m^{2}s^{-1}	$1 \cdot 10^{-6}$	$1{,}25 \cdot 10^{-6}$
Dichte ρ	/kg m^{-3}	998	730
Schmidt-Zahl Sc		579	668

2.4 Diskussion und Ziele der Arbeit

Die Literaturrecherche zeigt, dass die meisten Untersuchungen zu Hohlraumbildungen in Flüssigkeiten sich mit Dampfkavitation in Wasser befassen. Betrachtungen zu Kavitation in Ölen beziehungsweise in Kohlenwasserstoff-Gemischen, insbesondere von Gaskavitation, sind deutlich seltener. In Tabelle 2.7 werden daher für Wasser und n-Decan die Stoffdaten, die einen großen Einfluss auf die Dampf- und Gaskavitation haben, verglichen. Der Einzelkomponenten-Kohlenwasserstoff n-Decan wird hier repräsentativ für Mehrkomponentenöle verwendet. Die deutlichsten Unterschiede liegen bei einem geringeren Lösungsmitteldampfdruck p_l'' und bei einer höheren Gaslöslichkeit $L^{\ominus}_{Lu}$, die für n-Decan beinahe um eine Größenordnung höher ist als für Wasser.

Diese erhöhte Löslichkeit von Gasen im Vergleich zu Wasser kann nach einer Übersättigung der Flüssigkeit zu deutlich erhöhten Volumenfraktionen ungelöster Luft führen und wird durch Abbildung 2.14 veranschaulicht. In dieser Abbbildung ist das bei Atmosphärenbedingungen intermolekular lösbare Luftvolumen in n-Decan grafisch dargestellt. Nach einer Druckabsenkung auf ein Fünftel des Sättigungsdruckes folgt ein neues Absorptionsgleichgewicht, bei dem unter Annahme des Henry-Gesetzes die Flüssigkeit nur noch ein Fünftel des zuvor gelösten Gases intermolekular lösen kann. Das resultierende Gas-Flüssigkeits-Gemisch nimmt infolge der kompressiblen Gasphase nun ein Gesamtvolumen $V_{ges}(p^{\ominus}/5)$ vom 1,74-fachen des Lösungsmittelvolumens $V_{ges}(p^{\ominus})$ ein. Im Gegensatz hierzu würde bei Wasser, aufgrund der geringeren Gaslöslichkeit, lediglich

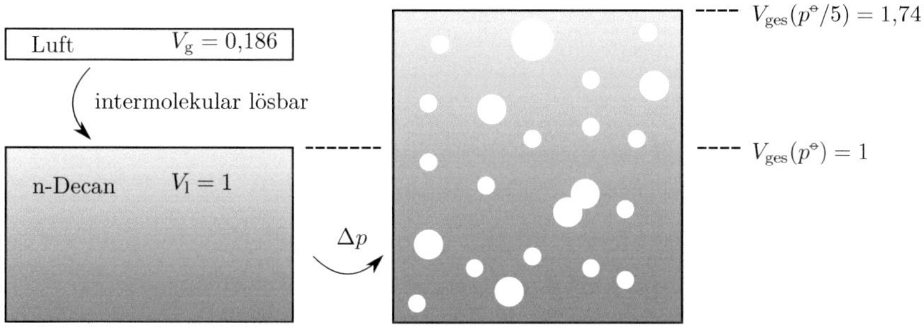

Abbildung 2.14: Grafische Darstellung des Gaskavitationsprozesses in n-Decan, ausgehend von einer bei Atmosphärendruck gesättigten inkompressiblen Flüssigkeit nach einer Druckabsenkung auf $(p^{\ominus}/5)$. Auf der linken Seite der Abbildung ist die intermolekular lösbare Luft pro Volumeneinheit in n-Decan dargestellt. Auf der rechten Seite ist das resultierende Gesamtvolumen im Gleichgewicht nach der Druckabsenkung abgebildet.

das 1,078-fache Zweiphasen-Volumen entstehen.

Weil das veränderliche Absorptionsgleichgewicht von Gasen in Flüssigkeiten die Ursache von Gaskavitation ist, ist die Kenntniss dieser maßgeblichen Stoffgröße zwingend notwendig. Trotz vieler veröffentlichter experimenteller und theoretischer Arbeiten zur Löslichkeit einfacher Gase, ist es nach Mizerovskii u. Smirnova (2009) allerdings immer noch nicht möglich, die Löslichkeit eines bestimmten Gases in einer bestimmten Flüssigkeit mit einer für eine praktische Anwendung angemessen Genauigkeit vorherzusagen. Somit folgt als fundamental wichtiges Ziel dieser Arbeit, das druck- und temperaturabhängige Absorptionsgleichgewicht von Gasen in Hydraulikflüssigkeiten für technisch relevante Betriebsbedingungen zu ermitteln. Beim Absorptionsgleichgewicht sind die relevanten Bedingungen abgeleitet aus den Druck- und Temperaturbereichen, die häufig im Tank eines Hydrauliksystems vorliegen. Der in dieser Arbeit zu untersuchende Druckbereich reicht daher bis 5 bar Gaspartialdruck und der Temperaturbereich liegt zwischen 5 °C und 60 °C. Weitere offene Fragen die Gaslöslichkeit betreffend sind zum einen, ob das Henry-Gesetz in diesem Druckbereich für Hydrauliköle gilt und zum anderen, ob die Luftlöslichkeit aus der Einzelkomponenten-Gaslöslichkeit wie Stickstoff und Sauerstoff nach Gleichung 2.24 in Hydraulikölen angewendet werden darf.

Neben der Bestimmung des Absorptionsgleichgewichtes, ist die Zeitdauer bis dieses erreicht wird, die sogenannte Relaxationszeit, von großem Interesse. Der Abschnitt 2.2.2

zeigt viele Ansätze zur Modellierung der Gaskavitation auf, die von einer Einzelblase mit transientem Konzentrationsprofil bis hin zu empirisch ermittelten makroskopischen Modellen für die Simulation von kompletten Hydrauliksystemen reichen. Bei einer makroskopischen Betrachtungsweise der Gaskavitationsmodellierung müssen allerdings willkürliche Annahmen, beispielsweise bei der Blasengrößenverteilung oder von Zeitkonstanten, getroffen werden. Häufig zeigen daher empirisch ermittelte Modell-Parameter-Datensätze für unterschiedliche Randbedingungen unterschiedliche Konstanten auf, die erst durch einen Abgleich mit dem Experiment im Nachhinein bestimmt werden konnten. Eine Vorausentwicklung von Hydraulikkomponenten und -systemen ist daher simulativ häufig nicht möglich. Als große Unsicherheitsfaktoren bei der Modellierung gelten hierbei neben dem Absorptionsgleichgewicht von Gasen in Flüssigkeiten vor allem die Anzahl und die Größe von Blasen sowie der Bewegungszustand des Zweiphasen-Gemisches.

Die Gasblasengrößenverteilung für die am meisten untersuchte Flüssigkeit Wasser, streut nach Abschnitt 2.3 bei unterschiedlichen Anwendungen und Messorten erheblich. Für die mittlere Keimanzahldichteverteilung in Abbildung 2.13 mit $N(R_\mathrm{B}) = R_\mathrm{B}^{-4}/10^7$ folgen 2133 Keime pro cm^3 ab einem Gasblasenradius R_B von 2,5 µm. Ob die Keimdichte in anderen Flüssigkeiten mit der in Wasser vergleichbar und somit auch die Ursache des Kavitationsbeginns ist, wird jedoch von Washio u. a. (2001) und Hayward (1970) bezweifelt. Infolge eines geringeren Kontaktwinkels und damit einer besseren Benetzbarkeit von Metalloberflächen durch Hydrauliköle wird das Vorhandensein der Porenkeime bei Hydraulikölen von ihnen kritisch betrachtet. Demgegenüber steht die Aussage von Collier u. Thome (1994), dass aufgrund unterschiedlichster Unebenheiten in realen Oberflächen für jede Flüssigkeits-Oberflächenkombination immer stabile Porenkeime vorhanden sein sollten. Aber auch die Stabilisierung der freien Kavitationskeime über oberflächenaktive Substanzen oder Verschmutzungen wie Fette kann bei Hydraulikölen auftreten. Sie werden nach Mang u. Dresel (2007) hinzugefügt, um beispielsweise eine bessere Entschäumung oder Schmierung zu gewährleisten.

Aus der Literaturrecherche folgt als nächstes Ziel dieser Arbeit, die Gaskavitation erstmals bei bekanntem Gasgehalt und unterschiedlichen Sättigungsgraden grundlegend ohne Einfluss des Bewegungszustandes in einem quasi-ruhenden Kohlenwasserstoff-Gemisch zu untersuchen. Dies soll makroskopisch über die Messung der Zustandsgrößen

Druck, Temperatur und Volumen, als auch mikroskopisch über die Messung der Gasblasengrößenverteilung erfolgen. Aufgrund des großen Einflusses von Gasblasenkeimen auf die Dampf- und Gaskavitation und deren unbekannten Verteilung in Hydraulikölen oder in Kohlenwasserstoff-Gemischen, muss diese ab einem Blasenradius R_B von etwa 2,5 µm ermittelt werden. Unterhalb dieser Grenze wird der Einfluss der Oberflächenspannung sehr groß, weshalb zum einen nach Abbildung 2.7 Zugspannungen erforderlich sind bevor die Blase durch Dampfkavitation anwachsen kann und zum anderen die Gasblasenkeime innerhalb von Sekunden in einem gesättigten Lösungsmittel nach Tabelle 2.2 durch Diffusion verschwinden.

Des Weiteren ergab die Literaturrecherche, dass neben dem Gasgehalt, dem Sättigungsgrad und der Blasenverteilung auch der Bewegungszustand der Flüssigkeit einen großen Einfluss auf den Stoffübergang der Gasmoleküle hat. Qualitative Beobachtungen deuten sogar daraufhin, dass Dampfkavitation den Stoffübergang der Gasmoleküle signifikant beeinflussen kann. Daher soll als weiteres Ziel dieser Arbeit die Gaskavitation in einer bewegten Flüssigkeit quantitativ untersucht werden, bei dem durch Wahl der Randbedingungen auch Dampfkavitation erzeugt werden kann.

3 Prüfstandsvorstellung - Gaskavitation in ruhenden Flüssigkeiten

In diesem Kapitel wird der für diese Arbeit entwickelte Prüfstand und dessen Messmethoden zur grundlegenden Untersuchung der Gaskavitation in quasi-ruhenden Kohlenwasserstoffen vorgestellt. Das Kapitel beginnt zunächst mit einer allgemeinen Prüfstandsvorstellung in Abschnitt 3.1. Die Vorstellung der Gaslöslichkeitsmessmethode folgt in Abschnitt 3.2 und beinhaltet Validierungsmessungen und eine detaillierte Angabe der Messunsicherheit. Anschließend wird in Abschnitt 3.3 die optische Gasblasengrößenverteilungs-Messmethode und deren Validierung anhand Polystyrol-Partikel unterschiedlicher Größe dargestellt. Die Ergebnisse zur druck- und temperaturabhängigen Gaslöslichkeit und die Untersuchung zum Relaxationsprozess an Gasblasen folgt in Kapitel 4 bei ausgewählten kohlenwasserstoffhaltigen Flüssigkeiten.

3.1 Prüfstandsvorstellung

Aus der Zusammenfassung der Literaturrecherche in Abschnitt 2.4 folgt als fundamental wichtiges Ziel für den Gaskavitationsprüfstand, die Gaslöslichkeit in Abhängigkeit von Druck und Temperatur in Kohlenwasserstoffen zu bestimmen. Von Interesse sind mehrkomponentige Kohlenwasserstoffe wie Hydrauliköle, Kraftstoffe, relevante Prüf- und Kalibrieröle oder Bremsflüssigkeiten. Der geforderte Druckbereich für die Gaslöslichkeitsmessung im Gleichgewichtszustand reicht bis zu 5 bar, während der Temperaturbereich zwischen 5 °C und 60 °C liegt.

Ein weiteres Ziel dieses Prüfstandes ist die Untersuchung des Stoffüberganges der Gasmoleküle im Ungleichgewichtszustand. In quasi-ruhenden Hydraulikflüssigkeiten soll bei realitätsnahen Druckgradienten von etwa 1 bar ms^{-1} eine Unter- oder Übersättigung der Gase in der Flüssigkeit herbeigeführt werden. Die Überprüfung des Relaxations-

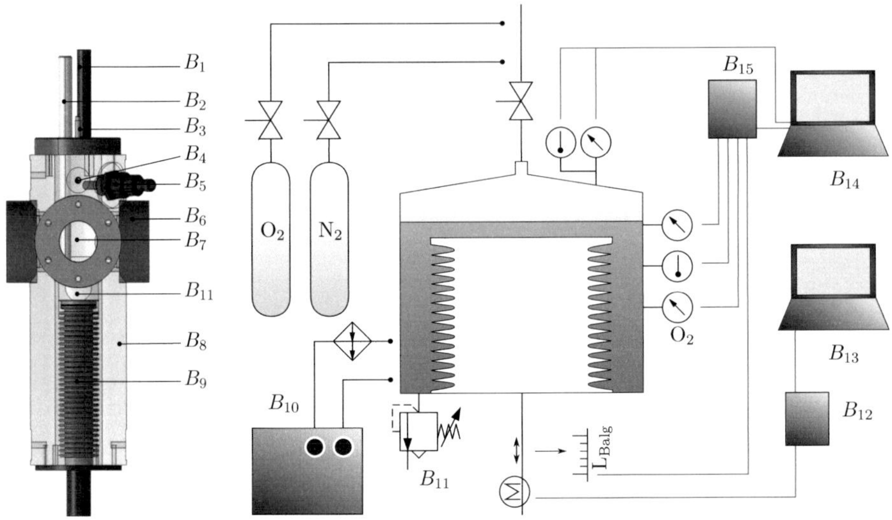

(a) Messkammer (b) Schematische Darstellung Gaslöslichkeitsprüfstand

Abbildung 3.1: Grafische Darstellung der Messkammer inlusive der Sensoren, der optischen Zugänge und des Metallbalges in (a). In (b) ist die Messkammer aus (a) mit den Sensoren, der Gasversorgung, der Datenerfassung und der Antriebssteuerung schematisch veranschaulicht. Die dargestellten Komponenten sind in Tabelle 3.1 aufgeführt.

prozesses, mikroskopisch über die Messung der Gasblasengrößenverteilung und makroskopisch über die Messung von Druck, Temperatur und Volumen, soll bei bekanntem Gasgehalt und Sättigungsgrad in Abhängigkeit der Zeit erfolgen.

Die Messkammer für die Gasgehalts- und Relaxationsuntersuchungen ist in Abbildung 3.1 dargestellt. Eine detaillierte Übersicht über die verwendeten Komponenten B_1 bis B_{15} gibt Tabelle 3.1. Der Druckbehälter B_8 ist zylinderförmig, hat eine Länge von 308 mm bei einem Außendurchmesser von 100 mm und einem Innendurchmesser von 50 mm. Er besteht aus Aluminium und beinhaltet die Aufnahmen für die Druck- und Temperatursensoren B_4 und B_5, drei optische Zugänge 2xB_6 und B_7 sowie die Aufnahmen auf den Stirnseiten für den Deckel und den Metallbalg. Alle Zugänge zur Messkammer werden mit O-Ringen abgedichtet, die für die jeweilige Hydraulikflüssigkeit ausgelegt sind. Die synthetischen Quarzglasscheiben der drei optischen Zugänge sind blasenfrei und haben einen Durchmesser von 50 mm oder 60 mm, bei einer Dicke

Tabelle 3.1: Übersicht über die verwendeten Komponenten bei dem Gaskavitationsprüfstand der in Abbildung 3.1 dargestellt ist.

Zeichen	Komponente	Hersteller	Daten
B_1	Drucksensor	Keller	PAA 33X (Präzision)
B_2	Sauerstoffsensor	Hamilton	Visiferm DO 120
B_3	Ventil	Eigenbau	
B_4	Drucksensor	Kistler	4065 A200
B_5	Temperatursensor	ifm	TM9950
B_6	Flansch inkl. Quarzglas	qsil	⌀ 50 × 20 mm, C7980
B_7	Flansch inkl. Quarzglas	qsil	⌀ 60 × 20 mm, C7980
B_8	Druckbehälter	Eigenbau	Material: AlCu4MgSi(A)
B_9	Metallbalg inkl. Antrieb	Eigenbau	siehe Abbildung 3.2
B_{10}	Temperiereinheit	Single	
B_{11}	Druckbegrenzungsventil	Bosch Rexroth	KBD2E0AA/SV
B_{12}	Umrichter	Bosch Rexroth	IndraDrive C
B_{13}	Notebook		Steuerung Antrieb
B_{14}	Notebook		Messrechner
B_{15}	Messkarte	National Instruments	NI cDAQ-9178

von 20 mm. Sie besitzen hohe Transmissionsraten von 250 nm bis 2500 nm Wellenlänge und sind jeweils in einem Winkel von 90° zueinander angeordnet, um flexibel bei der Gasblasenmesstechnik und deren Beleuchtungsquelle zu sein. Je nach Untersuchungsziel können unterschiedliche Deckel eingesetzt werden. Sie besitzen alle ein Ventil, um vor allem die Gase, aber auch die Flüssigkeiten nachzufüllen oder auszutauschen. Für die Gaslöslichkeitsmessung wird beispielsweise ein Deckel verwendet, der den Einsatz eines optischen Sauerstoffpartialdruck-Sensors B_2 und eines Drucksensors mit hoher Präzision B_1 ermöglicht. Bei den dynamischen Gaskavitationsmessungen, die bis zu einem Druckbereich von 50 bar ablaufen, kommt ein Deckel zum Einsatz, in dem eine Kupferdichtung mittels einer Schraubverpressung den Gas-Flüssigkeits-Zugang auch bei hohen Drücken abdichtet.

Die Druckanderung in der Messkammer wird über eine Volumenänderung erzeugt. Sie erfolgt über eine translatorische Bewegung des Metallbalges B_9, der 160 mm lang ist und ±10 mm ausgelenkt werden kann. Im Falle einer Fehlbedienung sichert ein Druckbegrenzungsventil B_{11} die Druckkammer gegen zu hohe Drücke ab. Für die Konfiguration der Gaslöslichkeitsmessung beträgt das Gesamtvolumen der Messkammer

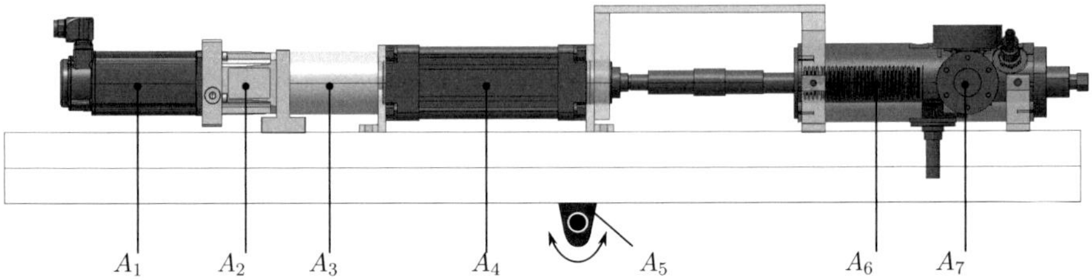

(a) Seitenansicht

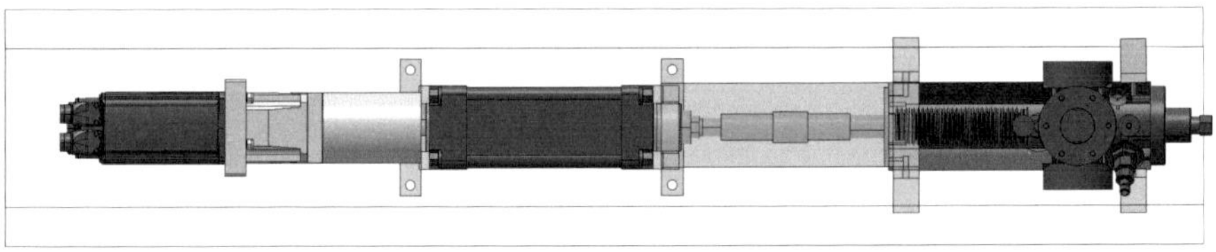

(b) Draufsicht

Abbildung 3.2: Darstellung der elektromechanischen Antriebseinheit A_1 bis A_4, die über einen Metallbalg A_6 das Volumen in der Messkammer A_7 einstellt. Die Komponenten sind in Tabelle 3.2 spezifiziert.

zwischen 454 ml bis 475,4 ml und wurde mit Messpipetten ausgemessen. Der hydraulische Durchmesser des Metallbalges beträgt laut Hersteller $D_\mathrm{h} = 36{,}1\,\mathrm{mm}$. Messungen mit einem speziell angefertigten Deckel inklusive Messpipette ergaben einen mittleren hydraulischen Durchmesser von $D_\mathrm{h} = 36{,}0\,\mathrm{mm}$. Der Durchmesser des Metallbalges ist jedoch nicht über den kompletten Hubbereich konstant, sondern weicht bei den Endauslenkungen weniger als 0,3 % vom mittleren Durchmesser ab. Zusätzlich wurde eine leichte Abhängigkeit des Messkammervolumens vom Druck zwischen 0 bar und 50 bar ermittelt. Dies wurde über die Messung des Kompressionsmoduls von n-Octan und n-Hexadecan in der Messkammer und dem Vergleich zur Literatur nach Boelhouwer (1967) bestimmt. Somit ist die Volumenänderung durch die Auslenkung des Metallbalges $\Delta V/\Delta L_\mathrm{Balg}$ abhängig von der Metallbalgposition L_Balg und dem Druck p in der Kammer.

Der Metallbalg A_6 wird über einen elektromechanischen Antrieb ausgelenkt. Der Antriebsstrang ist in Abbildung 3.2 visualisiert und Tabelle 3.2 listet die wichtigsten Komponenten des Antriebs auf. Über einen Frequenzumrichter wird der Servomotor A_1 mit Strom versorgt und über eine Leistungselektronik geregelt. Ein Planetengetrie-

Tabelle 3.2: Übersicht der einzelnen Komponenten des elektromechanischen Antriebs für den Gaskavitationsprüfstand der in Abbildung 3.2 dargestellt ist.

Zeichen	Komponente	Hersteller	Daten
A_1	Servomotor	Bosch Rexroth	MSK040C
A_2	Planetengetriebe	Bosch Rexroth	GTM075
A_3	Ausgleichskupplung	Bosch Rexroth	GTM075
A_4	elektromechanischer Hubzylinder	Bosch Rexroth	EMC80-01 100
A_5	Lager inkl. Schwenkantrieb	Bosch Rexroth	pneumatikbetrieben
A_6	Metallbalg	Witzenmann	BAO 29,0X43,0
A_7	Druckbehälter	Eigenbau	siehe Abb. 3.1

be A_2 übersetzt die rotatorische Bewegung mit einer Ausgleichskupplung A_3 fünffach ins Langsame. Somit kann mit dem Stillstandsmoment des Motors der maximal erlaubte Kammerdruck von 50 bar dauerhaft gehalten werden, damit die Flüssigkeit beispielsweise über mehrere Stunden entkeimt werden kann. Die rotatorische Bewegung wird mit einer Rollspindel A_4 in eine translatorische Bewegung umgewandelt. Die Positionier- und Wiederholgenauigkeit dieses Antriebes liegt bei 1 µm und enspricht einer minimalen Volumenänderung der Messkammer ΔV_{min} von $1{,}018 \cdot 10^{-3}$ ml. Über die maximale Geschwindigkeit des Antriebes von $100\,\text{mm}\,\text{s}^{-1}$ und der adiabaten Kompressibilität κ_{ad} für n-Octan folgt ein maximaler theoretischer Druckgradient von $2{,}2\,\text{bar}\,\text{ms}^{-1}$. Diese und weitere Angaben, wie zum Beispiel die maximale Erregerfrequenz F_{err} des Antriebs, sind in Tabelle 3.3 angegeben.

Die Bedienung des Antriebes erfolgt über die Software IndraWorks Engineering, die über eine serielle Schnittstelle den Frequenzumrichter B_{12} regelt. Die Datenerfassung, von der Position des Metallbalges L_{Balg} bis zu den Sensoren B_2 bis B_5, wird über eine an einem Notebook angeschlossene Messkarte B_{15} erreicht und mit Labview ausgewertet und aufgezeichnet. Um eine ausreichend hohe Messgenauigkeit bei der Gaslöslichkeitsmessung zu erreichen, wird der Drucksensor PAA 33X verwendet, der mittels integrierter mathematischer Kompensationen von Nichtlinearitäten und Temperaturabhängigkeiten eine erhöhte Präzision erreicht, siehe Keller (2009). Die Datenerfassung bei diesem Drucksensor B_1 wird mit der separaten Software Read 30 des Herstellers durchgeführt.

Tabelle 3.3: Übersicht über die Druckbehältergröße und die zugelassenen Druck- und Temperaturbereiche. Der maximale Druckgradient ist ermittelt aus der maximalen Volumenänderungsgeschwindigkeit und der Kompressibilität κ_{ad} von n-Octan nach Boelhouwer (1967) bei 20 °C und 1 bar.

V_{ges} in ml	ΔV_{min} in ml	ΔV_{max} in ml	$\Delta V_{max}/\Delta t$ in ml s^{-1}	p_{max} in bar	$(\Delta p/\Delta t)_{max}$ in bar ms^{-1}	F_{err} in s^{-1}	T in °C
454–475,4	$1{,}018 \cdot 10^{-3}$	20,4	101,8	50	2,2	< 200	5–60

Der komplette Antrieb inklusive Messkammer ist aus Steifigkeitsgründen auf Strebenprofilen angebracht. Um den Gleichgewichtszustand schneller zu erreichen und somit beispielsweise die Gasgehaltsmessung zu beschleunigen, ist der Antriebsstrang schwenkbar gelagert und kann über eine pneumatisch angetriebene Schwenkvorrichtung geschüttelt werden. Des Weiteren sind beim Prüfstand Stickstoff, Sauerstoff und synthetische Luft in Form von Gasflaschen verfügbar, um Gas bestimmter Qualität der Messkammer zuzuführen. Das Gas kann über die Änderung des Messvolumens durch Variation der Metallbalglänge über das Ventil im Deckel eingeführt werden. Im Gegensatz hierzu kann die Flüssigkeit entgast werden, indem das Messvolumen bei geschlossenem Ventil vergrößert wird. Unter Schütteln stellt sich nach dem Ausgasen ein neues Gleichgewicht mit einer größeren ungelösten Gasmenge ein, die über das Ventil ausgeschoben werden kann.

Für die gleichzeitige Messung der Gasblasengrößenverteilung, bei Variation des Messkammervolumens, ist ein abgeschirmter optischer Tisch inklusive optischer Komponenten an der Frontseite des Gaskavitationsprüfstandes angebracht. Verschiedene Laser können mit unterschiedlichen Leistungen und Wellenlängen verwendet und deren Laserimpulse dem gekapselten optischen Tisch eingespeist werden. Darüber hinaus gehört zur Peripherie des Prüfstandes ein Klima- und Heizgerät B_{10}, wodurch die Messkammer zwischen 5 °C und 60 °C temperiert werden kann.

3.2 Bestimmung der Löslichkeit von Gasen in Flüssigkeiten

3.2.1 Messmethode und Messverfahren

Um die Gaslöslichkeit $\chi_g(p, T)$ zu bestimmen, gibt es chemische, analytische und physikalische Messmethoden. Eine Übersicht über Gaslöslichkeitsmessmethoden geben unter anderem Heller (2005), Battino u. Clever (1966), Fogg u. Gerrard (1991) oder Hefter u. Tomkins (2003). Die physikalischen Methoden können nach Battino u. Clever (1966) grob in die Sättigungs- und die Extraktionsmethode eingeteilt werden. Bei der Sättigungsmethode wird das entgaste Lösungsmittel mit einem Gas bis zum thermodynamischen Gleichgewicht gesättigt. Entgegengesetzt hierzu wird bei der Extraktionsmethode das im Gleichgewichtszustand gelöste Gas durch eine Zustandsänderung ausgegast, vergleiche z.B. Heller (1991). Bei beiden Methoden wird die absorbierte, beziehungsweise ausgegaste Menge an Gas über eine Volumen-, Temperatur- und Druckmessung im neuen Gleichgewichtszustand ermittelt.

Bei der hier vorgestellten Gaslöslichkeitsmessung werden diese beiden indirekten Messmethoden angewendet, jedoch in abgewandelter Form zu den meisten Gaslöslichkeitsmessmethoden. Bei geschlossener Messkammer wird die Gaslöslichkeit zwischen zwei Gleichgewichtszuständen, die sich durch unterschiedliche Messkammervolumen unterscheiden, bestimmt. Der Begriff Sättigungsmethode beschreibt in dieser Arbeit daher die Messung der Gaslöslichkeit durch eine Volumenverringerung, wohingegen bei der Extraktionsmethode eine Volumenvergrößerung zwischen den beiden Gleichgewichtszuständen betrachtet wird. Für die Messung von Einzelkomponentengasen, wie Stickstoff und Sauerstoff, wird hauptsächlich die Sättigungsmethode angewandt. Aufgrund eines kleineren systematischen Fehlers nach Abschnitt 3.2.3 wird hingegen bei der Messung der Luftlöslichkeit die Extraktionsmethode verwendet. Der systematische Fehler liegt in den unterschiedlichen Löslichkeiten der einzelnen Gaskomponenten begründet, wodurch nach einer Gleichgewichtsänderung die Gaszusammensetzung geändert wird und somit keine Luftzusammensetzung in der Gasphase mehr vorliegt.

Das Messverfahren ist exemplarisch für die Sättigungsmethode in Abbildung 3.3 veranschaulicht. In den Abbildungen 3.3a und 3.3b sind charakteristische Volumen- und

Druckverläufe in Abhängigkeit der Zeit für die vier Messschritte dargestellt. Um die Gaslöslichkeit zu messen, wird zu Beginn die Gasphase ausgeschoben und die Metallbalgposition L_{Balg} im flüssigkeitsgefüllten Zustand bestimmt, siehe Abbildung 3.3c. Im anschließenden Schritt, visualisiert durch Abbildung 3.3d, wird das Gas über eine Volumenvergrößerung eingefüllt. Das Ventil VE wird geschlossen und nach Erreichen des Gleichgewichtszustandes G^a, der durch Schütteln des Prüfstandes schneller erreicht wird, erfolgt die Messung des Gleichgewichtsdruckes p^a_{ges}. Anschließend wird über eine Volumenverringerung und wiederholtem Schütteln des Prüfstandes der Gleichgewichtsdruck p^b_{ges} bestimmt. Die jeweiligen Gasvolumen V^a_{g} und V^b_{g} in beiden Gleichgewichtszuständen, die in den Abbildungen 3.3e und 3.3f veranschaulicht sind, ergeben sich über die Metallbalgverschiebungen bezogen auf den Vollzustand. Somit kann die Molmenge n_{g} über den gemessenen Druck p, die Temperatur T und das Volumen V in der Gasphase über eine Zustandsgleichung ermittelt werden.

3.2.2 Messgröße und Messprinzip

Für die Ermittlung der Messgröße, der Molfraktion

$$\chi_{\mathrm{g}}\left(p,T\right) = \frac{n_{\mathrm{g}}}{n_{\mathrm{l}} + n_{\mathrm{g}}}, \tag{3.1}$$

wird ein indirektes Messverfahren aus Abschnitt 3.2.1 verwendet. Es misst die ein- beziehungsweise ausgegaste Menge an Gas Δn_{g} und die resultierende Druckänderung Δp_{g} zwischen zwei Gleichgewichtszuständen. Aus Gründen der Vergleichbarkeit, zum einen mit der Literatur und zum anderen mit Messwerten bei unterschiedlichen Drücken innerhalb einer Messreihe, wird die Molfraktion $\chi_g^{p^\ominus}$ auf Atmosphärendruck bezogen:

$$\chi_{\mathrm{g}}^{p^\ominus}\left(T,\bar{p}\right) = \frac{\Delta n_{\mathrm{g}} p^\ominus / \Delta p_{\mathrm{g}}}{n_{\mathrm{l}} + \Delta n_{\mathrm{g}} p^\ominus / \Delta p_{\mathrm{g}}}. \tag{3.2}$$

Die Ermittlung der Partialdruckänderung Δp_{g} erfolgt über die Messung der Gesamtdrücke beider Gleichgewichtszustände G^a und G^b mit der jeweiligen Gaszusammensetzung y_{g}:

$$\Delta p_{\mathrm{g}} = y^b_{\mathrm{g}} p^b_{\mathrm{ges}} - y^a_{\mathrm{g}} p^a_{\mathrm{ges}}. \tag{3.3}$$

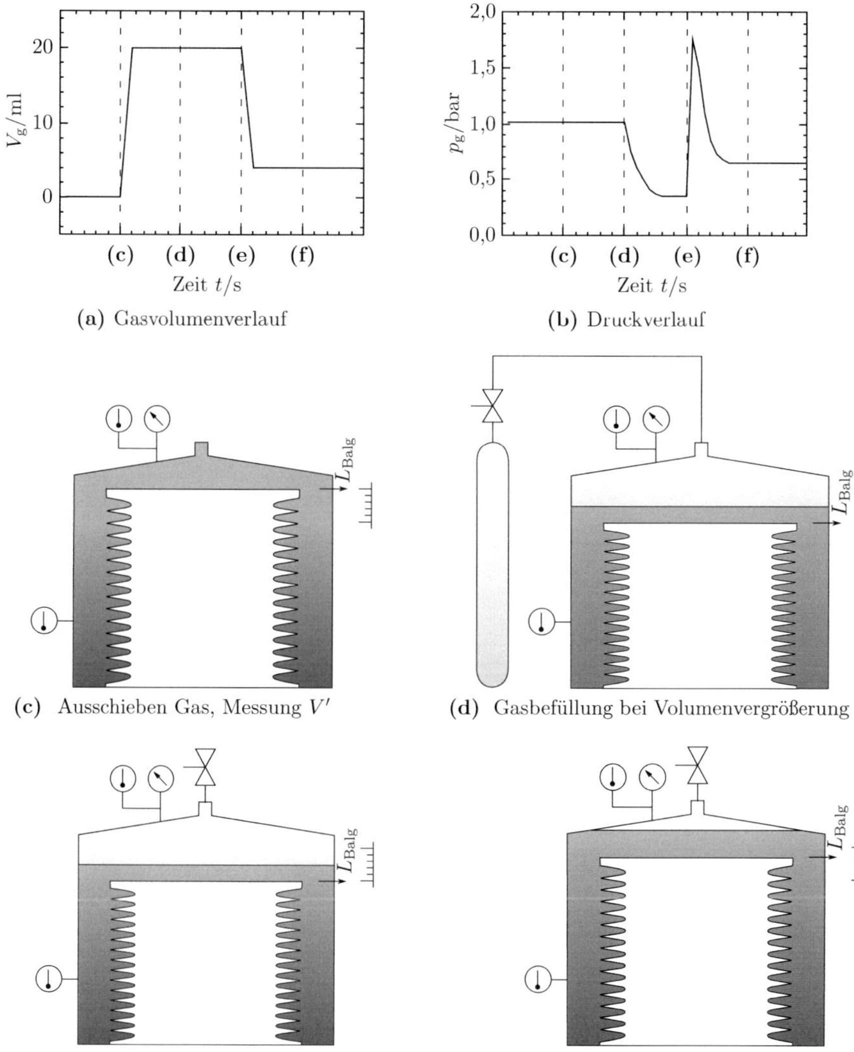

Abbildung 3.3: Messverfahrensdarstellung bei der Gaslöslichkeitsmessung. In (a) ist das Gasvolumen und in (b) der Druck über die vier Messschritte dargestellt. Im ersten Schritt (c) wird das Gasvolumen ausgeschoben und das Flüssigkeitsvolumen gemessen. In (d) ist die anschließende Gasbefüllung über eine Verringerung der Metallbalglänge abgebildet. Nach dem Schließen des Ventils werden bei zwei unterschiedlichen Gasvolumen, siehe (e) und (f), der Druck und die Temperatur nach dem Erreichen des Gleichgewichtszustandes gemessen.

Das Messprinzip für die geänderte Menge an gelöstem Gas Δn_{g} besteht in der Messung der geänderten Molmenge in der Gasphase:

$$\Delta n_{\mathrm{g}} = n_{\mathrm{g}}^{\prime b} - n_{\mathrm{g}}^{\prime a} = n_{\mathrm{g}}^{\prime\prime a} - n_{\mathrm{g}}^{\prime\prime b}. \tag{3.4}$$

Die Molmenge $n_{\mathrm{g}}^{\prime\prime}$ wird über die thermische Zustandsgleichung

$$n_{\mathrm{g}}^{\prime\prime} = \frac{p_{\mathrm{g}}^{\prime\prime} V^{\prime\prime}}{\tilde{R} T Z} \tag{3.5}$$

mit den Messvariablen p'', T und V'' der Gasphase bestimmt und die Abweichung vom idealen Gas wird über den Realgasfaktor Z betrachtet. Der Realgasfaktor Z wird über die Virialzustandsgleichung bestimmt, wobei die Virialreihenentwicklung nach dem zweiten Koeffizienten B abgebrochen wird. Laut Tsonopoulos (1974) ist der große Vorteil der Virialzustandsgleichung, dass sie auch ohne willkürliche Annahmen auf Mischungen erweiterbar ist. Für eine binäre Mischung aus Gas und Dampf folgt nach Poling u. a. (2001) der Realgasfaktor Z_{mix} für die Mischphase:

$$Z_{\mathrm{mix}} = 1 + B_{\mathrm{mix}} \frac{p_{\mathrm{ges}}^{\prime\prime}}{\tilde{R} T}. \tag{3.6}$$

Hierbei ist B_{mix} der Mischvirialkoeffizient, der definiert ist über:

$$B_{\mathrm{mix}} = y_1^2 B_{11} + 2 y_1 y_2 B_{12} + y_2^2 B_{22}. \tag{3.7}$$

Die Virialkoeffizienten B_{11} und B_{22} der reinen Komponenten und der Kreuzvirialkoeffizient B_{12} werden nach Van Ness u. Abbott (1982) beziehungsweise von Poling u. a. (2001) für unpolare Stoffe abgeschätzt. Hierfür sind die Zustandsgrößen p_{k}, V_{k} und T_{k} des kritischen Punktes, der kritische Realgasfaktor Z_{k} und der azentrische Faktor ω für die jeweiligen Stoffe erforderlich.

Die Menge an ausgegastem bzw. gelöstem Gas Δn_{g} zwischen den Gleichgewichtszuständen kann nun mit Hilfe der Mischvirialkoeffizienten, den gemessenen Gasvolumen, den Gesamtdrücken und den Molfraktionen in der Gasphase bestimmt werden:

$$\Delta n_{\mathrm{g}} = \frac{y_{\mathrm{g}}^a p_{\mathrm{ges}}^a V_{\mathrm{g}}^a}{\tilde{R} T + p_{\mathrm{ges}}^a B_{\mathrm{mix}}^a} - \frac{y_{\mathrm{g}}^b p_{\mathrm{ges}}^b V_{\mathrm{g}}^b}{\tilde{R} T + p_{\mathrm{ges}}^b B_{\mathrm{mix}}^b}. \tag{3.8}$$

Die Gaszusammensetzung y_g resultiert aus der Gleichgewichtsbedingung für die Lösungsmittelkomponente nach Gleichung 2.16 aus Abschnitt 2.1.2. Aufgrund der sehr geringen Löslichkeit wird der Aktivitätskoeffizient jedoch vernachlässigt, siehe Wilhelm (1985). Zusätzlich wird in Gleichung

$$y_\mathrm{g} = 1 - \left(1 - \chi_\mathrm{g}^{p^\ominus} \frac{y_\mathrm{g} p_\mathrm{ges}}{p^\ominus}\right) \frac{p_\mathrm{l}^\star \varphi_\mathrm{l}^\star}{p_\mathrm{ges} \varphi_\mathrm{mix}} \exp \frac{\left(p_\mathrm{ges} - p_\mathrm{l}^\star\right) V_1'}{\tilde{R} T} \tag{3.9}$$

die Poynting Korrektur vereinfacht, da das Molvolumen bei großer Entfernung vom kritischen Punkt laut Stephan u. Mayinger (1999) als druckunabhängig betrachtet werden kann. Die Fugazitätskoeffizienten für das reine Lösemittel bei Sättigungsbedingungen $\varphi_\mathrm{l}^\star$ und für den Dampf in der Mischphase φ_mix sind über den jeweiligen Virialkoeffizienten B definiert:

$$\varphi_\mathrm{l}^\star = \exp\left(\frac{B_\mathrm{l} p_\mathrm{l}^\star}{\tilde{R} T}\right) \tag{3.10}$$

$$\varphi_\mathrm{mix} = \exp\left(\frac{B_\mathrm{mix} p_\mathrm{ges}}{\tilde{R} T}\right). \tag{3.11}$$

Die indirekte Messgröße $\chi_g^{p^\ominus}(T, \bar{p})$ wird durch das numerische Lösen des Gleichungssystems aus den Gleichungen 3.2 bis 3.11 mit einem Trust-Region-Dogleg-Verfahren in MATLAB (2006) berechnet. Die direkten Messvariablen sind für jeweils zwei Gleichgewichtszustände der Druck p, die Temperatur T und das aus der Metallbalgverschiebung resultierende Gasphasenvolumen V. Des Weiteren wird die Molmenge der Flüssigkeit n_l über die Dichte ρ_l, die Molmasse M_l und das Messkammervolumen ermittelt.

3.2.3 Messung Mehrkomponentengase - Luft

Im Vergleich zur Messung von Einzelkomponentengasen ist die Messung der Luftlöslichkeit in technischen Fluiden von größerem Interesse, da die Flüssigkeiten meist mit Luft über den Tank oder über Undichtheiten im System in Kontakt kommen. Eine zusätzliche Motivation für die Messung von Mehrkomponentengasen ist die Klärung der Frage aus Abschnitt 2.1.4, ob Luft bei Hydraulikölen aufgrund vernachlässigbarer Interaktionen der Gasmoleküle untereinander als ideale Mischung betrachtet werden kann.

Tabelle 3.4: Darstellung der Molanteile in der Gas- und Flüssigphase bei den Gleichgewichtszuständen G^a und G^b für die Sättigungsmethode und die Extraktionsmethode. Für den Zustand G^b ist, in Abhängigkeit vom geänderten Gasvolumen, der Gleichgewichtsdruck für die jeweilige Gaslöslichkeitsmessmethode dargestellt.

	Zustand G^a		Zustand G^b		
	$n_j^{\prime a}$	$n_j^{\prime\prime a}$	$n_j^{\prime b}$	$n_j^{\prime\prime b}$	p_j^b
Sättigungsmethode	0	$\frac{p^a y_j^a V^a}{\widetilde{R}T}$	$\frac{y_j^b p^b}{H_j} n_\mathrm{l}$	$\frac{p^b y_j^b V^b}{\widetilde{R}T}$	$\frac{H_j p^a y^a V^a}{n_\mathrm{l} \widetilde{R}T + H_i V^b}$
Extraktionsmethode	$\frac{y_j^a p^a}{H_j} n_\mathrm{l}$	0	$\frac{y_j^b p^b}{H_j} n_\mathrm{l}$	$\frac{p^b y_j^b V^b}{\widetilde{R}T}$	$\frac{n_\mathrm{l} p^a y^a \widetilde{R}T}{n_\mathrm{l} \widetilde{R}T + H_j V^b}$

Eine wesentliche Ursache für die geringe Anzahl veröffentlichter Luftlöslichkeitsmessungen liegt in den unterschiedlichen Löslichkeiten der Gase begründet. Wird bei den volumetrischen Gaslöslichkeitsmessmethoden eine definierte Menge eines Mehrkomponentengases mit einer bestimmten Gaszusammensetzung der Flüssigkeit zugeführt, folgt aus der unterschiedlichen Löslichkeit der Gase eine Änderung der Gaszusammensetzung. Die Konsequenz ist ein systematischer Fehler bei der Mehrkomponenten-Gaslöslichkeitsmessung.

Dieser systematische Fehler wird vereinfachend für ein Zweikomponenten-Gas aus Stickstoff und Sauerstoff bei realen Prüfstandsgrößen in n-Octan für die Extraktionsmethode und für die Sättigungsmethode bestimmt. Ausgehend von einem geschlossenen Zweiphasen-System ändert sich die Gesamtmolmenge zwischen zwei Gleichgewichtszuständen für das jeweilige Gas $j = \mathrm{O_2}$ oder $j = \mathrm{N_2}$ nicht:

$$n_{\mathrm{O_2}}^{\prime a} + n_{\mathrm{O_2}}^{\prime\prime a} = n_{\mathrm{O_2}}^{\prime b} + n_{\mathrm{O_2}}^{\prime\prime b} \qquad \text{und} \qquad n_{\mathrm{N_2}}^{\prime a} + n_{\mathrm{N_2}}^{\prime\prime a} = n_{\mathrm{N_2}}^{\prime b} + n_{\mathrm{N_2}}^{\prime\prime b}. \tag{3.12}$$

Die ideale Gaszusammensetzung y_g ist über die Partialdrücke entsprechend dem Dalton'schen Gesetz definiert und wird hier beispielsweise für den initialen Gleichgewichtszustand G^a und Sauerstoff dargestellt:

$$y_{\mathrm{O_2}}^a = \frac{p_{\mathrm{O_2}}^a}{p_{\mathrm{O_2}}^a + p_{\mathrm{N_2}}^a}. \tag{3.13}$$

Die initiale Molfraktion y_g entspricht hier der angenäherten atmosphärischen Zusammensetzung aus 21 % Sauerstoff und 79 % Stickstoff für Luft. Die Molmengen in der

Tabelle 3.5: Darstellung der Gaszusammensetzung für die beiden Grenzfälle einer infinitesimalen und einer unendlichen Gasvolumenänderung bei beiden Gaslöslichkeitsmessmethoden.

	$y^b_{O_2}$	
	$V^b = 0$	$V^b \to \infty$
Sättigungsmethode	$\frac{-H_{O_2} y^a}{H_{N_2}(y^a-1)-H_{O_2} y^a}$	y^a
Extraktionsmethode	y^a	$\frac{H_{N_2} y^a}{H_{N_2} y^a - H_{O_2} y^a (y^a-1)}$

Gasphase n''_j und in der Flüssigphase n'_j werden für beide Gase mit dem jeweiligen Partialdruck über das ideale Gasgesetz oder dem Henry-Gesetz bestimmt, siehe Tabelle 3.4.

Die Tabelle 3.4 zeigt die initialen Molmengen in beiden Phasen für beide Gleichgewichtszustände und beide Messmethoden an. Bei der Sättigungsmethode wird der entgasten Flüssigkeit $n''_j = 0$ das Mehrkomponentengas über ein bestimmtes Gasvolumen V^a zugeführt. Im Gegensatz hierzu ist die Flüssigkeit bei der Extraktionsmethode mit Mehrkomponentengas bereits gesättigt, besitzt jedoch nur eine infinitesimal kleine Gasphase $n''_j \to 0$. Über den Henry-Koeffizient der jeweiligen Gas-Komponenten H_j kann das Gleichgewicht im Zustand G^b in Abhängigkeit der Volumenänderung für beide Messmethoden angegeben werden, siehe Tabelle 3.4. Der für die jeweilige Gaskomponente resultierende Partialdruck p^b_j ist abhängig von der Volumenänderung V^b, der Molmenge der Flüssigkeit n'_j und der Henry-Konstante H_j.

Über die Partialdrücke der beiden Gaskomponenten folgt die Molfraktion $y^b_{O_2}$ entsprechend Gleichung 3.13 für den Zustand G^b, die idealerweise der initialen Luftzusammensetzung entspricht: $y^a = y^b$. Dies wird nach Tabelle 3.5 für die Sättigungsmethode durch den Grenzfall einer unendlich großen Volumenzufuhr von Luft $V^b \to \infty$ und für die Extraktionsmethode durch den Grenzfall einer infinitesimalen Volumenänderung $V^b \to 0$ erreicht.

Für reale Prüfstandsgrößen zeigt Abbildung 3.4 die Gaszusammensetzung $y^b_{O_2}$ und den daraus resultierenden prozentualen Fehler nach der Zustandsänderung für n-Octan und dem Zweikomponenten-Gemisch aus Sauerstoff und Stickstoff in Abhängigkeit des geänderten Gasvolumens ΔV an. Bei einer Einzelmessung der Luftlöslichkeit wird das Volumen zwischen beiden Gleichgewichtszuständen um 16 ml geändert. Bei drei aufeinanderfolgenen Messungen der Luftlöslichkeit werden somit insgesamt 48 ml bei der Sättigungsmethode zugeführt und bei der Extraktionsmethode entnommen.

Das Diagramm 3.4a weist für die Sättigungsmethode einen deutlich geringeren Sauerstoffanteil ($y^b_{O_2} \approx 0{,}15$) nach einer Messung aus. Somit beträgt der systematische Fehler für die ermittelte Luftlöslichkeit nach Abbildung 3.4b über drei Prozent. Für den Fall der Extraktionsmethode tendiert die Gaszusammensetzung zu einem höheren Sauerstoffanteil $y^b_{O_2} \approx 0{,}22$. Der systematische Fehler durch diese Gaszusammensetzung y^b_g ist bei der Extraktionsmethode für eine Messung jedoch deutlich kleiner als bei der Sättigungsmethode und liegt unter 0,5 %. Die Abbildung 3.4b zeigt erst ab drei aufeinenaderfolgenden Einzelmessungen der Luftlöslichkeit für die Extraktionsmethode einen systematischen Fehler von über einem Prozent bei n-Octan an.

Infolge der unterschiedlichen Löslichkeiten der in Luft dominanten Gaskomponenten wird die Extraktionsmethode bei diesem Gaslöslichkeitsprüfstand aufgrund des kleineren systematischen Fehlers im Vergleich zur Sättigungsmethode für die Messung von Luft gewählt. Der systematische Fehler beträgt bei typischen n-Alkanen dabei unter einem Prozent bei einer tendenziell zu hoch gemessenen Luftlöslichkeit. Darüber hinaus entspricht der Prozess der Luftausgasung in Hydrauliksystemen häufig dem der Extraktionsmethode. Bei Hydrauliksystemen ist die im Tank mit Luft gesättigte Flüssigkeit in Bereichen niedrigen Druckes übersättigt und die resultierende ungelöste Gasphase entspricht somit der Luftzusammensetzung und daher auch dem Volumenanteil ϵ_g der Extraktionsmethode.

3.2.4 Messablauf einer kompletten Messreihe

Das fundamentale Ziel des Gaskavitationsprüfstandes ist die druck- und temperaturabhängige Bestimmung der Gaslöslichkeit in mehrkomponentigen kohlenwasserstoffhaltigen Flüssigkeiten. Aufgrund der Schwierigkeit, die Luftlöslichkeit mit geringem systematischen Fehler nach Abschnitt 3.2.3 zu bestimmen, erfolgt die druck- und temperaturabhängige Bestimmung der Gaslöslichkeit an den Einzelkomponentengasen Stickstoff und Sauerstoff. Bei Standardatmosphären-Bedingungen wird mit der Extraktionsmethode die Luftlöslichkeit mit einem systematischen Fehler von unter einem Prozent

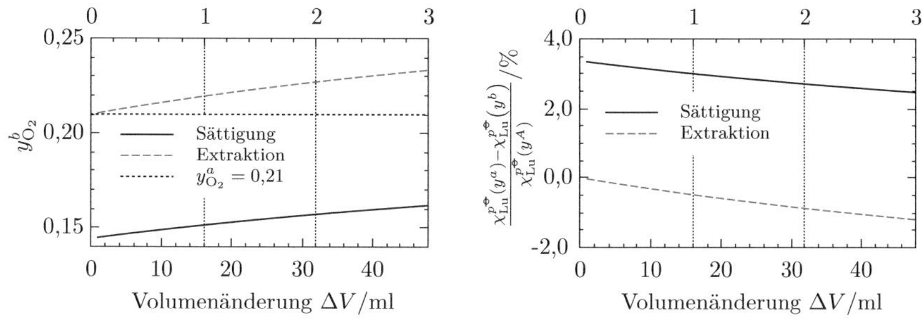

(a) Molverhältnis über Volumenänderung

(b) prozentualer Fehler über Volumenänderung

Abbildung 3.4: Darstellung der Luftzusammensetzung in (a) und der daraus resultierende Fehler bei der Sättigungs- und Extraktionsmethode zur Bestimmung der Luftlöslichkeit in (b). Der prozentuale Fehler bezieht sich auf die theoretische Gaslöslichkeit, zusammengesetzt aus der idealen Löslichkeit der Einzelkomponenten von Stickstoff und Sauerstoff in n-Octan. Eine typische Gasvolumenänderung von 16 ml entspricht einer Messung.

bestimmt. Diese experimentell bestimmte Luftlöslichkeit wird anschließend mit der theoretischen Luftlöslichkeit nach Gleichung 2.24 für eine ideale Gasmischung, bestehend aus 21 % Sauerstoff und 79 % Stickstoff, verglichen und somit die Annahme einer idealen Mischung überprüft.

Der zeitliche Ablauf einer kompletten Messreihe wird nachfolgend vorgestellt. Nach Befüllen des Prüfstandes ist die Flüssigkeit mit Luft gesättigt und daher wird zu Beginn die Luftlöslichkeit mit der Extraktionsmethode gemessen. Anschließend wird die Flüssigkeit entgast, damit die Sauerstoff- und Stickstoffmessung nicht durch Restgase verfälscht wird. Nach dem Entgasen der Flüssigkeit folgt die Messung der Stickstoff- oder Sauerstofflöslichkeit bis 5 bar Gaspartialdruck mit anschließender Messung der temperaturabhängigen Gaslöslichkeit zwischen 5 °C und 60 °C.

Um die Flüssigkeit zu entgasen, gibt es einige Ansätze die von Hefter u. Tomkins (2003) vorgestellt werden. Meistens wird das Lösungsmittel unter ständig anliegendem reduziertem Druck gerührt, wodurch die Entgasungsprozedur sehr effektiv und einfach ist. Hierbei werden jedoch nicht nur die Gasmoleküle, sondern auch Lösungsmittelmoleküle herausgelöst. Bei Hydraulikölen oder Kraftstoffen wie Diesel, der laut Eifler u. a. (2009) aus über 200 Komponenten besteht, führt dies jedoch zu einem partiellen Destillieren der leichtflüchtigen Komponenten. Die Verwendung der Standardentgasungs-Verfahren

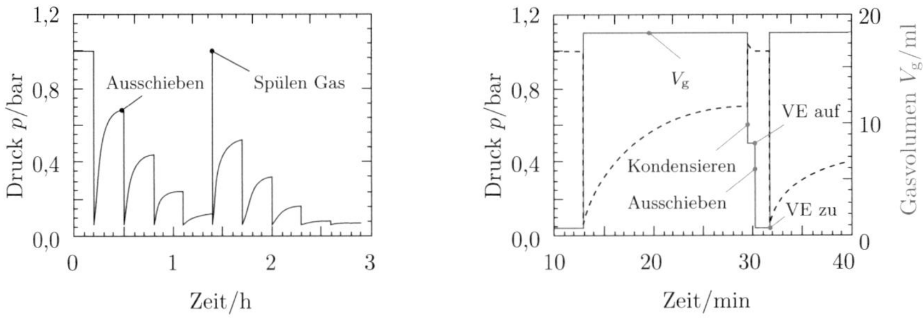

(a) Entgasungsprozedur

(b) exemplarischer Ausschnit von (a)

Abbildung 3.5: Prinzipielle Darstellung der Entgasungsungsprozedur für Hydraulikflüssigkeiten, um ein partielles Destillieren leichtflüchtiger Komponenten zu reduzieren. In Abbildung (a) ist ein beispielhafter Druckverlauf in der Messkammer für mehrere Entgasungsschritte und einen Spülvorgang mit der anschließend zu messenden Gaskomponente dargestellt. Ein einzelner Entgasungsschritt ist in Abbildung (b) visualisiert.

kann daher bei Mehrkomponenten-Flüssigkeiten zu einer Veränderung der Flüssigkeit führen.

Die in dieser Arbeit entwickelte Entgasungsprozedur verhindert zum einen durch die direkte Entgasung in der Messkammer eine zusätzliche Kontamination der Flüssigkeit beim Transport der Flüssigkeit in die Messkammer. Zum anderen vermeidet sie ein Entgasen auf kontinuierlichem Dampfdruckniveau und somit einer kontinuierlichen partiellen Destillation der mehrkomponentigen Flüssigkeit. Um den Anteil der Lösungsmittelmoleküle in der Gasphase gering zu halten, erfolgt die Prozedur bei möglichst niedrigen Temperaturen und somit kleinen Partialdrücken der Lösungsmittelkomponenten. Die Entgasungsprozedur ist schematisch in Abbildung 3.5 dargestellt. Bei geschlossenem Ventil wird bei maximal möglichem Messkammervolumen unter Schütteln der Gleichgewichtszustand annähernd erreicht, bevor das Zweiphasengemisch wieder auf Atmosphärendruck komprimiert wird. Dies ist in Abbildung 3.5b repräsentativ dargestellt. Durch das Komprimieren auf Atmosphärendruck wird einerseits ein teilweises Kondensieren der leichtflüchtigen Lösungsmittelkomponenten erreicht, bevor die Gasphase bei geöffnetem Ventil ausgeschoben wird. Andererseits wird verhindert, dass beim Öffnen des Ventils ungewünschte Atmosphärenluft in die Messkammer eintritt.

Weil die Entgasungsprozedur bei niedrigeren Drücken aufgrund immer geringerer Mengen ausgeschobener Gase ineffektiver beziehungsweise impraktikabel wird, erfolgt eine

Tabelle 3.6: Zusammenfassung der verwendeten Stoffdaten für die Validierungsexperimente mit den Flüssigkeiten n-Octan und n-Hexadecan sowie den Gasen Sauerstoff und Stickstoff.

	T_k, p_k, Z_k, w, V_k	Dampfdruck p_l''	Dichte ρ_l
	Hersteller: VWR - zur Synthese		
n-Octan	Poling u. a. (2001)	Carruth u. Kobayashi (1973)	Lemmon u. a. (2014)
n-Hexadecan	Poling u. a. (2001)	Ruan (1994)	DDBST (2014)
	Hersteller: Air Liquid > 99,99 Vol. %		
Stickstoff	Poling u. a. (2001)		
Sauerstoff	Poling u. a. (2001)		

Befüllung der Messkammer mit der nachfolgend zu messenden Gaskomponente, sobald der Druck in der Messkammer nahe des Gleichewichtzustandes etwa 0,05 bar erreicht. Dieses sogenannte Spülen der Flüssigkeit mit der nachfolgend zu messenden Gaskomponente führt zu einer Druckerhöhung in der Messkammer und daher zu einer Konzentrationsreduzierung der Fremdgase sowie der leichtflüchtigen Komponenten bei den nachfolgenden Entgasungszyklen und Messreihen. Die Entgasungsprozedur wird beendet, sobald der Anteil der unerwünschten Gase unter einem Gaspartialdruck von 0,005 bar liegt. Dies wird kontrolliert über die Messung des Gesamtpartialdruckes nahe des Gleichgewichtzustandes und der gleichzeitigen Messung des Sauerstoffpartialdruckes in der Flüssigphase.

3.2.5 Validierung und Messungenauigkeit

Die Validierung der Gaslöslichkeitsmessmethode erfolgt an den Alkanen n-Octan und n-Hexadecan. Das kurzkettigere n-Octan wird für die Validierung der temperaturabhängigen Sauerstofflöslichkeit verwendet, da n-Octan einen hohen Dampfdruck und eine sehr hohe Gaslöslichkeit besitzt. Im Gegensatz zu n-Octan ist n-Hexadecan langkettiger, besitzt eine deutlich geringere Gaslöslichkeit und hat eine höhere Viskosität. Durch die höhere Viskosität wird der Gleichgewichtszustand durch Rühren oder Schütteln später erreicht und ist wie eine große Abweichung beim Dampfdruck p_l'' eine mögliche Fehlerquelle bei der Bestimmung der Gaslöslichkeit, siehe unter anderem Battino u. Clever (1966) oder Fogg u. Gerrard (1991). Die Verwendung der beiden Flüssigkeiten deckt somit häufige Fehlerquellen bei der druck- und temperaturabhängigen Bestimmung von Gaslöslichkeiten ab. Die Literaturquellen der verwendeten Stoffdaten für die Virialkoeffizientenbestimmung, dem Dampfdruck und der Dichte sind in Tabelle 3.6 aufgelistet.

Die Messung der Gaslöslichkeit zeigt in den Abbildungen 3.6a und 3.7a keine Druckabhängigkeit innerhalb der jeweiligen Standardmessunsicherheit bei n-Octan und n-Hexadecan bis 1 bar beziehungsweise 4,5 bar Gaspartialdruck. Im Vergleich zu den vier Literaturquellen liegt die mittlere Abweichung bei 2,1 % für die Gaslöslichkeitsmessung bei Standardbedingungen $\chi_{\mathrm{g}}^{\ominus}$. Die maximale Abweichung dieser Validierungsmessung liegt bei 3,7 % zu den Literaturangaben, wobei die Literaturquellen untereinander sogar um maximal 5,8 % differieren. Bei der temperaturabhängigen Messung zeigt Abbildung 3.6b innerhalb der Standardmessunsicherheit eine vergleichbare Abnahme der Gaslöslichkeit zu den Messungen von Battino u. a. (1983) bei steigender Temperatur.

Die jeweiligen Fehlerbalken in den Abbildungen 3.6a, 3.6b und 3.7a bilden die kombinierte Standardmessunsicherheit $u\left(\chi_{\mathrm{g}}\right)$ nach

$$u\left(\chi_{\mathrm{g}}\right)=\sqrt{\sum_{i=1}^{N}\left(\frac{\partial \chi}{\partial x_i}u\left(x_i\right)\right)^2}=\sqrt{\sum_{i=1}^{N}s_i^2 u\left(x_i\right)^2}=\sqrt{\sum_{i=1}^{N}u\left(\chi_g,x_i\right)^2} \tag{3.14}$$

ab. Hierbei wird die Standardmessunsicherheit jeder Messgröße $u(x_i)$ dieser indirekten Messmethode mit dem jeweiligen Empfindlichkeitskoeffizient s_i multipliziert, der über das partielle Differenzial nach der jeweiligen Einzelmessgröße $\partial\chi/\partial x_i$ definiert ist. Entsprechend dem Fehlerfortpflanzungsgesetz von Gauß werden alle Unsicherheitsbeiträge für die Gaslöslichkeitsbestimmung $u\left(\chi_{\mathrm{g}},x_i\right)$ über eine quadratische Addition zu einer kombinierten Standardmessunsicherheit $u\left(\chi_{\mathrm{g}}\right)$ zusammengeführt.

Eine Auflistung kombinierter Standardmessunsicherheiten u, wie zum Beispiel für die komplette Gaslöslichkeitsmessung $u\left(\chi_{\mathrm{g}}\right)$ oder für die Bestimmung der Molmenge der Flüssigkeit $u\left(n_{\mathrm{l}}\right)$ sowie deren Abhängigkeiten zu einzelnen Standardmessunsicherheiten $u(x_i)$ sind in Tabelle 3.7 für die relevanten Beiträge aufgelistet. Eine Auswahl detaillierter Messunsicherheitsbeiträge $u(x_i)$, beispielsweise von den Druck- und Temperatursensoren, folgt in Tabelle 3.8.

Die Darstellung der kombinierten Standardmessunsicherheit $u\left(\chi_{\mathrm{g}}\right)$ zeigt in den Abbil-

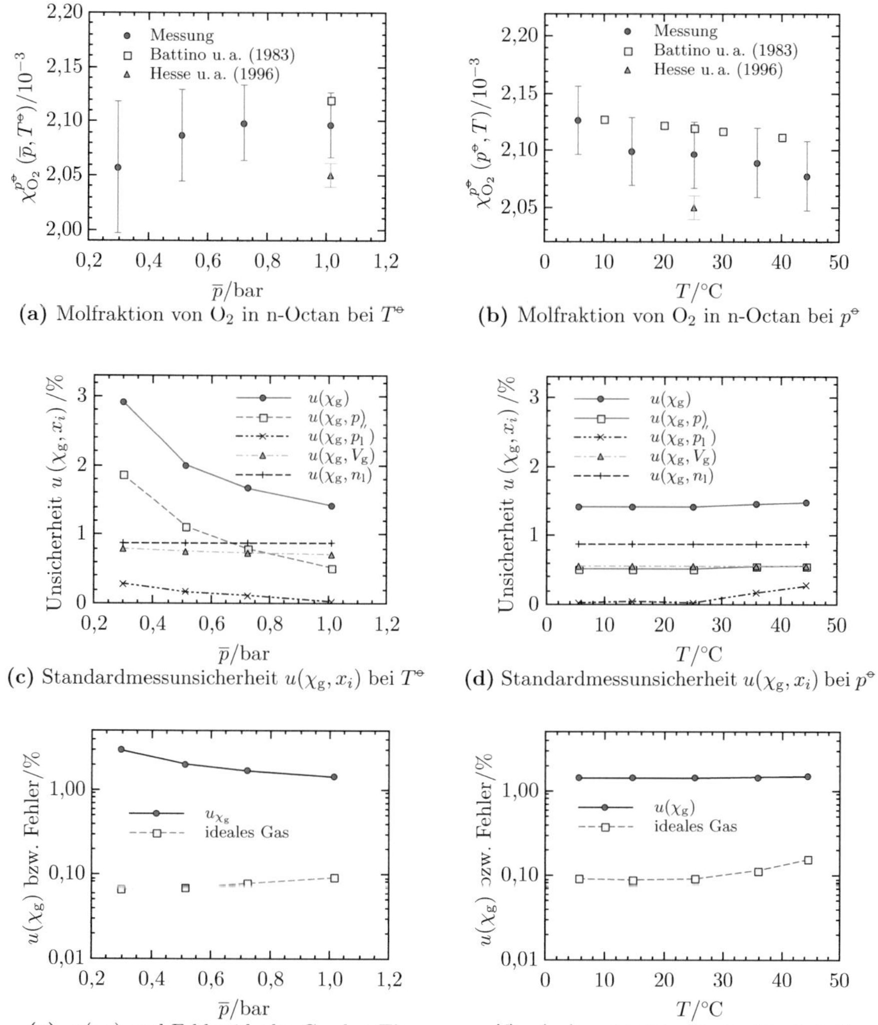

(a) Molfraktion von O_2 in n-Octan bei $T^\ominus$

(b) Molfraktion von O_2 in n-Octan bei $p^\ominus$

(c) Standardmessunsicherheit $u(\chi_g, x_i)$ bei $T^\ominus$

(d) Standardmessunsicherheit $u(\chi_g, x_i)$ bei $p^\ominus$

(e) $u(\chi_g)$ und Fehler ideales Gas bei $T^\ominus$

(f) $u(\chi_g)$ und Fehler ideales Gas bei $p^\ominus$

Abbildung 3.6: Validierungsmessung von Sauerstoff in n-Octan. Darstellung der auf Standardatmosphärendruck bezogenen Molfraktion $\chi_{O_2}^{p^\ominus}$ in Abhängigkeit des Druckes in (a) und in Abhängigkeit der Temperatur in (b). In (c) und (d) sind die wesentlichen Einzelunsicherheitsbeiträge $u(\chi_g, x_i)$ und die kombinierte Standardmessunsicherheit $u(\chi_g)$ für die druck- und temperaturabhängige Messung dargestellt. In den Abbildungen (e) und (f) ist die jeweilige Standardmessunsicherheit $u(\chi_g)$ und der Fehler bei Annahme des idealen Gasgesetzes gegenübergestellt.

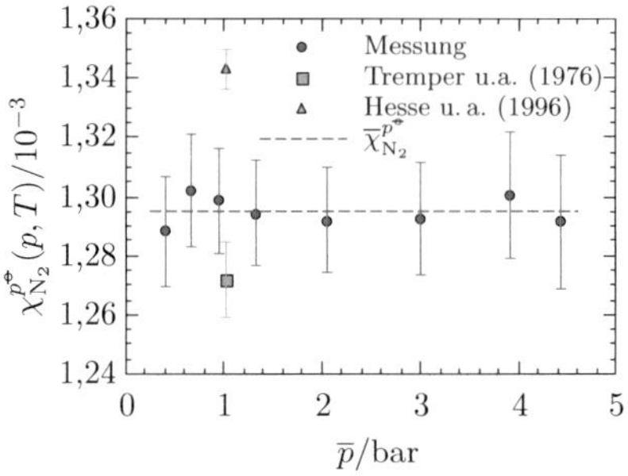

(a) Molfraktion von N_2 in Hexadecan bei $T^\ominus$

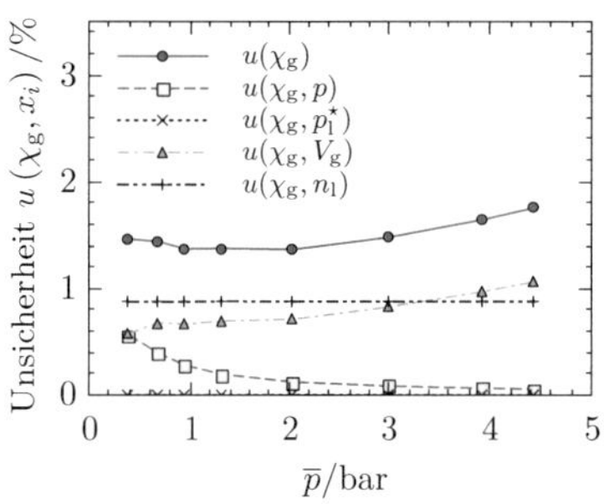

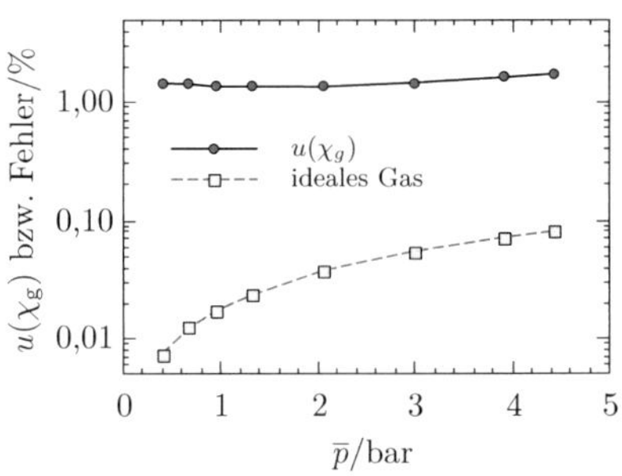

(b) Standardmessunsicherheit $u(\chi_g, x_i)$ bei $T^\ominus$

(c) $u(\chi_g)$ und Fehler ideales Gas bei $p^\ominus$

Abbildung 3.7: Validierungsmessung von Stickstoff in n-Hexadecan. Darstellung der auf Standardatmosphärendruck bezogenen Molfraktion der Einzelmessungen $\chi_{N_2}^{p^\ominus}$ in Abhängigkeit des Druckes und des Mittelwertes $\overline{\chi}_{N_2}^{p^\ominus}$ in (a). In (b) sind die wesentlichen Einzelunsicherheitsbeiträge $u(\chi_g, x_i)$ und die kombinierte Standardmessunsicherheit $u(\chi_g)$ für die druckabhängige Messung dargestellt. In (c) ist die jeweilige Standardmessunsicherheit $u(\chi_g)$ und der Fehler bei Annahme des idealen Gasgesetzes gegenübergestellt.

Tabelle 3.7: Übersicht über kombinierte Einzel-Standardmessunsicherheiten und deren Einflussgrößen bei der Gaslöslichkeitsmessung

Standardmessunsicherheit	
kombiniert u	abhängig von $u(x_i)$
$u(\chi_g)$	$u(p)$, $u(p_l'')$, $u(V_g)$, $u(T)$, $u(n_l)$
$u(n_l)$	$u(\rho_l)$, $u(V_l)$
$u(V_g)$	$u(\Delta L_{Balg})$, $u(\Delta V/\Delta L_{Balg})$, $u(n_l)$, $u(p)$, $u(\kappa_{Behälter})$

Tabelle 3.8: Übersicht über die wesentlichen Einzel-Messunsicherheitsbeiträge bei der Gaslöslichkeitsmessung. $u(\Delta L_{\mathrm{Balg}})$ kennzeichnet die Ablesegenauigkeit bei der Volumen-Bestimmung.

$u(p)$ in Pa	$u(V_\mathrm{l})$ in ml	$\frac{u(\Delta V/\Delta L_{\mathrm{Balg}})}{\Delta V/\Delta L_{\mathrm{Balg}}}$ in %	$u(T)$ in °C	$\frac{u(\kappa_{\mathrm{Kam}})}{\kappa_{\mathrm{Kam}}}$ in %	$u(\Delta L_{\mathrm{Balg}})$ in µm	$u(p_\mathrm{l}'')$ in Pa	$u(\rho_\mathrm{l})$ in kgm^{-3}
150	4	0,5	0,31	33	50	aus Stoffdaten	

dungen 3.6c, 3.6d und 3.7b die wesentlichen Einzelunsicherheitsbeiträge $u\left(\chi_\mathrm{g}, x_i\right)$ für die Validierungsmessungen an. Den größten Anteil zur kombinierten Unsicherheit $u\left(\chi_\mathrm{g}\right)$ trägt die Druckmessung bei niedrigen Drücken unterhalb 0,5 bar bei gleichzeitig hoher Gaslöslichkeit in n-Octan mit $u(\chi_\mathrm{g}, p)$ von zwei Prozent bei. Bei hohem Druck hingegen überwiegt die Unsicherheit durch die Gasvolumenbestimmung bei der n-Hexadecan Messung mit $u(\chi_\mathrm{g}, V_\mathrm{g})$ von etwa einem Prozent. Ein weiterer Unsicherheitsbeitrag mit großem Einfluss auf die Gaslöslichkeitsmessung folgt aus der Bestimmung der Flüssigkeitsmolmasse, der unabhängig vom Druck konstant einen Fehler von $u(\chi_\mathrm{g}, n_\mathrm{l})$ kleiner einem Prozent aufweist. Die kombinierte Standardmessunsicherheit $u(\chi_\mathrm{g})$ liegt bei n-Octan und n-Hexadecan für Drücke zwischen 0,5 bar und 5 bar und Temperaturen von 5 °C bis 45 °C kleiner als zwei Prozent.

Der Fehler, der durch die Annahme einer idealen Zustandsgleichung für die Gasphase erfolgt, ist in den Abbildungen 3.6e, 3.6f und 3.7c im Vergleich zu den kombinierten Standardmessunsicherheiten visualisiert. Er liegt immer unter 0,2 % und ist somit deutlich kleiner als die kombinierte Standardmessunsicherheit $u(\chi_\mathrm{g})$ der Gaslöslichkeitsmessung. Da der Mischvirialkoeffizient B_{mix} zumeist nur für Einzelkomponenten-Flüssigkeiten und nicht für Hydrauliköle bekannt ist und der Unterschied zwischen der Realgaskonstanten der Mischung Z_{mix} und des reinen Gases Z_g maximal 0,08 % bei n-Octan beträgt, wird bei der Gaslöslichkeitsmessung bei Hydraulikölen die Gasphase nur über den zweiten Virialkoeffizient für Sauerstoff oder Stickstoff modelliert. Des Weiteren sind bei der Sauerstoff- und Stickstoffmessung keine Unterschiede zwischen Sättigungs- und Extraktionsmethode bei der Messgröße χ_g und somit auch keine Oxidationseffekte in der Flüssigkeit oder im Prüfstand feststellbar.

3.3 Optische Bestimmung der Gasblasengrößenverteilung

Der Abschnitt 2.2 verdeutlicht den großen Einfluss von Gasblasen auf die Dampf- und Gaskavitation. Die Keimanzahldichteverteilung streut jedoch für Wasser nach Abschnitt 2.3 sehr stark und eine Übertragbarkeit dieser Ergebnisse ist für die in der Literatur weniger oder gar nicht untersuchten Hydrauliköle auf Mineralölbasis nicht möglich. Dies führt sogar so weit, dass die Modelle für den Kavitationsbeginn, die in Wasser ermittelt wurden, im wissenschaftlichen Umfeld für Öle teilweise stark angezweifelt werden. Somit folgt nach Abschnitt 2.4 der Anspruch für die vorliegende Arbeit, die Gasblasengrößenverteilungsfunktion in Ölen bei unterschiedlichen Gasgehalten und Sättigungsgraden zu untersuchen.

Hierfür gibt es nach Heller (2005) akustische, elektrische und optische Messmethoden. Um die Gasblasengrößenverteilung durch die Messung nicht zu beeinflussen und um sehr kleine Blasen im niedrigen Mikrometer-Durchmesserbereich zu messen, wird eine optische Messmethode bevorzugt. Weitere Forderungen an die Messtechnik sind die Blasenkonzentration während einer Relaxationsmessung mit geringen Fehlinterpretationsmöglichkeiten und einer hohen Messgenauigkeit in quasi-ruhenden Flüssigkeiten zu ermitteln. Viele Laser-basierte Blasen- beziehungsweise Partikelmesstechniken werden von Black u. a. (1996) vorgestellt, von denen die meisten jedoch aufgrund der angegebenen Anforderungen ausscheiden. Für die Ermittlung der Gasblasengrößenverteilung wird die sogenannte Interferometric Particle Imaging Methode, abgekürzt IPI, ausgewählt. Die Messmethode, das Messprinzip, der Messbereich, der optische Aufbau und die Validierungsmessungen werden in den folgenden Abschnitten vorgestellt.

3.3.1 Messmethode

Die IPI-Messmethode findet größtenteils in der Spray-Diagnostik Anwendung und wurde hierfür erstmals von König u. a. (1986) vorgestellt. Sie wurde unter anderem von Roth u. a. (1994) oder Glover u. a. (1995) angewandt und weiterentwickelt und wird auch als Mie Scattering Imaging oder Interferometric Laser Imaging for Droplet Sizing bezeichnet. Neben der Bestimmung der Tropfengrößenverteilung in Sprays, bei einem relativen Brechzahlverhältnis b_r zwischen der Brechzahl der Umgebung und der

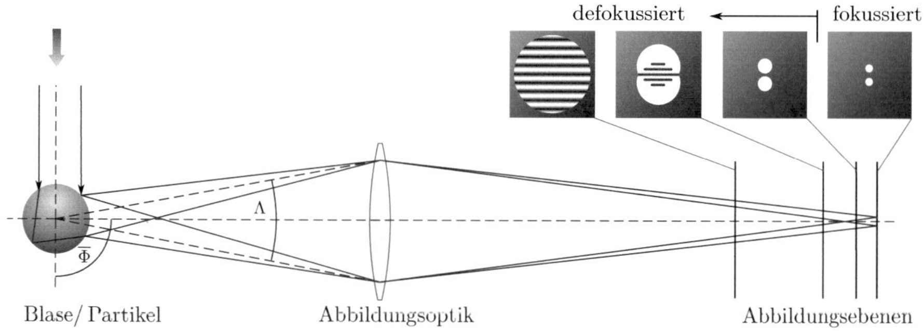

Abbildung 3.8: Prinzipskizze der IPI-Messmethode zur Gasblasenmessung. In diesem Beispiel erzeugt ein Laser zwei dominante Leuchtpunkte auf der Blasenoberfläche, die mit Hilfe einer Abbildungsoptik in eine Bildebene projiziert werden. Wird die Bildebene aus der Fokalebene geschoben, verschwimmen die Leuchtpunkte und erzeugen bei kohärentem Licht Interferenzstreifen. Die Darstellung ist angelehnt an die Abbildung aus Damaschke u. a. (2005).

Kugel von $b_r = b_\infty / b_{sp} > 1$, wurde die IPI-Messmethode jedoch auch für die Bestimmung von Gasblasen von Niwa u. a. (2000), Dehaeck u. a. (2005) oder Kawaguchi u. Maeda (2005) bei einem relativen Brechzahlverhältnis von $b_r < 1$ verwendet. Für Gasblasen zeigen van Overbrüggen u. a. (2014) eine minimale messbare Blasengröße von $R_B = 2{,}7\,\mu m$, wohingegen aufgrund einer etwas schwereren optischen Zugänglichkeit Ebert u. a. (2014) den minimalen Blasenradius mit $R_B = 10\,\mu m$ bei der Messung von Kavitationsblasen angeben.

Das Grundprinzip der IPI-Messmethode basiert auf Lichtstreuung, die infolge unterschiedlicher Brechzahlen an der Phasengrenze verursacht wird. Abhängig vom Betrachtungswinkel entsteht nach der geometrischen Optik auf dem sphärischen Streuteilchen ein dominanter Leuchtpunkt oder auch mehrere. Für den Fall einer Luftblase in Wasser gibt es bei einem mittleren Betrachtungswinkel $\overline{\Phi}$ von 90° zur Ausbreitungsrichtung der Beleuchtungsquelle zwei dominante Leuchtpunkte auf der Blasenoberfläche. Dies ist in Abbildung 3.8 für den Fall, dass die Bildebene der Fokalebene entspricht, dargestellt. Wird die Bildebene aus der Fokalebene geschoben, verschwimmen die Leuchtpunkte und nehmen die Form der Apertur an. Bei einer weiteren Erhöhung der Defokussierung überlagern sich die Leuchtpunkte schließlich komplett und Interferenzstreifen bei kohärentem Licht werden sichtbar. Die resultierende Interferenz-Streifenfrequenz ist abhängig vom Abstand der Leuchtpunkte und somit vom Partikel- beziehungsweise Blasendurchmesser.

Ein Vorteil dieser Messmethode ist, dass die Streifenfrequenz nach Damaschke u. a. (2002) unabhängig von der Laserintensität ist. Des Weiteren ist es mit einer Bildaufnahme möglich, mehrere Blasen gleichzeitig zu detektieren und über die Lichtschnittdicke und den Bildausschnitt die Blasenkonzentration oder sogar die Keimanzahldichteverteilung zu ermitteln. Über den Grad der Defokussierung können auch kleine Größen gemessen werden, da diese je nach Wahl der Bildebene 10- oder 100-fach vergrößert dargestellt werden, siehe Dehaeck u. a. (2005). Hierin liegt jedoch auch der auffälligste Nachteil dieser Messmethode, da durch die Vergrößerung einer Abbildung die messbare Blasenanzahl reduziert wird. Bei einer zu großen Blasendichte überlappen die einzelnen Abbildungen, so dass keine Auswertung mehr möglich ist. Damaschke u. a. (2002) untersuchten die IPI-Messtechnik im Bezug auf maximal mögliche Konzentrationslimits und bewerteten den Einfluss der Abbildungsoptiken der Messmethode. Durch eine Reduzierung der Lichtschnittdicke, einer Erhöhung der Vergrößerung bei gleichzeitiger Verwendung optischer Kompression, kann die messbare Blasenkonzentration um Faktor 100 erhöht werden. Die somit maximal messbare Konzentration liegt dann bei etwa 100 bis 1000 Partikel pro Kubikmillimeter.

Ein weiterer Nachteil der Vergrößerung der Leuchtpunkte resultiert in einem reduzierten Partikelgrößenmessbereich als Folge einer endlichen Pixelanzahl der Kamera. Nach Dehaeck u. a. (2005) liegt der dynamische Bereich der IPI-Messmethode bei $R_{\text{max}}/R_{\text{min}} \approx 10$. Der Messbereich innerhalb einer Messung kann jedoch mit immer höher werdenden Pixelanzahlen grundsätzlich erhöht werden oder über mehrere Messungen durch eine manuelle Vergrößerung der Abbildungsoptik erhöht werden.

3.3.2 Messprinzip

Das Messprinzip der IPI-Messmethode wird zum einen an der Lorenz-Mie-Theorie und zum anderen anhand der geometrischen Optik vorgestellt. Die Lorenz-Mie-Theorie stellt nach Pereira u. Gharib (2004) eine analytische Lösung von Lichtstreuung an homogenen sphärischen Partikel dar. Sie wird hier als Referenz verwendet, um die Anwendbarkeit der IPI-Messmethode sowie den Gültigkeitsbereich der geometrischen Optik bei den hier verwendeten Medien zu ermitteln. Aufgrund der Komplexität der

Lorenz-Mie-Theorie wird die geometrische Optik benötigt, um aus der gemessenen Streifenfrequenz die Blasengröße mit einer anwendbaren Theorie zu ermitteln.

Lorenz-Mie-Theorie Die Lorenz-Mie-Theorie ist die exakte Lösung der Maxwell-Gleichungen für eine ebene Welle, die auf ein homogenes, sphärisches Streuteilchen trifft. Sie bildet nach Black u. a. (1996) die Grundlage von Partikelgrößenverteilungsmessgeräten, die auf der Streulichtintensität basieren. Sie betrachtet im Vergleich zur geometrischen Optik Phänomene wie Oberflächenwellen oder Beugung.

Die Streulichtintensität ist in Abbildung 3.9 nach der Lorenz-Mie-Theorie aufgrund der Rotationssymmetrie in Ausbreitungsrichtung lediglich über einen Streuwinkelbereich Φ von 0° bis 180° dargestellt. Die Berechnung der Streulichtintensität für Luftblasen in Prüföl V 1404 und von Polystyrol-Partikel, abgekürzt PS-Partikel, in Wasser erfolgt mit dem Programm MiePlot von Laven (2015). Es verwendet den Algorithmus BHMIE, der von Bohren u. Huffman (1998) zur Berechnung der Streulichtintensität nach der Lorenz-Mie-Theorie vorgestellt wurde. Die Wellenlänge und die Polarisation ist entsprechend dem experimentellen Aufbau gewählt und beträgt 532 nm bei senkrecht polarisiertem Laserlicht bezogen auf das Streulteilchen und die Abbildungsoptik. Die verwendeten Brechzahlen der Flüssigkeit b_{l} und des sphärischen Streuteilchen b_{sp} sind in Tabelle 3.9 angegeben.

Die relativen Intensitäten des Streulichtes in Abbildung 3.9 sind jeweils für verschiedene Streuteilradien dargestellt und zeigen grundsätzlich die höchste Intensität in Ausbreitungsrichtung für $\Phi \to 0°$. Die Frequenz der Intensität über den Beobachtungswinkel, als auch das Verhältnis der maximalen und minimalen Intensität, ist jedoch nicht über den kompletten Streuwinkelbereich konstant. Für Polystyrol-Partikel ist eine konstante und kontrastreiche Streifenfrequenz zwischen 20° und 80° erkennbar, während bei Blasen eine konstante Streifenfrequenz bei 90° Beobachtungswinkel deutlich wird. Eine Anordnung der Abbildungsoptik mit einem Winkel $\overline{\Phi}$ von 90° wurde bei der Messung von Blasen bereits von Kawaguchi u. Maeda (2005) und Dehaeck u. van Beeck (2008) verwendet. Neben einer gleichmäßigen Vergrößerung und einem konstanten Defokussierungsgrad bietet diese Anordnung vor allem bei der Messung von Gasblasen in Flüssigkeiten, wodurch eine zusätzliche Glasscheibe im Strahlengang benötigt wird, eine erhöhte Robustheit. Durch die zusätzliche Glasscheibe entstehen Brechungen, de-

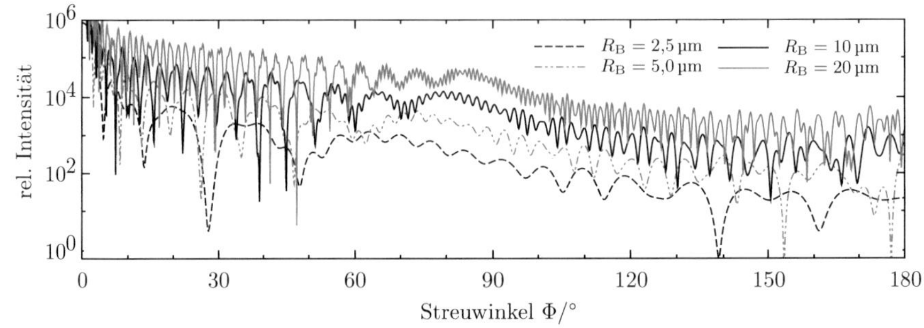

(a) Luftblasen in Prüföl V 1404

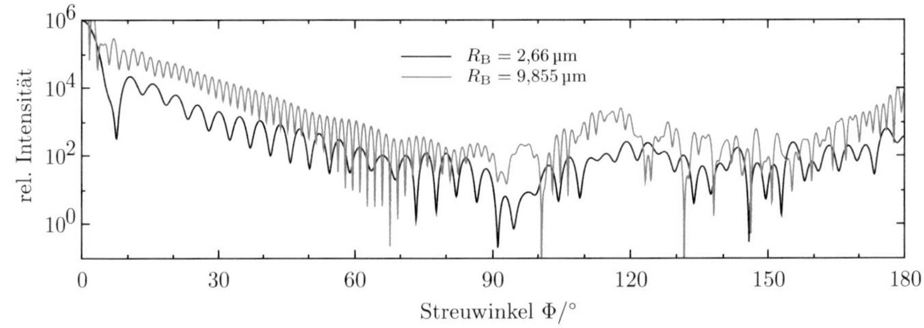

(b) Polystyrol-Partikel in Wasser

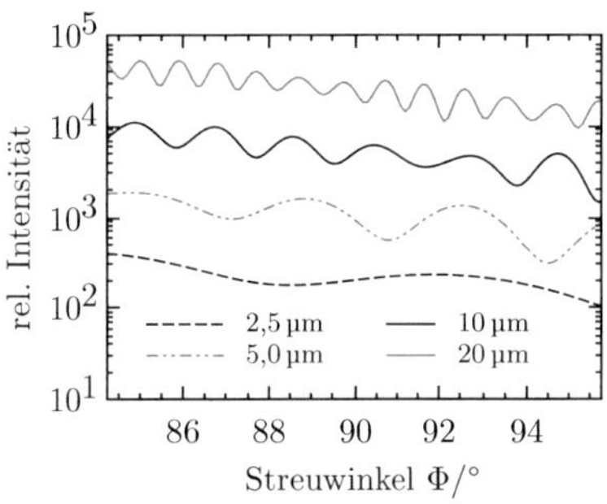

(c) Vergrößerung von 3.9a, $\Phi = 90° \pm \Lambda/2$

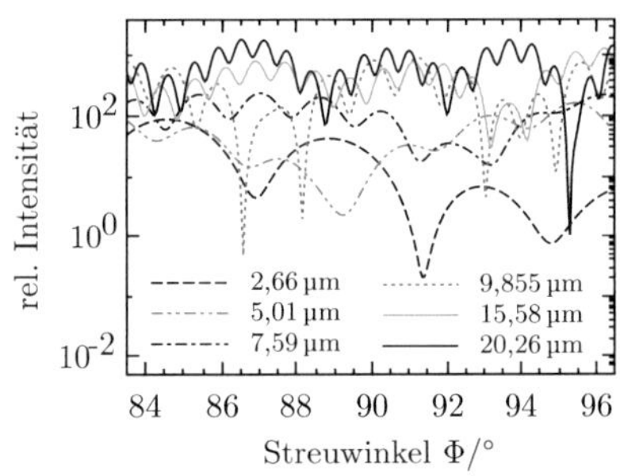

(d) Vergrößerung von 3.9b, $\Phi = 90° \pm \Lambda/2$

Abbildung 3.9: Intensität von gestreutem Licht an einer Blase, beziehungsweise einem Partikel nach der Mie Theorie in Abhängigkeit vom Betrachtungswinkel Φ. Die relative Intensität über den Betrachtungswinkel zum Laserstrahl ist für Luftblasen in Prüföl in (a) und für Polystyrol-Partikel in Wasser in (b) für jeweils verschiedene Durchmesser dargestellt. In (c) und (d) sind die Abbildungen (a) und (b) entsprechend dem jeweiligen Öffnungswinkel der Optik vergrößert dargestellt. Die Berechnung erfolgt mit der Software MiePlot (Laven, 2015).

ren Einfluss durch Brechzahlunsicherheiten und Ausrichtungsunsicherheiten bei einem Beobachtungswinkel $\overline{\Phi}$ von 90° reduziert werden, siehe Dehaeck u. a. (2005).

In den Abbildungen 3.9c und 3.9d ist die Streulichtintensität für den jeweiligen Beobachtungswinkelbereich von $\Phi = \overline{\Phi} \pm \Lambda/2$ dargestellt. Der mittlere Beobachtungswinkel $\overline{\Phi}$ beträgt 90° und Λ bezeichnet den gemessenen Öffnungswinkel der Abbildungsoptik. Da bei dieser Abbildungsoptik bereits ein Streifenmuster vorhanden ist, zeigen die beiden Abbildungen die theoretisch mögliche Messbarkeit von Blasen oder PS-Partikel mit einem Radius von $R = 2{,}5\,\mu\text{m}$ an. Die Öffnungswinkelmessung der Abbildungsoptik wird in Abschnitt 3.3.3 für unterschiedliche Kombinationen an Lösungsmitteln und Streuteilchen vorgestellt.

Geometrische Optik Mit der geometrischen Optik werden Lichtwellen als Strahlen vereinfacht und deren Ausbreitung über Reflektions- und Brechungsgesetze bestimmt. Die mit der geometrischen Optik ermittelte Korrelation zwischen Blasengröße R_B und Streifenanzahl N_ST kann im Vergleich zur exakten Lösung mit der Lorenz-Mie-Theorie auf deren Anwendbarkeit und deren Gültigkeitsbereich untersucht werden.

In Abbildung 3.10 ist der Strahlengang einer Luftblase in einer Flüssigkeit mit einem relativen Brechzahlverhältnis von $b_\text{r} < 1$ entsprechend der geometrischen Optik für einen mittleren Beobachtungswinkel von $\overline{\Phi} = 90°$ visualisiert. Die Herleitung ist angelehnt an die Untersuchungen von Semidetnov u. Tropea (2004), die für einen kleineren Beobachtungswinkel die dominanten Leuchtpunkte aus der direkten Reflexion mit $N_\text{int} = 1$ und dem an der Blasenoberfläche zweimal gebrochenen Strahl $N_\text{int} = 2$ herleiten. N_int bezeichnet die Anzahl an Interaktionen des Strahls mit der Blasenoberfläche. Bei einem Beobachtungswinkel von etwa 90° sind nach Maeda u. a. (2000) die Leuchtpunkte mit $N_\text{int} = 1$ und $N_\text{int} = 3$ dominant und sind in Abbildung 3.10 dargestellt.

Für das Messprinzip nach der geometrischen Optik ist der Abstand der beiden Leuchtpunkte a_{13} entscheidend. Der Zusammenhang zwischen dem Leuchtpunktabstand a_{13} und dem gesuchten Blasenradius R_B wird über den geometrischen Konvertierungsfaktor κ_B beschrieben:

$$\kappa_\text{B} = \frac{a_{13}}{2R_\text{B}}. \tag{3.15}$$

Der Abstand a_{13} aus Abbildung 3.10 kann über trigonometrische Beziehungen und

Abbildung 3.10: Schematische Darstellung der optischen Strahlengänge $N_{\mathrm{int}} = 1$ und $N_{\mathrm{int}} = 3$ für die zwei dominanten Leuchtpunkte bei Blasen und einem Betrachtungswinkel von 90°. Über den Leuchtpunktabstand kann nach geometrischer Betrachtung der Blasendurchmesser bestimmt werden.

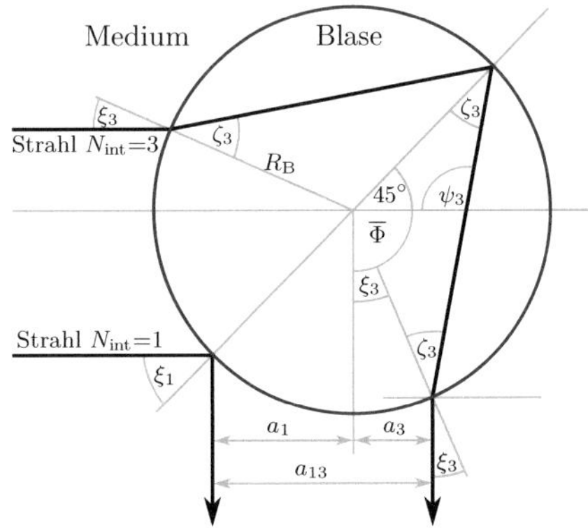

über die Gesetze der geometrischen Optik ermittelt werden. Der Einfallswinkel ξ_3 ist über das Snelliussche Brechungsgesetz

$$\sin \xi_3 = b_{\mathrm{r}} \sin \zeta_3 \tag{3.16}$$

mit dem Austrittswinkel ζ_3 bestimmt, der auch dem Reflektionswinkel des Strahles an der Rückseite entspricht. Über die trigonometrischen Beziehungen

$$\psi_3 = 90^\circ + \zeta_3 - \xi_3 \quad \text{und} \quad \psi_3 = 135^\circ - \zeta_3 \tag{3.17}$$

folgt die Abhängigkeit des Einfallswinkels ξ_3 vom relativen Brechzahlverhältnis b_{r}:

$$\sin \xi_3 = b_{\mathrm{r}} \sin \frac{\xi_3 + 45^\circ}{2}. \tag{3.18}$$

Der Abstand a_{13} setzt sich aus den Einzelabständen a_1 und a_3 zusammen und lässt sich nach Gleichung 3.19 über den Blasenradius R_{B} ausdrücken:

$$a_{13} = R_{\mathrm{B}} \left(\cos \frac{\overline{\Phi}}{2} + \sin \xi_3 \right). \tag{3.19}$$

Somit folgt der geometrische Konvertierungsfaktor nach Gleichung 3.15 für eine Bla-

Tabelle 3.9: Auflistung von Konvertierungsfaktoren κ für verschiedene Medien und Brechzahlen, um über den Leuchtpunktabstand die Blasen- und Partikelgröße zu ermitteln.

Lösungs-Medium	$b_l(20\,°C)$	Kugel-Medium	$b_{sp}(20\,°C)$	κ - Gl. 3.20	κ_P - Gl. 3.21
Wasser	1,33	Luft	1,00	0,571	
Wasser	1,33	PS	1,59		0,854
n-Decan	1,41	Luft	1,00	0,553	
n-Hexadecan	1,43	Luft	1,00	0,548	
Prüföl V 1404	1,46	Luft	1,00	0,543	

se κ_B bei einem mittleren Betrachtungswinkel $\overline{\Phi}$ von 90°:

$$\kappa_B = \frac{1}{2}\left(\cos\frac{\overline{\Phi}}{2} + \sin\frac{\xi_3}{2}\right), \tag{3.20}$$

siehe auch Schäfer (2011) oder Dehaeck u. a. (2005).

Für die Validierungsmessung mit PS-Partikel in Wasser beträgt das relative Brechzahlverhältnis nach Tabelle 3.9 $b_r = 1{,}19$, weshalb neben dem reflektierten Strahl $N_{int} = 1$ keine Strahlen $N_{int} = 2$ oder $N_{int} = 3$ nach der geometrischen Optik vorkommen können. In Abbildung 3.9d sind mit der Lorenz-Mie-Theorie jedoch konstante und kontrastreiche Streifen zu erkennen, die nach Semidetnov u. Tropea (2004) aufgrund eines Leuchtpunktes durch Oberflächenwellen am Partikelrand entstehen. Der geometrische Konvertierungsfaktor für das PS-Partikel lautet daher für einen Beobachtungswinkel von $\overline{\Phi} = 90°$:

$$\kappa_P = \frac{1}{2}\left(\cos\frac{\overline{\Phi}}{2} + 1\right). \tag{3.21}$$

Für eine Auswahl an verwendeten Flüssigkeiten gibt Tabelle 3.9 die geometrischen Konvertierungsfaktoren κ nach Gleichung 3.20 für Blasen und für das PS-Partikel nach Gleichung 3.21 an.

Bei der IPI-Messmethode wird jedoch nicht der Leuchtpunktabstand direkt gemessen, sondern indirekt über die Interferenz-Streifenfrequenz. In Analogie zum Young'schen Doppelspalt-Experiment wird jeder Leuchtpunkt auf der Blasenoberfläche als Ausgangspunkt einer Kugelwelle betrachtet. Der Winkel υ zwischen zwei Maxima entspricht beim Doppelspalt $\sin\upsilon = \lambda/(a_{13}b_l)$, siehe beispielsweise Tipler (1994). Mit dem gemessenen Öffnungswinkel Λ kann somit über die Anzahl an gemessenen Interferenzstreifen und der Kleinwinkelnäherung der Radius R_{sp} des sphärischen Streuteilchens mit

$$R_{\mathrm{sp}} = \frac{N_{\mathrm{int}}\lambda}{2\Lambda b\kappa} \tag{3.22}$$

bestimmt werden.

Semidetnov u. Tropea (2004) kritisieren, dass der Gültigkeitsbereich der geometrischen Konvertierungsfaktoren κ in der Literatur nicht angegeben wird. Schäfer (2011) vergleicht daher in seiner Diplomarbeit die geometrischen Konvertierungsfaktoren mit der Lorenz-Mie-Theorie für die in dieser Arbeit verwendeten Medien und für diesen optischen Aufbau. Für jeweils 750 Blasengrößen mit Radien zwischen $R_{\mathrm{B}} = 2{,}5\,\mu\mathrm{m}$ und $R_{\mathrm{B}} = 250\,\mu\mathrm{m}$ wurde die Streulichtintensität nach der Lorenz-Mie-Theorie mit dem Programm MiePlot von Laven (2015) berechnet. Die Streulichtortsfrequenz wurde anschließend für den im Experiment vorliegenden Streuwinkelbereich über eine Frequenzanalyse bestimmt, entsprechend dem Öffnungswinkel der Abbildungsoptik Λ in die Streifenanzahl N_{ST} umgerechnet und mit der geometrischen Optik nach Gleichung 3.22 verglichen. Für Blasen, die größer als $R_{\mathrm{B}} = 7{,}5\,\mu\mathrm{m}$ sind, zeigt der Vergleich maximale Abweichungen von einem Prozent, die für das PS-Partikel auf zwei Prozent ansteigen.

Allgemein streuen für alle untersuchten Medien die Abweichungen zwischen Lorenz-Mie-Theorie und geometrischer Optik unter einem Radius von $R = 7{,}5\,\mu\mathrm{m}$ jedoch deutlich stärker. Die maximale Abweichung erhöht sich hier für die Luftblasen auf 10 % und für die PS-Partikel auf 20 %, wobei der Median für jede komplette Messreihe lediglich im Promillebereich zur geometrischen Optik abweicht.

3.3.3 Optischer Aufbau

Um die Gasblasengrößenverteilung mit der IPI-Methode in der Messkammer zu messen, ist ein optischer Tisch an der Frontseite des Gaskavitationsprüfstandes angebracht. Der schematische Aufbau mit den optischen Komponenten vom Laser bis zur CCD-Kamera ist in Abbildung 3.11a dargestellt und wird durch die detailliertere Angabe der verwendeten Komponenten in Tabelle 3.10 unterstützt.

Als kohärente Lichtquelle wird ein Nd:YAG Laser I_1 mit einer Wellenlänge von 532 nm und einer Pulslänge von 5 ns verwendet. Die einstellbare Repetitionsrate liegt zwischen

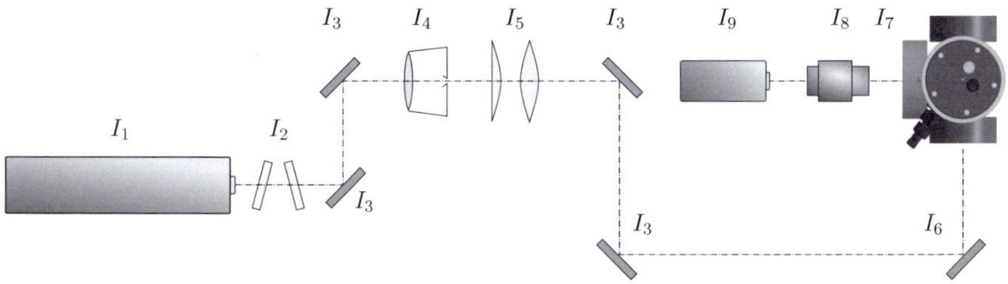

(a) Skizze des optischen Aufbaus

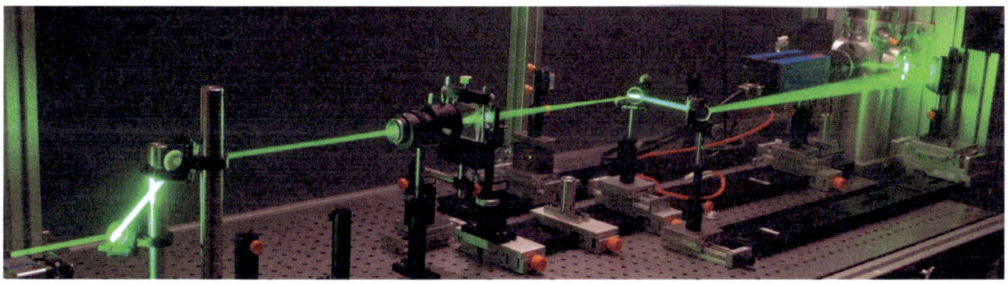

(b) Fotoaufnahme des Prüfstandes und Visualisierung des Strahlenganges

Abbildung 3.11: In (a) ist der schematische Aufbau mit den relevanten optischen Komponenten, aufgelistet in Tabelle 3.10, dargestellt. In (b) ist der optische Aufbau der IPI-Messtechnik mit dem Strahlengang bis zur Messkammer bei eingeschaltetem Laser dargestellt. Der Laserstrahl wurde durch Rauch visualisiert.

8 Hz und 12 Hz und die gemessene Kohärenzlänge beträgt 14 mm. Ein Abschwächer I_2 reduziert die Pulsenergie von 240 mJ variabel zwischen 0,1 mJ und 200 mJ. Er besteht aus einem dielektrischen Filter, dessen Reflexions- und Transmissionsrate vom Einfallwinkel abhängt, und aus einer optischen Platte, die durch eine gegenläufige Winkelanordnung die Strahlablenkung kompensiert. Dahinter wird das senkrecht-polarisierte Laserlicht über zwei dichroitische Spiegel I_3 dem abgeschirmten optischen Tisch zugeführt. Der Strahlengang auf dem optischen Tisch ist in Abbildung 3.11b bei eingeschaltetem Laser durch Rauch visualisiert und zeigt die Aufweitung zum Lichtschnitt vor der Messkammer.

Um eine gleichmäßigere Intensitätsverteilung zu erreichen und um ungewollte Interferenzerscheinungen herauszufiltern wird ein Raumfilter I_4 verwendet der aus einem Mikro-Objektiv und einer Lochblende mit 50 µm Durchmesser besteht. Der hinter dem Raumfilter stark divergente Strahl wird über eine Lichtschnittoptik I_5 fokussiert. Sie

Tabelle 3.10: Übersicht über die verwendeten optischen Komponenten der IPI-Gasblasenmesstechnik, die grafisch in Abbildung 3.11 visualisiert sind.

Zeichen	Komponente	Hersteller	Daten
I_1	Laser	Spectra-Physics	Quanta-Ray LAB-130-10
I_2	Abschwächer		dielektrisch 532 nm
I_3	Spiegel	THORLABS	NB1-K13
I_4	Raumfilter	B-Halle	
I_5	Lichtschnittoptik		plan-konvexe Zylinderlinse $f = 150\,\text{mm}$
			plan-konvexe Sammellinse $f = 80\,\text{mm}$
I_6	Spiegel	THORLABS	PF20-03-P01
I_7	Druckbehälter	Eigenbau	siehe Abbildung 3.1
I_8	Objektiv		$f_O = 50\,\text{mm}$, $D_{\text{Blende}} = 35{,}7\,\text{mm}$
I_9	CCD Kamera	PCO	Sensicam 12bit, 1280×1024 pix
	CCD Kamera	PCO	PCO.2000 14bit, 2048×2048 pix

besteht aus einer plan-konvexen Zylinderlinse und einer plan-konvexen sphärischen Sammellinse, die in Kombination mit dem divergenten Strahl des Raumfilters eine einfache Justage der Lichtschnitthöhe und der Lichtschnittdicke über die Linsenabstände ermöglicht. Die Messung mit einem Beamprofiler ergab eine minimale Lichtschnittdicke von knapp 100 µm, bei der 13,5 % der maximalen Intensität erreicht wird.

Der nun in eine Raumrichtung divergente Strahl wird über zwei dichroitische Spiegel I_3 und über einen silberbeschichteten Spiegel I_6, mit geringerer Zerstörschwelle aufgrund der nun großen Lichtschnitt-Aufweitung, in die Messkammer geleitet. Der Laserlichtschnitt kann auf den gegenüberliegenden Quarzglasscheiben wieder austreten. Über die 90° zum Lichtschnitt angebrachte Quarzglasscheibe wird das Streulicht über das Objektiv I_8 vergrößert zur CCD-Kamera I_9 geführt. Für die Validierungsmessung mit den PS-Partikeln wurde die Sensicam Kamera und für alle anderen Messungen die Kamera PCO.2000 verwendet, die eine höhere Pixelanzahl und eine höhere Graustufenauflösung nach Tabelle 3.10 besitzt.

Der Öffnungswinkel der Abbildungsoptik Λ, inklusive der Brechungen an den Phasengrenzflächen zwischen Flüssigkeit, Glas und Luft, wurde experimentell für unterschiedliche Flüssigkeiten bestimmt. Hierbei wurde ein Spiegel in der Mitte der Messkammer inklusive der Flüssigkeit angebracht und der halbe Öffnungswinkel über Verdrehung des Spiegels bei eingeschalteter CCD-Kamera gemessen. Für die Validierungsmessung in der mit Wasser gefüllten Quarzglasküvette beträgt der Öffnungswinkel $\Lambda = 13°$. Für Hexadecan oder Prüföl V 1404 verringert sich der Öffnungswinkel in der Messkammer auf $\Lambda = 11{,}5°$.

3.3.4 Validierungsmessung und Messbereich

Aufgrund der Schwierigkeit, Blasen konstanter und bekannter Größen im niedrigen Mikrometerbereich zu erzeugen, erfolgt die Validierung der IPI-Messmethode an Polystyrol-Partikel. Diese Partikel wurden vom Hersteller microParticles GmbH bezogen und zeichnen sich durch eine hohe Monodispersität und einem geringen Variationskoeffizient $VK(R_\mathrm{P})$ des Partikelradius aus, der kleiner als drei Prozent ist. Sechs unterschiedliche Partikelgrößen zwischen $R_\mathrm{P} = 2{,}66\,\mu\mathrm{m}$ und $R_\mathrm{P} = 20{,}26\,\mu\mathrm{m}$ wurden in separaten destillierten Wasserproben dispergiert, da PS-Partikel in organischen Lösungsmitteln nicht stabil sind. Damit die Messkammer des Gaskavitationsprüfstandes nicht mit Partikel kontaminiert wird, erfolgt die Validierungsmessung in einer Quarzglasküvette.

Für jede Partikelgröße werden 100 Bilder mit einer Bildrate der CCD-Kamera von 5 Hz aufgenommen. Bei einem konstanten optischen Aufbau werden nacheinander die sechs unterschiedlichen Partikelgrößen untersucht. Abbildung 3.12 zeigt für jede quasimonodisperse Partikelgröße ein exemplarisches Einzelbild aus 100 Bildern und veranschaulicht die Zunahme der Streifenanzahl bei ansteigendem Partikelradius. Zusätzlich verdeutlichen die Aufnahmen die grundsätzliche Messbarkeit auch von kleineren Partikelgrößen über die erkennbaren Interferenz-Muster. Bei den größeren Partikeln wird hierbei eine überlagerte Schwingung geringerer Frequenz sichtbar, die mit der geometrischen Optik nicht zu erklären ist, jedoch ebenfalls in den Streulichtintensitätsverläufen nach der Lorenz-Mie-Theorie in Abbildung 3.9d zu erkennen ist.

Eine Übersicht über die Anzahl der theoretischen und der gemessenen Interferenzstreifen-Maxima N_ST für die sechs verschiedenen PS-Partikel-Radien gibt Tabelle 3.11. Die Ermittlung der Anzahl an Interferenzstreifen N_ST erfolgt für die Mie-Theorie über Abzählen und für die geometrische Optik über Gleichung 3.22. Die Messung der Anzahl an Interferenzstreifen wird unter anderem ebenfalls über Abzählen erreicht und ist nach Dehaeck u. van Beeck (2007) die älteste und einfachste Methode, die Streifenanzahl zu ermitteln. Die Messunsicherheit ist jedoch bei einer geringen Anzahl an Streifen hoch,

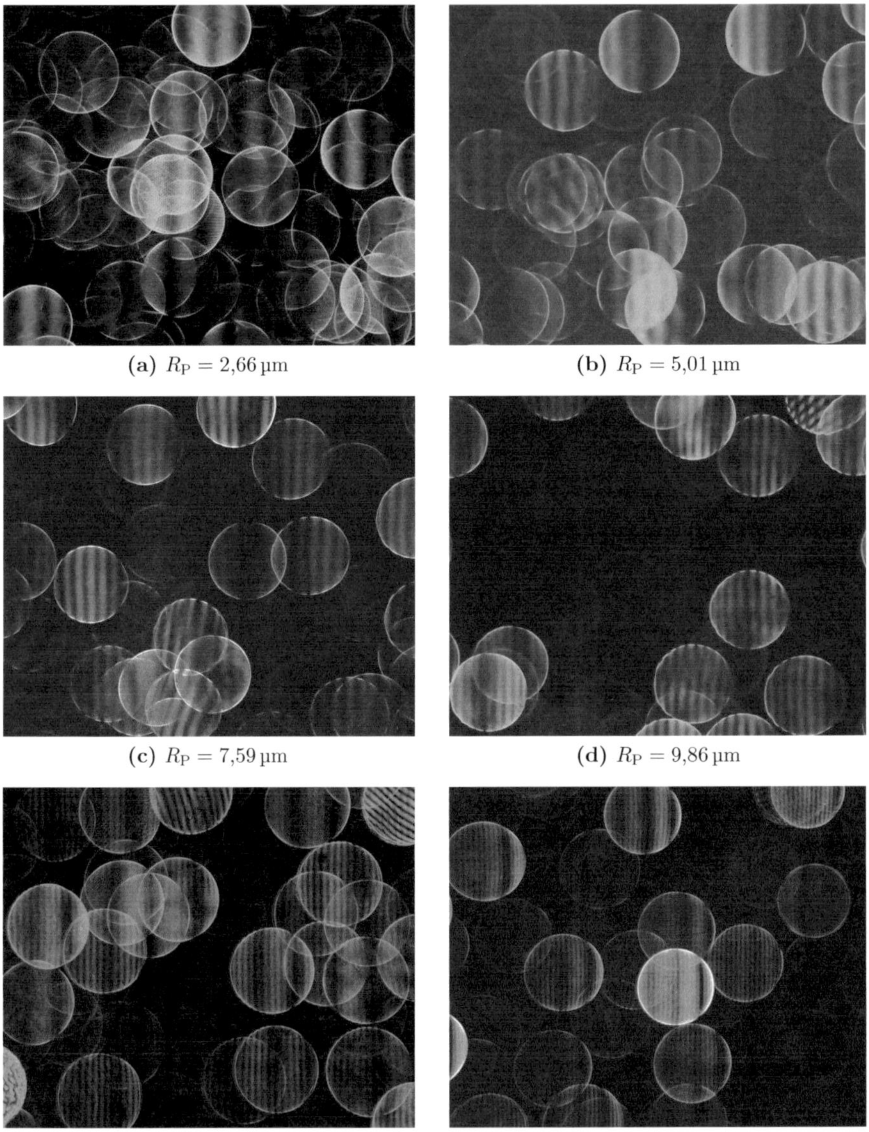

(a) $R_P = 2{,}66\,\mu m$ (b) $R_P = 5{,}01\,\mu m$

(c) $R_P = 7{,}59\,\mu m$ (d) $R_P = 9{,}86\,\mu m$

(e) $R_P = 15{,}58\,\mu m$ (f) $R_P = 20{,}26\,\mu m$

Abbildung 3.12: Darstellung der mit IPI aufgenommenen Bilder von PS-Partikel in Wasser bei definierten Partikelradien. Exemplarisch wird ein Einzelbild aus einer Bilderserie von 100 Aufnahmen visualisiert.

Tabelle 3.11: Übersicht der Validierungsmessung der IPI-Messtechnik mit PS-Partikel unterschiedlicher Radien R_P in Wasser. Vergleichende Darstellung der Anzahl an Interferenzstreifen-Maxima: entsprechend der Mie-Theorie aus Abbildung 3.9d, der geometrischen Optik nach Gleichung 3.22 sowie deren Messungen. Bei den Messungen wurde der Median der ermittelten Streifenanzahl aus 100 Einzelbildern zum einen über Abzählen und zum anderen über einen automatischen Algorithmus, vorgestellt und ausgewertet in Schäfer (2011), ermittelt. Für jeden Partikelradius ist ein Einzelbild aus 100 Bildern exemplarisch in Abbildung 3.12 visualisiert.

R_P/µm	Anzahl Streifen N_{ST}				Abweichung/%
	Mie Abb. 3.9d	geometrisch Gl. 3.22	Messung - Median Abzählen	Messung - Median aus Schäfer (2011)	Abzählen Mie - Messung
2,66	3	2,6	2,9	2,6	4,2
5,01	5	4,9	4,5	4,3	10,0
7,59	7,5	7,4	6,6	6,2	11,7
9,86	10,5	9,6	8,5	7,9	18,7
15,58	15	15,1	13,3	12,6	11,7
20,26	20	19,7	16	15,8	20

da es schwer ist, halbe Striche zu zählen. Daher erfolgt die Messung der Streifenanzahl dieser Validierungsmessung zusätzlich über eine Frequenzanalyse, die von Schäfer (2011) vorgestellt wurde. Über eine Hough-Transformation werden die Kreisdurchmesser und die Mittelpunkte von allen defokussierten Abbildungen detektiert und ausgeschnitten. Nach einer Bildbearbeitung wird über eine Fast-Fourier-Transformation die dominante Ortsfrequenz jedes Partikels ermittelt und über den detektierten abgebildeten Radius der defokussierten Abbildung die Streifenanzahl bestimmt.

Die Tabelle 3.11 zeigt vor allem für die Messung größerer Partikel eine tendenziell zu kleine Streifenanzahl N_{ST}. Die Abweichung zwischen der Messung und der Mie-Theorie, die beide über Abzählen erfolgen, beträgt maximal 20 %. Dies bestätigt auch Schäfer (2011) durch den Vergleich der automatisierten Frequenzanalyse mit der geometrischen Optik und schlägt vor, diese systematische Abweichung über eine lineare Korrekturfunktion zu berichtigen. Die Ursache dieses Fehlers kann zum Beispiel in einer überschätzten Öffnungswinkelmessung liegen. Trotzdem zeigt die Abbildung 3.12 und die Tabelle 3.11 die Messbarkeit von sphärischen Streuteilchen im kleinen Mikrometerbereich.

Der Messbereich für die untere Grenze dieser Messmethode wird über die Detektierbarkeit von Interferenzstreifen bestimmt. Um Streifen zu erkennen sind mindestens ein, besser zwei Interferenzmaxima nötig. Nach Gleichung 3.22 folgt daher für Blasen in Hexadecan oder in Prüföl V 1404 ein unterer Blasenradius zwischen $R_\mathrm{B} = 1{,}7\,\mu\mathrm{m}$ und $R_\mathrm{B} = 3{,}4\,\mu\mathrm{m}$. Dies wird auch von Abbildung 3.9c durch die Lorenz-Mie-Theorie unterstützt, da hier ebenfalls mindestens 1,5 Interferenzstreifen-Maxima bei einem Blasenradius von $R_\mathrm{B} = 2{,}5\,\mu\mathrm{m}$ sichtbar sind. Die obere Messbereichsgrenze hängt von der Abbildungsgröße und somit vom gewählten Defokussierungsgrad ab. Bei der Validierungsmessung beträgt der Durchmesser einer defokussierten Abbildung 240 Pixel. Somit liegt die maximal detektierbare Streifenanzahl zwischen 60 und 120 Interferenzstreifen-Maxima. Nach der geometrischen Optik beträgt der maximale Blasenradius mit diesem optischen Aufbau bei $R_\mathrm{B} = 100$–$200\,\mu\mathrm{m}$. Unter Beachtung des zu kleinen Öffnungswinkels reduziert sich dieser Wert jedoch um vermutlich 20 %. Somit beträgt das Verhältnis zwischen größter und kleinster messbarer Blase bei diesem optischen Aufbau $R_\mathrm{max}/R_\mathrm{min} \geq 24$.

4 Messergebnisse - Gaskavitation in ruhenden Flüssigkeiten

In diesem Kapitel werden die Messergebnisse zum Absorptionsgleichgewicht und die Untersuchungen zu Relaxationsprozessen in quasi-ruhenden Kohlenwasserstoffen vorgestellt. Zunächst wird in Abschnitt 4.1 die druck- und temperaturabhängige Löslichkeit der Gase Stickstoff und Sauerstoff und die Luftlöslichkeit bei Atmosphärenbedingungen in Kohlenwasserstoff-Gemischen experimentell bestimmt und analysiert. Anschließend wird in Abschnitt 4.2 die Gasblasengrößenverteilung in Kohlenwasserstoffen mit der interferometrischen Messmethode bei verschiedenen Gasgehalten und Sättigungsgraden untersucht. Diese grundlegenden Untersuchungen in kohlenwasserstoffhaltigen Flüssigkeiten werden auch im Hinblick auf die weiteren Zielen dieser Arbeit in Abschnitt 4.3 diskutiert.

4.1 Löslichkeit von Gasen in Flüssigkeiten

In diesem Abschnitt wird die druck- und temperaturabhängige Löslichkeit der luftdominanten Gase Stickstoff und Sauerstoff in ausgewählten Hydraulikölen und Kraftstoffen untersucht. Die Messergebnisse der Gaslöslichkeit werden für eine Modell-Dieselflüssigkeit, ein Prüföl für Dieselerzeugnisse, ein Dieselkraftstoff und eine Hydraulikflüssigkeit in den Abschnitten 4.1.1 bis 4.1.4 vorgestellt. Die Frage, ob das Henry-Gesetz bei diesen Flüssigkeiten Gültigkeit besitzt, wird am Beispiel Stickstoff bis 5 bar Partialdruck für jede Flüssigkeit analysiert. Des Weiteren wird die Luftlöslichkeit bei Standardbedingungen mit der in Abschnitt 3.2.3 vorgestellten Extraktionsmethode gemessen und mit der theoretischen Gaslöslichkeit der idealen Mischung aus Stickstoff und Sauerstoff nach Gleichung 2.24 verglichen. Im Rahmen der Messgenauigkeit wird daher ermittelt, ob die Luftlöslichkeit bei Standardbedingungen als ideale Mischung aus Einzelgasen betrachtet werden kann oder ob die gelösten Gasmoleküle in komplexen Flüssigkeiten miteinander wahrnehmbar interagieren. Eine Zusammenfassung inklusive einer Interpretation der Messergebnisse folgt im Anschluss in Abschnitt 4.1.5.

Tabelle 4.1: Darstellung der Einzelkomponenten von Modell-Diesel und dem jeweiligen Massenanteil.

	Formel	Hersteller	Reinheit	Molmasse M	Massenanteil w_i in %
n-Decan	$C_{10}H_{22}$	VWR	zur Synthese	142,28	13,0
n-Tetradecan	$C_{14}H_{30}$	VWR	zur Synthese	198,39	22,3
n-Hexadecan	$C_{16}H_{34}$	VWR	zur Synthese	226,45	18,5
n-Eicosan	$C_{20}H_{42}$	VWR	zur Synthese	282,55	13,0
n-Hexacosan	$C_{26}H_{54}$	ALFA	99 %	366,71	7,0
o-Xylol	C_8H_{10}	Merck	zur Synthese	106,17	26,2
Modell-Diesel				167,41	$\sum 100$

4.1.1 Modell-Diesel

Dieselkraftstoffe bestehen aus einer Vielzahl an Alkanen, Zycloalkanen und Aromaten deren Zusammensetzung verschiedener Proben einer großen Streuung unterliegen, siehe unter anderem Merker u. Teichmann (2014). Daher wird hier eine Modell-Dieselflüssigkeit aus Alkanen und Aromaten untersucht, die vergleichbare Stoffeigenschaften in Bezug auf Dichte, Viskosität und Siedeverhalten zu Dieselflüssigkeiten besitzt, jedoch leicht mit konstanter und bekannter Zusammensetzung herstellbar ist. Sie besteht aus den in Tabelle 4.1 dargestellten Alkanen und dem aromatischen Kohlenwasserstoff o-Xylol.

Aufgrund der bekannten mittleren Molmasse M ist die Angabe der Gaslöslichkeit neben dem Ostwald-Koeffizient L auch als Molfraktion χ_g möglich und ist in Abbildung 4.1 in Abhängigkeit der Temperatur und dem Druck dargestellt. Die Sauerstoff- und die Stickstofflöslichkeit zeigen von 0,4 bar bis 4,8 bar in Abbildung 4.1a eine konstante auf Atmosphärendruck normierte Gaslöslichkeit $\chi_\mathrm{g}^{p^\ominus}$, beziehungsweise einen konstanten Ostwald-Koeffizienten L in Abbildung 4.1b. Für den anschaulichen Ostwald-Koeffizienten L beträgt die Sauerstofflöslichkeit etwa 21 % und die Stickstofflöslichkeit knapp 12 %. Die experimentell ermittelte Löslichkeit L atmosphärischer Luft beträgt 14 % und ist demnach zwei Prozent höher als die theoretische Gaslöslichkeit nach Gleichung 2.24 für eine ideale Gasmischung, bestehend aus 21 % Sauerstoff und 79 % Stickstoff. Die Abweichung zwischen theoretischer und experimentell bestimmter Gaslöslichkeit liegt auf dem Niveau der Standardunsicherheit der Gaslöslichkeitsmessmethode

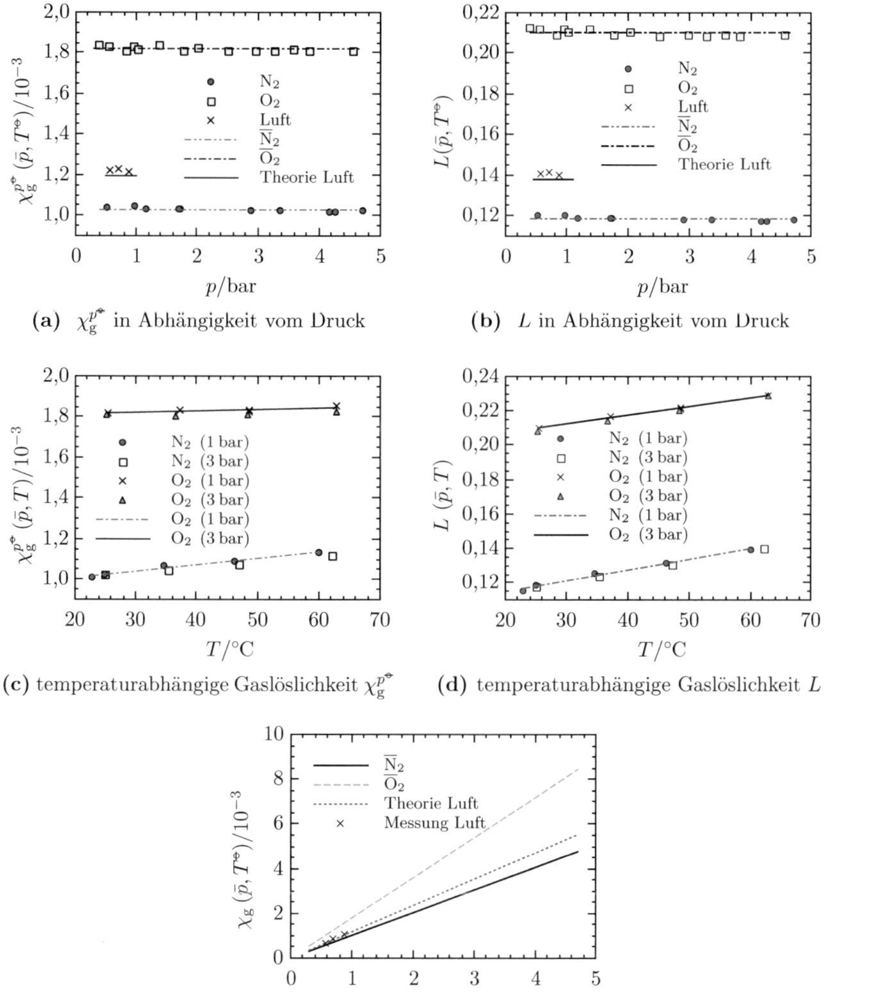

(a) $\chi_g^{p^\ominus}$ in Abhängigkeit vom Druck

(b) L in Abhängigkeit vom Druck

(c) temperaturabhängige Gaslöslichkeit $\chi_g^{p^\ominus}$

(d) temperaturabhängige Gaslöslichkeit L

(e) Gaslöslichkeit χ_g, nicht auf $p^\ominus$ bezogen

Abbildung 4.1: Darstellung der experimentell bestimmten Molfraktionen $\chi_g^{p^\ominus}$ und Ostwald-Koeffizienten L für die Gase Stickstoff, Sauerstoff und Luft in Modell-Diesel. In den Abbildungen (a) und (c) ist die Gaslöslichkeit $\chi_g^{p^\ominus}$ normiert auf Standardatmosphärendruck $p^\ominus$ in Abhängigkeit vom Druck und der Temperatur dargestellt. Im Gegensatz hierzu ist in (e) die druckabhängige Gaslöslichkeit nicht auf Standardatmosphäre bezogen. In (b) und (d) ist die Gaslöslichkeit in Form des Ostwald-Koeffizienten L dargestellt. Eine tabellarische Zusammenfassung der Messwerte gibt Tabelle 4.2

aus Abschnitt 3.2.5. Daher ist die Annahme einer idealen Löslichkeit bei Gasmischungen aufgrund vernachlässigbarer Interaktionen zwischen gelösten Gasmolekülen für die Modell-Dieselflüssigkeit bei Atmosphärenbedingungen zulässig.

Die Temperaturabhängigkeit der Gaslöslichkeit ist in Abbildung 4.1c und 4.1d für 1 bar und 3 bar Gaspartialdruck zu erkennen. Die Stickstoff- und Sauerstofflöslichkeit steigt mit ansteigender Temperatur, jedoch ist der Anstieg bei der Stickstofflöslichkeit stärker als bei der Sauerstofflöslichkeit. Des Weiteren ist der Anstieg der Gaslöslichkeit, formuliert über den Ostwald-Koeffizienten L, aufgrund der Gasvolumenausdehnung bei ansteigender Temperatur stärker als bei der Formulierung über die Molfraktion $\chi_{\mathrm{g}}^{p^{\ominus}}$.

Der Verlauf der Gaslöslichkeit χ_{g} in Abhängigkeit des Druckes ist aufgrund der konstanten auf Atmosphärendruck normierten Gaslöslichkeit $\chi_{\mathrm{g}}^{p^{\ominus}}$ linear und in Abbildung 4.1e dargestellt. Das Henry-Gesetz gilt demnach für die Gase Stickstoff und Sauerstoff zumindest bis 5 bar. Die Molfraktion χ_{g} beträgt beispielsweise bei 5 bar für die gut lösliche Sauerstoffkomponente $\chi_{\mathrm{g}} = 0{,}0089$. Sie liegt daher auch innerhalb der häufig verwendeten Grenze von $\chi_{\mathrm{g}} < 0{,}01$ bis zu der das Henry-Gesetz angewendet wird.

4.1.2 Prüf-, Kalibrier- und Konservierungsöl - V 1404

Das Prüf-, Kalibrier- und Konservierungsöl nach DIN ISO 4113 wird in der Düsen-, Injektor- und Pumpenfertigung eingesetzt. Daher sind die Stoffwerte in DIN ISO 4113 mit geringen Toleranzen spezifiziert und bei Viskosität oder Dichte der im Produkt verwendeten Dieselflüssigkeit ähnlich. Des Weiteren wird das Kalibrieröl auch in der Funktionsprüfung und in Dauerläufen von Einspritzsystemen verwendet. Da die Gaslöslichkeit über die ausgegaste Menge die Funktion als auch das Kavitationsverhalten beeinflussen kann, ist ein Vergleich der Gaslöslichkeit zur im Produkt verwendeten Dieselflüssigkeit von großem Interesse.

Einen Überblick über exemplarisch ausgewählte Stoffgrößen für das Kalibrieröl gibt Tabelle 5.2. Die molare Zusammensetzung besteht nach Ndiaye u. a. (2012) zu 47 % aus n- und i-Alkanen, zu 38 % aus Cycloalkanen und zu 15 % aus Aromaten. Kohlenwasserstoffketten mit 10 bis 20 Kohlenstoffatomen nehmen 98 % der Molanteile von Prüföl V 1404 ein und die größte Häufigkeit liegt bei 13 Kohlenstoffatomen.

In Abbildung 4.2a ist der gemessene Ostwald-Koeffizient L für Stickstoff, Sauerstoff

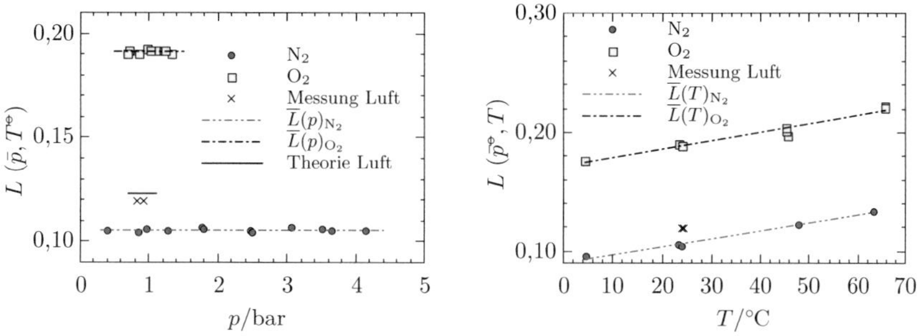

(a) L in Abhängigkeit vom Druck **(b)** L in Abhängigkeit von der Temperatur

Abbildung 4.2: Darstellung des experimentell bestimmten Ostwald-Koeffizienten L für die Gase Stickstoff, Sauerstoff und Luft in Prüföl V 1404. In Abbildung 4.2a ist Gaslöslichkeit in Abhängigkeit des Druckes dargestellt. Die theoretische Gaslöslichkeit für Luft ergibt sich entsprechend Gleichung 2.24 bei einer vereinfachten Zusammensetzung aus 21 % O_2 und 79 % N_2 und den gemessenen Mittelwerten der Einzelkomponentengase. In Abbildung 4.2b ist die temperaturabhängige Gaslöslichkeit L visualisiert. Eine tabellarische Zusammenfassung der Messwerte gibt Tabelle 4.2.

und Luft in Abhängigkeit des Druckes dargestellt. Die Messungen zeigen einen konstanten Ostwald-Koeffizienten zwischen 0,3 bar und 4,5 bar für Stickstoff von 10,6 % beziehungsweise 19,1 % für Sauerstoff zwischen 0,5 bar und 1,5 bar. Der gemessene Ostwald-Koeffizient für Luft beträgt knapp 12 % und liegt um drei Prozent unter der theoretischen Gaslöslichkeit nach Gleichung 2.24. Im Vergleich liegt die Luftlöslichkeit von Chorazewski u. a. (2013) im Mittel bei einem umgerechneten Ostwald-Koeffizienten von 11,2 %. Er liegt daher sechs Prozent unter der hier vorgestellten Messung, wobei der Messwert bei Chorazewski u. a. (2013) bei drei Messungen zwischen 1,7 bar und 8,2 bar um maximal 5,6 % differiert. Der Unterschied, zwischen der hier vorgestellten Luftlöslichkeitsmessung und der Messung von Chorazewski u. a. (2013), liegt vermutlich in den unterschiedlichen Messmethoden bei der Messung von Mehrkomponentengasen begründet. Bei den Messungen von Chorazewski u. a. (2013) wird über eine Sättigungsmethode die Löslichkeit von Luft bestimmt. In Abschnitt 3.2.3 wird jedoch gezeigt, dass bei einer Sättigungsmethode der Stickstoffanteil im Vergleich zu Sauerstoff aufgrund der geringeren Löslichkeit überschätzt wird. In der hier vorgestellten Extraktionsmethode wird der Sauerstoffanteil überschätzt, jedoch für diesen Prüfstand in deutlich geringerem Ausmaß als bei einer Sättigungsmethode. Daher scheint der Unterschied der Messergebnisse plausibel, da die Luftlöslichkeit nach Chorazewski u. a. (2013) zwischen der hier vorgestellten Stickstoff- und Luftlöslichkeit liegt.

Der Einfluss der Temperatur auf die Henry-Konstante der Luft ist nach Chorazewski u. a. (2013) zwischen 15 °C und 35 °C nicht deutlich und liegt innerhalb der Messungenauigkeit. Eine Umrechnung und Formulierung als Ostwald-Koeffizient ergibt jedoch eine Erhöhung der Gaslöslichkeit entsprechend der jeweiligen isobaren Volumenausdehnung des Gases im Vergleich zur Henry-Konstanten. Dieser temperaturabhängige Anstieg der Gaslöslichkeit ist ebenfalls in Abbildung 4.2b erkennbar. Hier ist der Ostwald-Koeffizient zwischen 5 °C und 65 °C bei Atmosphärendruck für Stickstoff und Sauerstoff dargestellt.

4.1.3 Diesel - EN 590

Dieselflüssigkeiten unterliegen einer großen Streuung in ihrer Komponenten-Zusammensetzung und bestehen nach Merker u. Schwarz (2009) ungefähr zu jeweils 35 % aus Alkanen und Cycloalkanen und zu 30 % aus Aromaten. Die Kohlenwasserstoffkettenlängen im Kraftstoff mit einem nennenswerten Anteil liegen zwischen 9 und 26 Kohlenstoffatomen bei einem Maximum zwischen 14 und 16 Kohlenstoffatomen.

Die druck- und temperaturabhängige Gaslöslichkeit ist in Form des Ostwald-Koeffizienten in Abbildung 4.3 dargestellt. Der Ostwald-Koeffizient für Stickstoff ist zwischen 0,4 bar und 4,1 bar konstant und beträgt zehn Prozent. Die ebenfalls konstante Sauerstofflöslichkeit beträgt 18,1 %. Die theoretische Luftlöslichkeit, vereinfachend aus Stickstoff und Sauerstoff zusammengesetzt, beträgt nach Gleichung 2.24 11,4 % und ist somit gleich der gemessenen Luftlöslichkeit.

Die Messung der temperaturabhängigen Gaslöslichkeit L zeigt in Abbildung 4.3b einen linearen Anstieg zwischen 5 bar und 65 °C für Sauerstoff als auch für Stickstoff und ist in Tabelle 4.2 zusammengefasst. Die Stickstofflöslichkeit, formuliert als Ostwald-Koeffizient, steigt stärker als die temperaturbedingte Volumenausdehnung bei steigender Temperatur. Im Gegensatz hierzu steigt die Sauerstofflöslichkeit geringer als die reine Volumenausdehnung durch den Temperaturanstieg. Daher würde die Angabe der Gaslöslichkeit über die Molfraktion eine abnehmende Sauerstofflöslichkeit, aber eine zunehmende Stickstofflöslichkeit anzeigen.

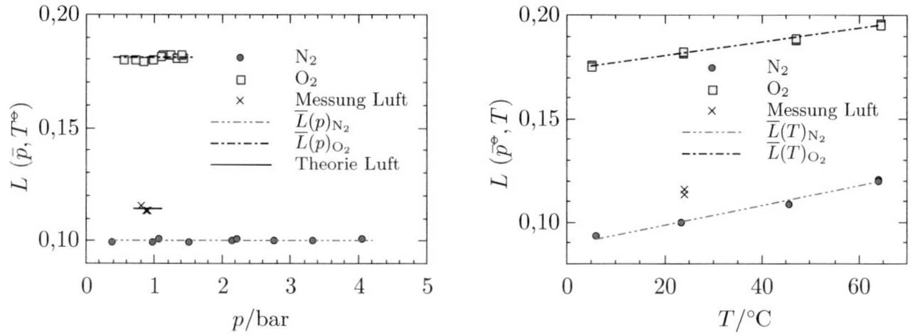

(a) L in Abhängigkeit vom Druck **(b)** L in Abhängigkeit von der Temperatur

Abbildung 4.3: Darstellung des experimentell bestimmten Ostwald-Koeffizienten L für die Gase Stickstoff, Sauerstoff und Luft in Dieselflüssigkeit EN 590 in Abhängigkeit vom Druck in (a) und von der Temperatur in (b). Detailliertere Beschreibung siehe Abbildung 4.2.

4.1.4 Hydraulikflüssigkeit - HLP 46

Das hier untersuchte Mineralöl auf Paraffinbasis wird in Hydrauliksystemen mit hoher thermischer Beanspruchung für die Übertragung von Energie bei bis zu 400 bar eingesetzt. Hydrauliköle auf Paraffinbasis setzen sich laut Hodges (1996) gewöhnlich aus Kohlenwasserstoffketten zusammen, die hauptsächlich zwischen 20 und 50 Kohlenstoffatome haben. Nach Totten u. De Negri (2011) bestehen sie zu etwa 45 % bis 60 % aus n-Alkanen und i-Alkanen und um das Korrosions-, Oxidations- und Verschleißverhalten zu verringern, werden nach Findeisen (2006) noch Additive beigefügt.

Die druckabhängige Stickstoff-, Sauerstoff- und Luftlöslichkeit ist in Form des Ostwald-Koeffizienten L in Abbildung 4.4a dargestellt und beträgt konstante 7,1 %, 13,1 %, beziehungsweise 8,2 %. Die gemessene Luftlöslichkeit von 8,2 % liegt innerhalb dem Luftlöslichkeitsbereich von 8 % bis 9 % nach Mang u. Dresel (2007), jedoch deutlich über den angegebenen 6,8 % nach Totten (2006) für HLP-Flüssigkeiten bei 20 °C. Der Unterschied zur theoretisch idealen Luftlöslichkeit liegt innerhalb der Messungenauigkeit, weshalb Interaktionen zwischen den gelösten Gasmolekülen klein sind und keinen messbaren Einfluss auf die Mehrkomponenten-Löslichkeit bei Atmosphärenbedingungen haben.

Abbildung 4.4b zeigt bei 1 bar Gaspartialdruck eine steigende Gaslöslichkeit L für Sauerstoff und Stickstoff. Für Sauerstoff ist der Anstieg geringfügig stärker als die

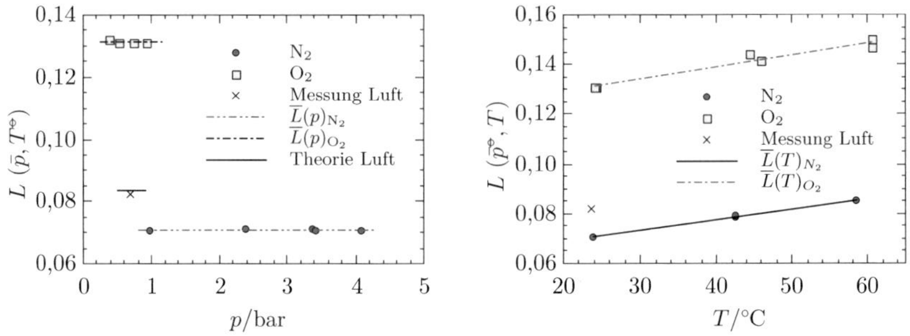

(a) L in Abhängigkeit vom Druck **(b)** L in Abhängigkeit von der Temperatur

Abbildung 4.4: Darstellung des experimentell bestimmten Ostwald-Koeffizienten L für die Gase Stickstoff, Sauerstoff und Luft in der Hydraulikflüssigkeit HLP 46 in Abhängigkeit vom Druck in (a) und von der Temperatur in (b). Detailliertere Beschreibung siehe Abbildung 4.2.

reine Volumenausdehnung durch die Temperaturzunahme in der Gasphase, während sie für Stickstoff deutlich darüber liegt.

4.1.5 Zusammenfassung Gaslöslichkeits-Messergebnisse

Die Tabelle 4.2 gibt eine Zusammenfassung über die gemessenen Ostwald-Koeffizienten L von Stickstoff, Sauerstoff und Luft in Modell-Diesel, in Prüföl V 1404 für Dieselerzeugnisse, im Dieselkraftstoff EN 590 und in der Hydraulikflüssigkeit HLP 46. Die Gaslöslichkeit L in Abhängigkeit des Gaspartialdruckes ist für Stickstoff von 0,5 bar bis 5 bar und Sauerstoff konstant und verifiziert das Henry-Gesetz für alle technischen Flüssigkeiten innerhalb der Messungenauigkeit von zwei Prozent.

Dieser lineare Zusammenhang ist in Abbildung 4.5 für alle technischen Flüssigkeiten und die beiden Validierungsflüssigkeiten aus Abschnitt 3.2.5 von 0 bar bis knapp 5 bar in Form eines normierten Ostwald-Koeffizienten $L^{p^{\ominus}}$ für Luft dargestellt. Hierbei ist das gelöste Gasvolumen aus Gleichung 2.4 nicht auf den jeweils anliegenden Gaspartialdruck bezogen, sondern auf Atmosphärendruck $p^{\ominus}$ normiert. Anschaulich bedeutet dies, dass n-Octan bei 5 bar ein Luftvolumen intermolekular löst, welches bei Atmosphärendruck in gasförmigen Zustand knapp 110 % des Flüssigkeitsvolumens von n-Octan einnimmt.

Tabelle 4.2: Zusammenfassung der Gaslöslichkeits-Messergebnisse von Stickstoff, Sauerstoff und Luft in verschiedenen kohlenwasserstoffhaltigen Flüssigkeiten in Abhängigkeit von Druck und Temperatur. Die Ausgleichsgerade der Temperaturabhängigkeit wird über die Methode der kleinsten Quadrate ermittelt.

Flüssigkeit	Gas	Messbereich		Ostwald-Koeffizient L
		p in bar	T in °C	
Modell-Diesel	N_2	0,4 – 4,8	$T^{\ominus}$	0,1185
	O_2	0,4 – 4,8	$T^{\ominus}$	0,2101
	Luft exp.	0,6 – 0,9	$T^{\ominus}$	0,1405
	Luft th.		$T^{\ominus}$	0,1378
	N_2	$p^{\ominus}$	25 – 60	$0{,}1024 + 6{,}272 \cdot 10^{-4} \cdot T$
	O_2	$p^{\ominus}$	25 – 63	$0{,}1976 + 4{,}996 \cdot 10^{-4} \cdot T$
Prüföl V 1404	N_2	0,3 – 4,5	$T^{\ominus}$	0,1055
	O_2	0,5 – 1,5	$T^{\ominus}$	0,1913
	Luft exp.	0,7 – 0,9	$T^{\ominus}$	0,1198
	Luft th.		$T^{\ominus}$	0,1235
	N_2	$p^{\ominus}$	5 – 65	$0{,}0903 + 6{,}695 \cdot 10^{-4} \cdot T$
	O_2	$p^{\ominus}$	5 – 65	$0{,}1716 + 7{,}137 \cdot 10^{-4} \cdot T$
EN 590	N_2	0,4 – 4,1	$T^{\ominus}$	0,1002
	O_2	0,5 – 1,7	$T^{\ominus}$	0,1812
	Luft exp.	0,8 – 0,9	$T^{\ominus}$	0,1140
	Luft th.		$T^{\ominus}$	0,1142
	N_2	$p^{\ominus}$	5 – 65	$0{,}0891 + 4{,}755 \cdot 10^{-4} \cdot T$
	O_2	$p^{\ominus}$	5 – 65	$0{,}1739 + 3{,}298 \cdot 10^{-4} \cdot T$
HLP 46	N_2	1,0 – 4,1	$T^{\ominus}$	0,0708
	O_2	0,4 – 1,0	$T^{\ominus}$	0,1313
	Luft exp.	0,7	$T^{\ominus}$	0,0822
	Luft th.		$T^{\ominus}$	0,0835
	N_2	$p^{\ominus}$	25 – 65	$0{,}060\,75 + 4{,}189 \cdot 10^{-4} \cdot T$
	O_2	$p^{\ominus}$	25 – 65	$0{,}1199 + 4{,}789 \cdot 10^{-4} \cdot T$

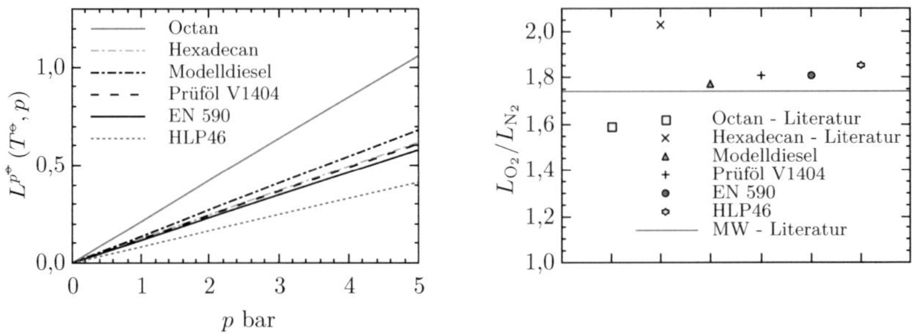

(a) Luftlöslichkeit $L^{p^{\ominus}}$ **(b)** Löslichkeitsverhältnis L_{O_2}/L_{N_2}

Abbildung 4.5: Vergleich der Luftlöslichkeiten für die gemessenen Flüssigkeiten in (a). Das gelöste Gasvolumen des Ostwald-Koeffizienten $L^{p^{\ominus}}$ ist nicht auf Systemdruck p, sondern auf Atmosphärendruck $p^{\ominus}$ bezogen. In (b) ist das Verhältnis aus Sauerstoff- und Stickstofflöslichkeit vergleichend mit Alkanen aus Hesse u. a. (1996) und mit dem Mittelwert MW vieler Flüssigkeiten aus Battino u. Seybold (2011) dargestellt.

Die Luftlöslichkeit L nimmt nach Abbildung 4.5 vom Modell-Diesel über das Prüföl, dem Dieselkraftstoff bis hin zum Hydrauliköl HLP 46 um 40 % ab. Bezogen auf das Alkan n-Octan nimmt die Löslichkeit in HLP 46 sogar um 60 % ab. Diese Abnahme korreliert mit der Änderung in der molaren Zusammensetzung für die reinen n-Alkane bis zu den Mineralölen. Je geringer die Gaslöslichkeit ist, desto größer werden die Anteile längerkettiger Kohlenwasserstoffmoleküle in der Flüssigkeit und stimmt mit den Erkenntnissen bei reinen n-Alkanen aus Abschnitt 2.1.3 überein. Zum einen wird die sinkende Gaslöslichkeit mit einer höheren Packungsdichte und daher mit einer höheren nötigen Hohlraumenergie Δg_{cav} und zum anderen mit einer niedrigeren Interaktionsenergie Δg_{int} durch häufiger vorkommende Methylengruppen begründet.

Eine Verteilung mit höherem Anteil längerkettiger Kohlenwasserstoffmoleküle in Mineralölen resultiert nicht nur in einer Abnahme der Gaslöslichkeit, sondern auch in einer Zunahme der Dichte. Den empirisch ermittelten Zusammenhang zwischen Gaslöslichkeit und Dichte stellt die Norm ASTM D2779-92 (2012) basierend auf Messungen in Hydraulikölen der Flugzeugindustrie vor. In Tabelle 4.3 sind die Ostwald-Koeffizienten nach der Norm für die Mineralöle Prüföl, Dieselkraftstoff und HLP 46, als auch deren Abweichungen zur gemessen Gaslöslichkeit aufgelistet. Die nach der empirischen Methode ermittelten Luftlöslichkeiten sind im Mittel über zehn Prozent im Vergleich

Tabelle 4.3: Darstellung der mit der ASTM D 2779 ermittelten Gaslöslichkeit L von Luft, Stickstoff und Sauerstoff und der Abweichung $(L_{\text{Messung}} - L_{\text{ASTM}})/L_{\text{Messung}}$ zu den gemessenen mehrkomponentigen Kohlenwasserstoffgemischen in Abschnitt 4.1.

	L nach ASTM D 2779			Abweichung in %		
	Luft	N_2	O_2	Luft	N_2	O_2
Mineralöle						
V 1404	0,135	0,10	0,21	−12,6	5,5	−7,6
EN 590	0,125	0,092	0,19	−9,6	7,8	−5,3
HLP 46	0,092	0,068	0,14	−12,4	3,7	−7,4
n-Alkane + o-Xylol						
Modell-Diesel	0,15	0,11	0,23	−6,5	6,7	−8,7

zur Messung höher, wobei die tendenzielle Abnahme der Gaslöslichkeit von V 1404 bis HLP 46 gut wiedergegeben wird. Im Vergleich zur Messung zeigt die Norm eine grundsätzlich höhere Sauerstofflöslichkeit an, während sie für Stickstoff eine geringere Löslichkeit ermittelt.

Das Verhältnis aus Sauerstoff- zu Stickstofflöslichkeit L_{O_2}/L_{N_2} ist in Abbildung 4.5b grafisch für die n-Alkane nach Hesse u. a. (1996) und für die Mineralöle aus Tabelle 4.2 veranschaulicht. Der Mittelwert aus vielen untersuchten Flüssigkeiten beträgt laut Battino u. Seybold (2011) $\overline{L_{O_2}/L_{N_2}} = 1{,}74$ und liegt für die hier untersuchten Flüssigkeiten zwischen zwei und sieben Prozent darüber. Eine mögliche Erklärung für die Zunahme des Verhältnisses aus Sauerstoff zu Stickstofflöslichkeit L_{O_2}/L_{N_2} bei längerkettigen Kohlenwasserstoffen könnte in deren höheren Packungsdichte begründet sein. Die größeren Stickstoffmoleküle benötigen nach Battino u. Seybold (2011) eine höhere Hohlraumenergie Δg_{cav} als das etwas kleinere Sauerstoffmolekül. Die für das Stickstoffmolekül größere nötige Hohlraumenergie Δg_{cav} könnte bei immer höheren Packungsdichten limitierender sein als für das kleinere Sauerstoffmolekül, um somit das Verhältnis bei noch höheren Packungsdichten weiter ansteigen zu lassen.

Die nach der Extraktionsmethode aus Abschnitt 3.2.3 gemessene Luftlöslichkeit ist für die untersuchten Flüssigkeiten in Tabelle 4.2 aufgelistet. Im Vergleich hierzu ist ebenfalls die theoretische Luftlöslichkeit der idealen Mischung aus Stickstoff und Sauerstoff gegenübergestellt. Der Unterschied zwischen der experimentellen und der theoretischen

Luftlöslichkeit liegt nur für das Prüföl von 3 % außerhalb der Messungenauigkeit von etwa 2 %. Für HLP 46, Diesel und Modell-Diesel liegt die Abweichung jedoch innerhalb der Messunsicherheit, wodurch hier keine wahrnehmbare Interaktionen zwischen den gelösten Gasmolekülen festgestellt werden konnten und bei Atmosphärenbedingungen eine ideale Mischung in diesen Flüssigkeiten vorliegt.

Die Temperaturabhängigkeit für die Stickstoff- und Sauerstofflöslichkeit ist ebenfalls in Tabelle 4.2 angegeben. Der Ostwald-Koeffizient steigt stets mit der Temperatur an. Im Gegensatz zur Stickstofflöslichkeit ist die Zunahme für Sauerstoff im Durchschnitt jedoch niedriger als die Volumenausdehnung der Gasphase durch die Temperaturerhöhung. Somit würde die Luftlöslichkeit, formuliert als Henry-Konstante, bei Beachtung der Dichteänderung der Flüssigkeit zwischen den gemessenen 5 °C bis 65 °C etwa konstant bleiben. Für die Sauerstofflöslichkeit liegt nach Gleichung 2.22 somit ein endothermer Mischungsprozess vor, während bei Stickstoff ein stark endothermer Mischungsprozess gegeben sein muss.

4.2 Gasblasengrößenverteilung in Flüssigkeiten

Die Ermittlung der Gasblasengrößenverteilung wird mit der in Abschnitt 3.3 vorgestellten IPI-Methode durchgeführt. Hiermit können mehrere Gasblasen gleichzeitig ab einer Größe von etwa $R_\mathrm{B} = 2{,}5\,\mu\mathrm{m}$ detektiert werden. Die Messung der Gasblasengröße erfolgt über die optischen Zugänge in der Messkammer des Gaskavitationsprüfstandes. Somit kann die Untersuchung zur Gasblasengrößenverteilung in Hydraulikölen oder Kraftstoffen bei variablen Gasgehalten, Sättigungsgraden, Druckgradienten und unterschiedlichen Vorgeschichten der Flüssigkeit bestimmt werden.

Als Flüssigkeiten werden die n-Alkane Decan sowie Hexadecan und das Mehrkomponenten-Fluid Dieselersatzstoff V 1404 verwendet. Als Gas wird größtenteils Luft bei einem Sättigungsdruck von $p_\mathrm{g,s} \approx 0{,}96\,\mathrm{bar}$ eingesetzt. Alle Experimente wurden bei Raumtemperatur durchgeführt, die zwischen 23 °C und 25 °C liegt und der Gasgehalt ist in den Tabellen 4.2 und 2.1 oder in der Abbildung 3.7 für die untersuchten Flüssigkeiten, Gase und Randbedingungen angegeben.

Bei quasi-ruhender Flüssigkeit zeigen die Aufnahmen in Abbildung 4.6 eine repräsentative Messung für alle untersuchten Medien mit der IPI-Messmethode an. Die Abbildung

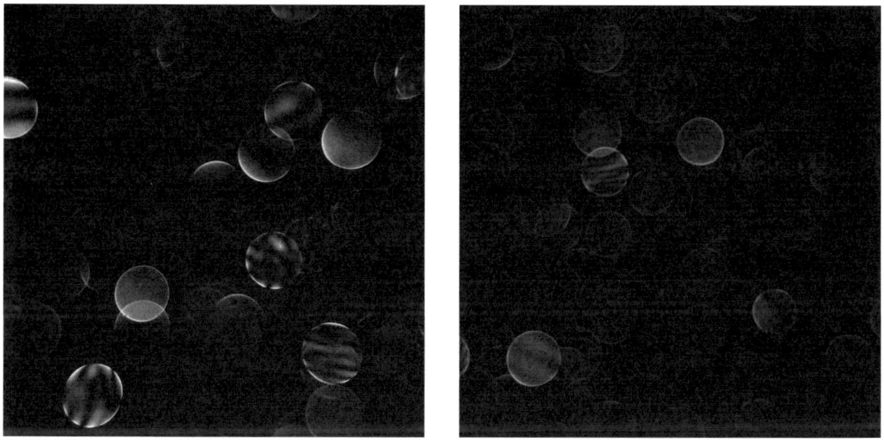

(a) n-Hexadecan (b) Prüföl V 1404

Abbildung 4.6: Exemplarische und repräsentative Aufnahmen der Flüssigkeiten n-Hexadecan und Prüföl V 1404 für verschieden Sättigungsgrade mit der IPI-Gasblasengrößenverteilungs-Messtechnik in quasi-ruhenden Flüssigkeiten. Abbildungen von Streuteilchen sind sichtbar, jedoch ohne senkrechte Interferenzstreifen. Daher sind im Messbereich ab $R_\mathrm{B} = 2{,}5\,\mu\mathrm{m}$ keine Gasblasen im Messvolumen vorhanden.

zeigt zwar einige Streuteilchen an, die vermutlich zum Großteil Gasblasen sind, jedoch ohne erkennbares Interferenzstreifen-Muster. Somit sind keine Gasblasen mit einem Radius $R_\mathrm{B} \geq 2{,}5\,\mu\mathrm{m}$ im Messvolumen vorhanden. Neben den kreisrunden Abbildungen ohne Muster visualisert die Abbildung 4.6a in Hexadecan auch auffällige chaotische Muster, die allerdings nach Ebert u. a. (2014) auf kleine Partikel zurückzuführen sind.

Auch bei einer Variation des Messkammerdruckes zwischen Dampfdruck oder 50 bar, die zu einer unter- oder übersättigten Flüssigkeit führt, sind auch nach mehreren Stunden keine messbaren Blasen detektierbar. Ebenso zeigen Unterschiede in der Vorgeschichte der Flüssigkeit, bei der zum Beispiel über mehrere Tage der Druck unter dem Sättigungsdruck liegt, keine Streuteilchen mit sichtbaren Interferenzstreifen.

Lediglich durch eine starke Erhöhung des Gasgehaltes, die bei der Flüssigkeit n-Hexadecan mit Stickstoff erfolgt, können vereinzelt Blasen detektiert werden. Während bei einem Sättigungsdruck von $p_{\mathrm{N_2,s}} \approx 0{,}05/0{,}96/2{,}7\,\mathrm{bar}$ weiterhin keine messbaren Blasen auftreten, führt ein Sättigungsdruck von $p_{\mathrm{N_2,s}} \approx 5$ bar bei gleichzeitig hohen Übersättigungsgraden zu einem etwa fünf Minuten langen Auftreten sichtbarer Blasen. Ab-

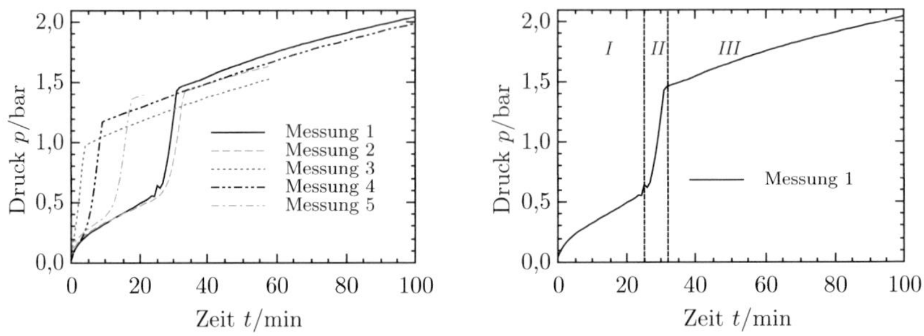

(a) fünf Messungen (b) exemplarischer Verlauf

Abbildung 4.7: Darstellung des Druckverlaufs für eine bei $p_{N_2,s} \approx 5$ bar gesättigten Flüssigkeit nach einer Volumenvergrößerung. Deutlich sind die drei charakteristischen Druckgradienten in den Bereichen *I*, *II* und *III*.

bildung 4.7a zeigt den Druckverlauf in Abhängigkeit der Zeit für fünf Messungen an. Vor jeder dieser Messungen wird das Gasvolumen von der untersättigten Flüssigkeit unter Schütteln gelöst. Durch eine Volumenvergrößerung erfolgt die Druckabsenkung auf Dampfdruck, der sich dann bei konstantem Volumen ein Druckanstieg mit drei unterschiedlichen Druckgradienten nach Abbildung 4.7b anschließt. Im Bereich *I* und *III* sind moderate Druckgradienten erkennbar. Der Druckanstieg ist im Bereich *II* etwa 15-mal höher als im nachfolgenden Bereich *III*, was auf eine erhöhte Stoffübergangsrate schließen lässt. In diesem Bereich *II* sind im Gegensatz zu den anderen Bereichen deutlich mehr aufsteigende Blasen erkennbar. Sie steigen immer an derselben Position auf, durchqueren jedoch nicht den Lichtschnitt und können daher nur mit dem Auge erfasst werden. Während im Bereich *II* etwa 50 Blasen pro Minute aufsteigen, können im Bereich *III* maximal zwei Blasen pro Minute wahrgenommen werden.

Die wie an einer Kette aufsteigenden Blasen gleichen denen bei einem frisch eingefüllten Glas Champagner. Dort tritt an einer speziell aufgerauten Stelle, dem sogenannten Moussierpunkt, ein aktiver Porenkeim auf, der durch Übersättigung anwächst und ab einer kritischen Größe durch die Auftriebskraft ablöst. Während im Glas durch den Befüllungsvorgang gleich zu Beginn ein Porenkeim mit einer kritischen Größe vorhanden ist, muss dieser nach Abbildung 4.7b im Bereich *I* nach dem Entkeimungsvorgang durch hohen Druck erst gebildet werden. Die Dauer des Bereiches *I*, bis eine Blase anwächst und in hohen Ablösefrequenzen ablöst, ist bei den fünf Messungen unterschiedlich und

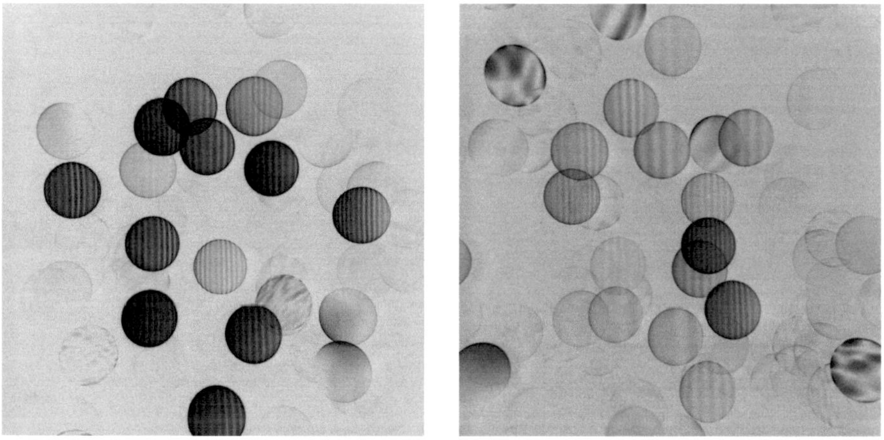

Abbildung 4.8: Exemplarische Aufnahme mit inverser Grauwertdarstellung der Flüssigkeit n-Hexadecan mit der IPI-Gasblasengrößenverteilungs-Messtechnik. Abbildungen von Streuteilchen mit senkrechten Interferenzstreifen sind sichtbar, jedoch sind die Blasen durch Schütteln oder einer Metallbalgschwingung an einer freien Phasengrenzfläche künstlich eingetragen.

vermutlich abhängig vom initialen Restgas-Volumen im Porenkeim, welches wiederum abhängig ist von der Vorgeschichte der Flüssigkeit.

In allen weiteren Experimenten konnten keine Gasblasen mit der IPI-Methode detektiert werden, die über die klassische Keimbildungs-Klassifizierung nach Jones u. a. (1999) von Typ 1 bis 4 einzuordnen sind, siehe Abschnitt 2.3. Bei einem eingeschlossenen Gasvolumen können jedoch messbare Blasen an der freien Phasengrenzfläche durch Schütteln der Messkammer oder durch eine entsprechende Schwingung des Metallbalges induziert werden. Die somit erzeugten Gasblasen entsprechen zwar nicht dem angestrebten Blasenwachstumsmechanismus, der durch Diffusion in einer übersättigtung Lösung erfolgt. Sie zeigen jedoch die Messbarkeit der IPI-Messmethode an und verdeutlichen die Mechanismen, die zum Verschwinden der Blase führen.

Die Abbildung 4.8 visualisiert in inverser Grauwertdarstellung die Aufnahme defokussierter Gasblasen, die teilweise zwischen zwei und zwölf Interferenzstreifen N_{St} aufzeigen und die durch Schütteln des Prüfstandes künstlich induziert wurden. Die Größe der Gasblasen liegt in diesem Beispiel zwischen $R_{\mathrm{B}} = 3\,\mu\mathrm{m}$ und $R_{\mathrm{B}} = 20\,\mu\mathrm{m}$. Wird die künstliche Gasblasenerzeugung unterbrochen, sind jedoch innerhalb weniger Sekunden

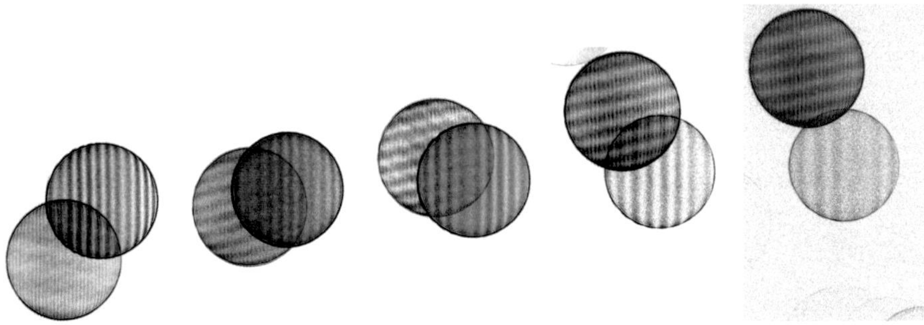

Abbildung 4.9: Exemplarische Bildreihenfolge aufsteigender und schrumpfender Gasblasen in Prüföl V 1404. Die Bilder sind mit der IPI-Gasblasengrößenverteilungs-Messmethode aufgenommen und in inverser Grauwertdarstellung dargestellt. Zwischen Bild 1 und 5 liegt ein Zeitraum von 1,5 s. Die Blasen sind in diesem Beispiel durch Schütteln oder durch eine Metallbalgschwingung an einer freien Phasengrenzfläche künstlich induziert.

keine messbaren Gasblasen mehr erkennbar. Sie steigen zum einen schnell auf und zum anderen ist vor allem bei höheren Übersättigungen von $S \approx 5$ vermehrt ein Schrumpfen der Blase zu erkennen. Diese beiden Entkeimungsmechanismen veranschaulicht Abbildung 4.9 exemplarisch, bei der zu Beginn zwei Blasen mit $R_\mathrm{B} = 21\,\mu\mathrm{m}$ und $R_\mathrm{B} = 52\,\mu\mathrm{m}$ zu erkennen sind. Während die kleinere Blase nach fünf Aufnahmen und 1,5 s kaum aufsteigt und auf $R_\mathrm{B} = 10\,\mu\mathrm{m}$ schrumpft, steigt die größere Blase weiter an, bei einem gleichzeitig kleiner werdenen Blasenradius auf $R_\mathrm{B} = 43\,\mu\mathrm{m}$.

Die Messung der Gasblasengrößenverteilung zeigt bei einem quasi-ruhenden und moderat übersättigten Zustand der Flüssigkeit für die hier untersuchten Kohlenwasserstoffe, dass keine Gasblasen innerhalb des Messbereiches vorhanden sind. Zwei weitere Indizien deuten darauf hin, dass die Gasblasen unterhalb des Messbereiches von $R_\mathrm{B} \geq 2{,}5\,\mu\mathrm{m}$ liegen. Zum einen zeigt die sehr geringe Helligkeit der Aufnahmen im Vergleich zu den künstlich induzierten Blasen, dass die Blasen sehr klein sein müssen, da die Streulichtintensität nach Abbildung 3.9 bei kleiner werdenden Streuteilchen deutlich abnimmt. Zum anderen deutet das Erreichen von messbaren Zugspannungen in der Messkammer auf sehr kleine Gasblasen hin. Die Messung von Zugspannung ist zwar erst nach mehreren Minuten langem Entkeimen durch hohen Druck möglich, zeigt jedoch im Vergleich zur IPI-Messtechnik, dass nicht nur im Lichtschnittvolumen sondern im gesamten Messkammervolumen die Gasblasen kleiner als $R_\mathrm{B} = 2{,}5\,\mu\mathrm{m}$ sein müssen, siehe Abbildung 2.7b.

4.3 Fazit und Diskussion von Gaskavitation in quasi-ruhenden Flüssigkeiten

Eine Zusammenfassung der Messergebnisse der Stickstoff-, Sauerstoff- und Luftlöslichkeit in Modell-Diesel, Prüföl für Dieselerzeugnisse, Dieselkraftstoff EN 590 sowie das Hydrauliköl HLP 46 gibt Abschnitt 4.1. Im Vergleich zu Wasser, für die es die häufigsten Untersuchungen zu Gaskavitation gibt, ist die Luftlöslichkeit L in den Ölen deutlich erhöht. Sie liegt beispielsweise für HLP 46 vierfach höher und für Prüföl V 1404 sogar sechsfach höher als für Wasser.

Trotzdem zeigen die Untersuchungen in quasi-ruhenden Flüssigkeiten sehr geringe Stoffübergangsraten trotz hoher Gasgehalte und bei teilweise deutlich höheren Übersättigungen als dies in vielen technischen Anwendungen der Fall ist. Eine Erstellung von Modellen zur Gaskavitation, die die wichtige Einflussgröße der Blasengrößenverteilung beinhaltet, ist aufgrund nicht messbarer Blasen nicht möglich. Dies ist teilweise überraschend, da der untere Messbereich der IPI-Messtechnik bei $R_\mathrm{B} = 2{,}5\,\mu\mathrm{m}$ liegt und in Wasser, als auch in technischen Produkten mit Hydraulikölen, deutlich größere Gasblasen auftreten. Dass diese Blasen aufgrund von Diffusion in einer quasi-ruhenden Flüssigkeit innerhalb einer Sekunde von $R_\mathrm{B} \leq 2{,}5\,\mu\mathrm{m}$ auf $R_\mathrm{B} > 200\,\mu\mathrm{m}$ anwachsen, ist nach den Angaben in Abbildung 2.9 oder der Tabelle 2.2 allerdings unrealistisch.

Vielmehr unterstützt diese Messung für Gasblasen ab $R_\mathrm{B} = 2{,}5\,\mu\mathrm{m}$ die These von Washio u. a. (2001), der Anzeichen sieht, dass gewöhnlich keine freien Blasenkeime in Öl vorhanden sind. Auch die Messung von künstlich induzierten Gasblasen bekräftigt die These von Washio u. a. (2001), da nach mehreren Sekunden keine Gasblasen mehr detektiert werden konnten. Sie schwimmen nach Abbildung 4.9 entweder nach oben oder lösen sich zumindest unter den Messbereich der Gasblasen auf. Dass überhaupt keine Gasblasenkeime frei in der Flüssigkeit auftreten, ist allerdings fraglich, da die Messung mit der IPI-Messmethode sehr viele Streuteilchen identifiziert und auch in Ölen oberflächenaktive Substanzen, teilweise gezielt, über Additive beigefügt werden.

Eine Analyse der Messungen zur Gasblasengrößenverteilung in den untersuchten Ölen zeigt sogar, dass die Gasblasen bei Standardbedingungen nicht nur kleiner als der Messbereich der IPI Messmethode mit $R_\mathrm{B} \geq 2{,}5\,\mu\mathrm{m}$, sondern sogar kleiner als $R_\mathrm{B}\,(1\,\mathrm{bar}) = 0{,}5\,\mu\mathrm{m}$ sind. Diese Analyse wird veranschaulicht in Abbildung 4.10. Dar-

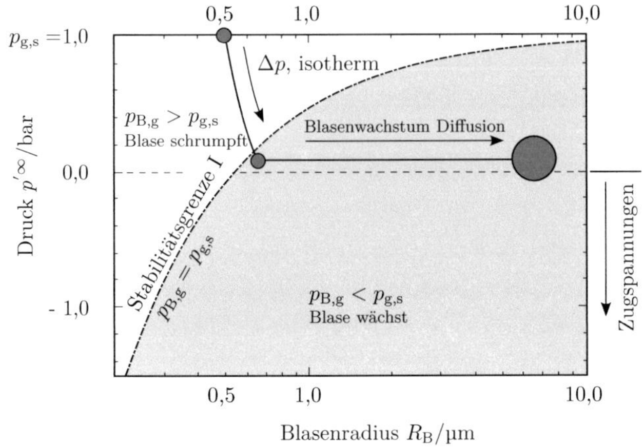

Abbildung 4.10: Stabilitätsbedingung und Wachstumsverhalten einer Luftblase mit initialem Luftblasenradius $R_B = 0{,}5\,\mu m$ nach einem isothermen Druckabfall in der Messkammer p'^{∞}, ausgehend vom Sättigungszustand $p_{g,s}$. Die Flüssigkeit Prüföl V 1404 ist bei 1 bar mit Luft gesättigt. Diese Blase kann durch den Stoffübergang gelöster Gase erst anwachsen, wenn der Druck in der Blase kleiner ist als der Sättigungsdruck.

gestellt ist hier das Wachstumsverhalten einer Luftblase in der Messkammer ausgehend vom Sättigungszustand der Flüssigkeit Prüföl V 1404 bei $p_{g,s} = 1$ bar. Im Ausgangszustand werden die Blasen in der Flüssigkeit schrumpfen, weil der Partialdruck der Luft aufgrund der Oberflächenspannung höher ist, als der Sättigungsdruck der Flüssigkeit, $p_{B,g} > p_{g,s}$. Lediglich durch eine Druckabsenkung können diese Blasen entsprechend dem Stabilitätskriterium I stabilisiert werden, wenn der Druck in der Blase dem Sättigungsdruck der Flüssigkeit entspricht: $p_{B,g} = p_{g,s}$. Dieses Stabilitätskriterium I ist in Abbildung 4.10 dargestellt. Erst bei einer weiteren Druckabsenkung unterhalb dieser Stabilitätsbedingung können Blasen durch Diffusion anwachsen. Für kleine Blasen mit $R_B\,(1\,\text{bar}) < 0{,}4\,\mu m$ wird dies aufgrund dem größer werdenden Einfluss der Oberflächenspannung erst im Zugspannungsbereich erreicht.

Der in Abbildung 4.10 exemplarisch dargestellte Gasblasenkeim ist im Ausgangszustand bei 1 bar Messkammerdruck $R_B = 0{,}5\,\mu m$ groß und wächst durch einen Druckabfall auf 0,1 bar ohne Stoffübergang auf $R_B = 0{,}65\,\mu m$ an. Diese Gasblase kann nun durch Diffusion wachsen und benötigt entsprechend dem quasi-stationären Blasenwachstum mit transientem Konzentrationsgradienten nach Gleichung 2.40 63 ms um auf den zehn-

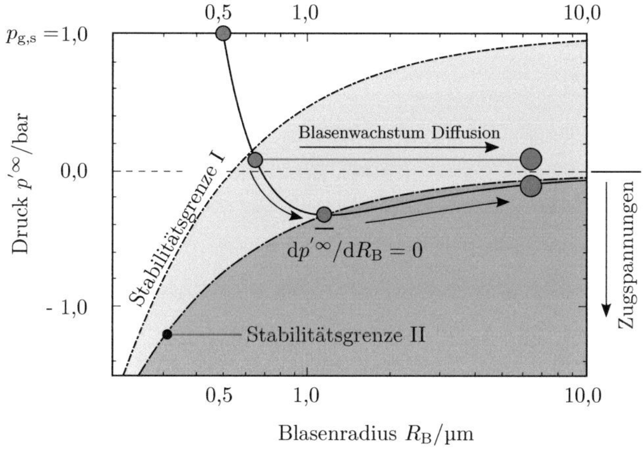

Abbildung 4.11: Stabilitätsbedingungen einer Blase mit initialem Luftblasenradius $R_B = 0{,}5$ µm nach einem isothermen Druckabfall in der Messkammer p'^{∞}, ausgehend vom Sättigungszustand $p_{g,s}$. Die Flüssigkeit Prüföl V 1404 ist bei 1 bar mit Luft gesättigt. Diese Blase kann entsprechend der Stabilitätsbedingung I durch den Stoffübergang gelöster Gase erst anwachsen, wenn der Druck der Luft in der Blase kleiner ist als der Sättigungsdruck. Die Luftblase kann jedoch auch entsprechend dem quasistatischen-Keimverhalten, siehe Abschnitt 2.2.1, instabil werden. Dies ist als Stabilitätskriterium II gekennzeichnet.

fachen Radius $R_B\,(0{,}1\,\text{bar}) = 6{,}5$ µm anzuwachsen. Dabei wird angenommen, dass die verwendete Flüssigkeit V 1404 bei $p_{g,s} = 1$ bar mit Luft entsprechend den Werten in Tabelle 4.2 gesättigt ist und die Gasblase in einem übersättigten Zustand bei einem Druck von 0,1 bar anwächst. Somit wird durch Abbildung 4.10 verdeutlicht, dass ein Gasblasenkeim mit $R_B\,(1\,\text{bar}) = 0{,}5$ µm mit diesem Prüfstand durch eine Druckabsenkung auf 0,1 bar aktiviert werden kann. Innerhalb weniger Millisekunden wächst diese Gasblase daraufhin in den Messbereich der IPI Methode an. Weil jedoch nie Blasen nach einer Druckabsenkung auf Dampfdruckniveau oder sogar in den Zugspannungsbereich gemessen wurden, waren die Blasen im Messvolumen immer kleiner als $R_B\,(1\,\text{bar}) = 0{,}5$ µm.

Aufgrund der hier gemessenen kleinen Gasblasen in Kombination mit hohen Druckgradienten in technischen Anwendungen von über 1 bar ms^{-1} erscheint ein weiterer Stoffübergangsmechanismus plausibel. In Abbildung 4.11 ist in vergleichender Darstellung zu Abbildung 4.10 ein zusätzliches Stabilitätskriterium für Blasen dargestellt. Bei diesem Stabilitätskriterium II handelt es sich um das quasistatische-Keimverhalten, das auf dem mechanischen Gleichgewicht von Blasen basiert, siehe Abbildung 2.7 in Abschnitt 2.2.1. Wird im Gegensatz zu Abbildung 4.10 der Messkammerdruck weiter abgesenkt, wächst die Blase an bis der kritische Blasenradius $R_{\mathrm{B,krit}}$ bei 0,4 bar Zugspannungen erreicht wird. Sie wird instabil, wenn die Stabilitätsbedingung II ($\mathrm{d}p'^{\infty}/\mathrm{d}R_{\mathrm{B}} = 0$) überschritten wird und wächst explosionsartig bei vorhandener Verdampfung der Lösungsmittel- und Gasmoleküle an. Im Vergleich zum Stabilitätskriterium I wird hier lediglich eine weitere Druckabsenkung von 0,5 bar benötigt, die bei technisch relevanten Druckgradienten im Bruchteil einer Millisekunde erreicht werden kann. Daher erscheint es plausibel, dass sehr kleine Gasblasenkeime bei technisch relevanten hohen Druckgradienten nach dem Stabilitätskriterium II aktiviert werden. Allerdings wird hier der Stoffübergang der gelösten Gasmoleküle begleitet von der Dampfkavitation beziehungsweise vom Stoffübergang der Lösungsmittelmoleküle.

Auch die Zusammenfassung des Stand des Wissens ergab in Abschnitt 2.4, dass neben dem Bewegungszustand der Flüssigkeit, dem Gasgehalt und der Blasenverteilung auch das Auftreten von Dampfkavitation einen großen Einfluss auf den Stoffübergang der Gasmoleküle zu haben scheint. Daher soll nun in den nachfolgenden Kapiteln die Gaskavitation in einer bewegten Flüssigkeit anhand eines Strömungskanals untersucht werden, bei dem durch Wahl der Randbedingungen auch Dampfkavitation auftreten kann. Zusätzlich zeigt das Modell des quasi-statischen Blasenkeimes nach Abbildung 2.7 für Gasblasen unterhalb des Messbereiches der IPI-Messmethode, dass Zugspannungen für die Aktivierung eines Keimes durch Verdampfung nötig sind. Daher folgt als These aus den Grundlagen nach Kapitel 2 sowie den durchgeführten Gaskavitationsexperimenten in ruhenden Flüssigkeiten, dass Luftausgasung in Hydraulikflüssigkeiten in technisch relevanten Zeiträumen über Dampfkavitation und diese erst bei deutlich messbaren Zugspannungen erfolgen kann. Die Untersuchungen zu Zugspannungen sowie Dampf- und Gaskavitation in bewegten Flüssigkeiten folgt in Kapitel 5 mit der Vorstellung des Prüfstandes und in Kapitel 6 mit den Messergebnissen als auch den Schlussfolgerungen.

5 Prüfstandsvorstellung - Gaskavitation in strömenden Flüssigkeiten

In diesem Kapitel wird der Prüfstand vorgestellt, an dem die Gaskavitation in einer strömenden und kavitierenden Flüssigkeit untersucht wird. Die Experimente beinhalten die Messungen der hydraulischen Randbedingungen, optische und akustische Untersuchungen der ein- und zweiphasigen Strömung im Strömungskanal sowie optische Messungen der ungelösten Luft im Nachlauf des Strömungsprüfstandes.

Zunächst wird der hydraulische Aufbau des Prüfstandes in Abschnitt 5.1 inklusive der Hydraulikversorgung, den beiden Strömungsprüfständen und der Messung der hydraulischen Randbedingungen vorgestellt. In Abschnitt 5.2 folgt die Vorstellung der beiden verwendeten Strömungskanal-Geometrien. Anschließend zeigt Abschnitt 5.3 die Vorgehensweise zur optischen Ermittlung der Kavitationsverteilung im Strömungskanal und die Messung der Gasblasengrößenverteilung im Nachlauf des Strömungsprüfstandes. Zum Abschluss dieses Kapitels werden die akustischen Untersuchungen in Abschnitt 5.4 vorgestellt. Die Präsentation und die Diskussion dieser Messergebnisse sowie die Klärung der Hypothese aus dem Grundlagenkapitel, dass Zugspannungen aufgrund der geringen Keimgröße in dem hier untersuchten Prüföl V 1404 auftreten, folgt in Kapitel 6.

5.1 Hydraulische Komponenten

Der hydraulische Aufbau für die Strömungsuntersuchungen ist in Abbildung 5.1 visualisiert und besteht aus einer Hochdruckversorgung, die wahlweise zwei Strömungsprüfstände mit Dieselersatzstoffen versorgen kann. Zunächst wird in Abschnitt 5.1.1 die Hydraulikversorgung vorgestellt. Anschließend präsentiert Abschnitt 5.1.2 sowohl den Strömungsprüfstand für die optischen Untersuchungen als auch den Strömungsprüf-

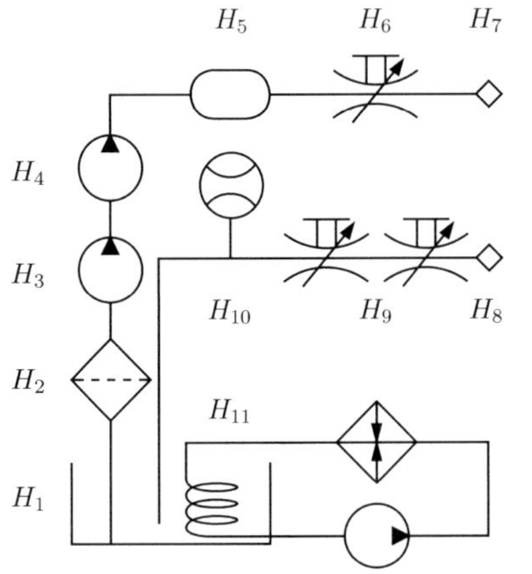

(a) Hydraulischer Schaltplan der Hydraulikversorgung

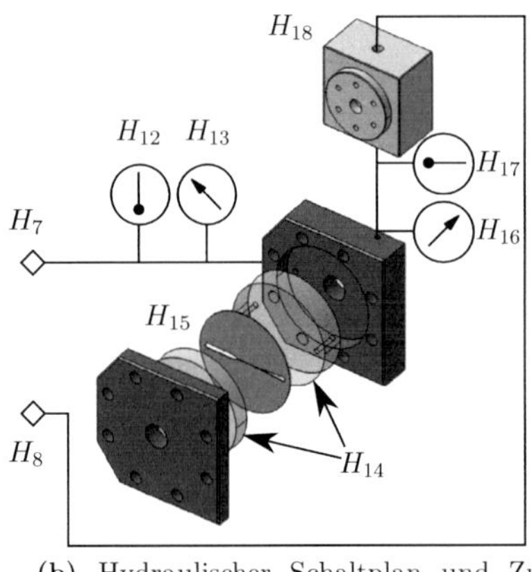

(b) Hydraulischer Schaltplan und Zusammenbauzeichnung des Strömungskanals für optische Untersuchungen

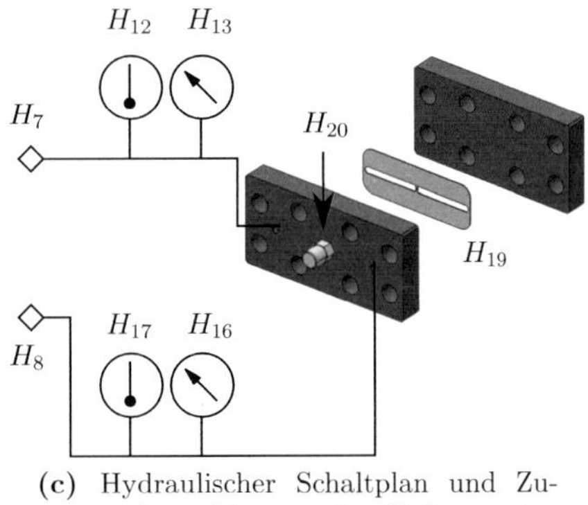

(c) Hydraulischer Schaltplan und Zusammenbauzeichnung des Strömungskanals für akustische Untersuchungen

Abbildung 5.1: Die Hydraulikversorgung in a) fördert das Prüföl V 1404 mit bis zu 2000 bar zu dem Hochdruckanschluss H_7. In b) ist der Prüfstand für optische, in c) für akustische Untersuchungen dargestellt. Die einzelnen Hydraulikkomponenten, deren Bezeichnungen und Hersteller sind in Tabelle 5.1 aufgeführt.

stand für die akustischen Untersuchungen der Zweiphasenströmung.

5.1.1 Hochdruckversorgung

Die Hochdruckversorgung stellt variable und kontrollierbare hydraulische Randbedingungen für den Ein- und Auslass der Strömungsprüfstände bereit. Sie besteht größtenteils aus Komponenten eines Diesel-Einspritzsystems der Firma Robert Bosch GmbH. Eine Übersicht über die Hydraulikversorgung zeigt Abbildung 5.1a und die verwendeten Komponenten sind in Tabelle 5.1 aufgeführt. Als Strömungsmedium wird Prüföl V 1404 der Firma Shell als Dieselersatzstoff nach DIN ISO 4113 verwendet, da es bezüglich der Viskosität und der Dichte im Vergleich zum Kraftstoff Diesel keine signifikanten Unterschiede aufweist, allerdings aufgrund enger spezifizierter Toleranzen in der Zusammensetzung und in den Eigenschaften kleineren Schwankungen unterliegt. Die thermophysikalischen Eigenschaften, wie zum Beispiel die Dichte, die Viskosität und die Schallgeschwindigkeit, sind aus Ndiaye u. a. (2012) und der Dampfdruck aus Chorazewski u. a. (2013) bekannt und in Tabelle 5.2 dargestellt. Die druck- und temperaturabhängige Gaslöslichkeit wird in Abschnitt 4.1 ermittelt und ist in Tabelle 4.2 angegeben.

Eine Vorförder- und eine Hochdruckpumpe, H_3 und H_4, fördern das temperierte Prüfol über einen Partikelfilter H_2, einen Hochdruckspeicher H_5 und eine Drossel H_6 zum Hochdruckanschluss H_7. Durch die Verwendung eines Hochdruckspeichers und der Drossel können die Druckschwingungen der Kolbenpumpe H_4, je nach Drosselung, stark reduziert werden. Bei dieser Konfiguration wird ein maximaler Druck von 1000 bar bei Druckschwingungen kleiner 0,25 bar am Hochdruckanschluss erreicht. Die Temperatur des Mediums im Tank kann über eine Heizung H_{11} und einer Grundwasserkühlung zwischen 20 °C und 70 °C eingestellt werden. Der Nachlauf ist mit zwei Drosselventilen H_9 versehen, um auch bei geringen Massenströmen den Auslassdruck präzise einstellen zu können. Die Einstellung der wesentlichen Randbedingungen für die beiden Strömungsprüfstände erfolgt über die Wahl des Massenstromes und über die Einstellung des Auslassdruckes durch die Drosselventile H_9. Der Einlassdruck resultiert aus dem Auslassdruck und dem Druckverlust entlang der Strömungskanal-Geometrie.

Der Massenstrom wird mit einem Coriolis Massendurchflussmessgerät H_{10} gemessen, bevor die Flüssigkeit in den Tank zurückgeleitet wird. Der Tank ist mit der Atmosphäre

Tabelle 5.1: Übersicht der verwendeten Hydraulikkomponenten, die in Abbildung 5.1 dargestellt sind.

Zeichen	Komponente	Hersteller	Daten
H_1	Tank	Eigenbau	
H_2	Kraftstofffilter		
H_3	Vorförderpumpe	Bosch	
H_4	Hochdruckpumpe	Bosch	CP1H
H_5	Common Rail Speicher	Bosch	
H_6	Drossel	Maximator	25MV4075
H_7	Hochdruckanschluss		
H_8	Nachlauf-/Rücklaufanschluss		
H_9	2 Drosseln	Swagelok	SS1RS6MM
H_{10}	Massenstrommessgerät	Danfoss	Flowmeter 6000
H_{11}	Tankheizung	gwk	teco cs90
H_{12}	Temperatursensor	AVL	PT100 Klasse B
H_{13}	Drucksensor	Kistler	4065 A200
H_{14}	Saphirglasscheiben		
H_{15}	Strömungskanal-Geometrie	Eigenbau	s. Abbildung 5.3
H_{16}	Drucksensor	Kistler	4065 A200
H_{17}	Temperatursensor	AVl	PT100 Klasse B
H_{18}	optischer Zugang - Nachlauf	Eigenbau	siehe Iben u. a. (2015, O_3)
H_{19}	Strömungskanal-Geometrie	Eigenbau	vgl. Abbildung 5.3b
H_{20}	Beschleunigungssensor	Brüel & Kjaer	4393 V

verbunden, wodurch das verwendete Prüföl V 1404 Luft bei einem Atmosphärendruck von $p_{\mathrm{g,s}} \approx 0{,}96\,\mathrm{bar}$ intermolekular löst. Der Gasgehalt wurde vor und nach den hier vorgestellten Untersuchungen mit der Messmethode aus Abschnitt 3.2.3 gemessen. Die Werte für den Gasgehalt der hier verwendeten Flüssigkeit waren konstant, wodurch ein Alterungsprozess mit Einfluss auf die Gaslöslichkeit innerhalb der kompletten Messreihe ausgeschlossen werden kann. Weil das Tankvolumen mit 22 Litern deutlich größer ist, als das für einen Betriebspunkt benötigte Volumen von weniger als einem Liter, wird im Folgenden ein konstanter Gasgehalt während einer Messung angenommen.

5.1.2 Strömungsprüfstände

An die Hydraulikversorgung H_7 und den Nachlauf H_8 können unterschiedliche Strömungsprüfstände angeschlossen werden. Um die optischen und akustischen Untersu-

Tabelle 5.2: Physikalische Stoffeigenschaften bei $p^{\ominus}$ für das Prüf- und Konservierungsöl V 1404 nach DIN ISO 4113. Der gemessene Gasgehalt ist in Tabelle 4.2 angegeben. Weitere druck- und temperaturabhängige Stoffdaten sind in Chorazewski u. a. (2013) und Ndiaye u. a. (2012) veröffentlicht.

physikalische Stoffgröße				Quelle
Dichte ρ	817	$\mathrm{kg\,m^{-3}}$	25 °C	(Ndiaye u. a., 2012)
kinematische Viskosität ν	$3{,}78 \cdot 10^{-6}$	$\mathrm{m^2\,s^{-1}}$	20 °C	(Ndiaye u. a., 2012)
	$2{,}50 \cdot 10^{-6}$	$\mathrm{m^2\,s^{-1}}$	40 °C	
Schallgeschwindigkeit U_c	1396	$\mathrm{m\,s^{-1}}$	10 °C	(Ndiaye u. a., 2012)
	1321	$\mathrm{m\,s^{-1}}$	30 °C	
Dampfdruck p_1''	9,3	Pa	25 °C	(Chorazewski u. a., 2013)
	28,2	Pa	40 °C	

chungen bei gleichen makroskopischen Randbedingungen miteinander vergleichen zu können, sind die strömungsmechanisch relevanten geometrischen Abmessungen wie die Strömungskanal-Geometrie und deren Zu- und Ablauf bis zu den hydraulischen Messpunkten identisch. Die planparallele quasi-zweidimensionale Strömungskanal-Geometrie ist zwischen zwei Scheiben eingespannt, die jeweils auf einer Seite auch die Zu- und Abläufe für den Strömungskanal integrieren. Direkt an den Zu- und Abläufen sind die Sensoren positioniert, um die makroskopischen Randbedingungen zu messen. Hier wird der Ein- und Auslassdruck H_{12} und H_{14} sowie die Ein- und Auslasstemperatur H_{13} und H_{17} gemessen. Somit können in Kombination mit dem gemessenen Massenstrom das hydraulische Drosselverhalten der verwendeten Strömungskanal-Geometrien bei ein- und zweiphasigem Strömungszustand bestimmt werden. Die Datenerfassung erfolgt über eine NI cDAQ-9172 Messkarte und der Software Labview der Firma National Instruments. Für die Druckmessungen kommen je nach Druckbereich unterschiedliche piezoresistive Drucksensoren zum Einsatz, die in Tabelle 5.1 aufgeführt sind.

Der Prüfstand für die optischen Strömungsuntersuchungen aus Abbildung 5.1b ist in Abbildung 5.2 mit Fokus auf den Strömungspfad und die optischen Zugänge detaillierter dargestellt. Der Strömungspfad führt ab dem Einlass durch Bohrungen in der Strömungskanal-Halterung und den Saphirglasscheiben zum planaren Strömungskanal. In der Mitte des Strömungskanals kann die Strömung durch den optischen Zugang visualisiert werden. Die Flüssigkeit wird in dem sogenannten Nachlauf stromab des Strö-

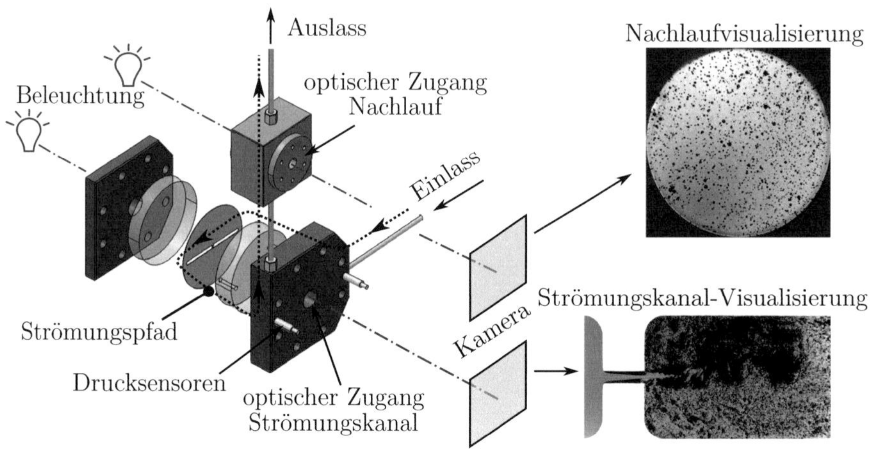

Abbildung 5.2: Schematischer Aufbau des Strömungsprüfstandes für die optischen Untersuchungen. Dargestellt ist die Strömungsführung vom Einlass kommend über den Strömungskanal, den Nachlauf bis zum Ausgang. Zusätzlich sind die optischen Zugänge mit den beiden Kamerapositionen veranschaulicht, um sowohl die Strömung im Kanal als auch die Strömung im Nachlauf hinter dem Strömungskanal zu visualisieren.

mungskanals wieder durch Bohrungen in den Saphirglasscheiben und der Strömungskanal-Halterung über eine 100 mm lange Hochdruckleitung zu einer zweiten Messkammer geführt. Diese Messkammer besitzt ebenfalls einen optischen Zugang, damit die ungelöste Luft im Nachlauf des Strömungskanals visualisiert werden kann. Der Abstand zwischen dem optischen Zugang im Strömungskanal und dem optischen Zugang im Nachlauf beträgt insgesamt ungefähr 200 mm.

Um auch bei hohem Druck bis 2000 bar Einlassdruck eine geringe Leckage zu erreichen, wird die Strömungskanal-Geometrie H_{15} nach Abbildung 5.1b über Saphirglasscheiben H_{14} mit zwei Strömungskanal-Halterungen gepresst. Diese Halterungen sind jeweils mit einer Bohrung von 14 mm Durchmesser in der Mitte versehen, um den optischen Zugang am Strömungskanal zu gewährleisten. Der optische Zugang an der zweiten Messkammer im Nachlauf ist ebenfalls mit planparallelen Scheiben versehen, die aus Polymethylmethacrylat PMMA hergestellt sind. Der zweite optische Zugang hat einen Durchmesser von 6,4 mm und die Kanaltiefe beträgt 1 mm. Hinter dem optischen Zugang H_{18} befindet sich der Anschluss H_8 für den Nachlauf zur Hydraulikversorgung.

Der Strömungsprüfstand für die akustischen Untersuchungen verwendet die gleichen Sensoren und Zu- und Ableitungen wie der Prüfstand für die optischen Untersuchungen. Er unterscheidet sich lediglich dadurch, dass die Strömungskanal-Geometrie direkt über zwei Stahlplatten eingespannt ist. Somit werden die Stahlplatten direkt durch Kavitation angeregt und die daraus resultierenden Oberflächenschwingungen können über Beschleunigungssensoren oder über Vibrometer vermessen werden.

5.2 Vorstellung der Strömungskanal-Geometrien

In diesem Abschnitt werden die beiden Strömungskanal-Geometrien vorgestellt, an denen der Einfluss des Bewegungszustandes der Flüssigkeit sowie der Einfluss von Dampfkavitation auf die ungelöste Luft im Nachlauf untersucht wird. Bei beiden Geometrien, die in Abbildung 5.3 dargestellt sind, handelt es sich aufgrund der geringen Querschnittsfläche um Mikrokanäle, die sich lediglich im Bereich des optischen Zuganges des Strömungsprüfstandes in ihrer Form unterscheiden. Bei der Venturigeometrie Geo-V sind die Querschnittsänderungen in Strömungsrichtung, sowohl über die Wahl größtmöglicher Radien als auch über einen kleinen Diffusor-Winkel, klein. Im Gegensatz hierzu ist die aus dem EU-Projekt PREVERO unter der Bezeichnung Geo-I bekannte Drossel- bzw. Blendengeometrie mit maximalen Querschnittssprüngen und scharfkantigem Ein- und Auslass ausgelegt. Aufgrund ihrer einfachen Querschnittsform wird die Strömungsgeometrie Geo-I häufig in industriellen Anwendungen sowie bei der Validierung von CFD-Simulationen verwendet und ist bekannt aus numerischen und experimentellen Untersuchungen zur Dampfkavitation, siehe beispielsweise Winklhofer u. a. (2001) oder Skoda u. a. (2011).

Die Geometrien werden entweder durch Drahterosion oder mit einer Fräsmaschine aus einer Stahlscheibe mit 60 mm Durchmesser und einer Dicke z_t von 0,31/0,3 mm erstellt und haben in Tiefenrichtung einen konstanten Querschnitt. Beide Geometrien besitzen eine 3 mm hohe und über 20 mm lange Zulaufstrecke, um eine gleichmäßig ausgebildete Strömung vor dem engsten Querschnitt gewährleisten zu können. Das Verhältnis zwischen dem einstellbaren Massenstrom $\dot{m}$ und der Reynolds-Zahl im Kanal beziehungsweise Rohr Re_Ro wird in Tabelle 5.3 sowohl für den maximal untersuchten Massenstrom von 4,0 $\mathrm{g\,s^{-1}}$ als auch für die kritische Reynolds-Zahl $Re_\mathrm{Ro,krit}$ angegeben. Bei Erreichen

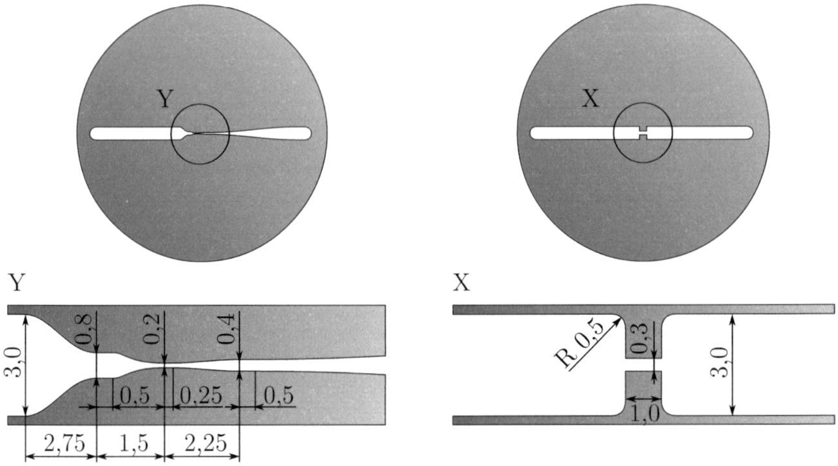

(a) Venturigeometrie - Geo-V (b) Drosselgeometrie - Geo-I

Abbildung 5.3: Darstellung der beiden Strömungskanal-Geometrien Geo-V und Geo-I, die nach Tabelle 5.3 eine Tiefe z_t von 0,31 bzw. 0,3 mm haben und bei denen das Fluid von links nach rechts strömt. Die Angaben sind in mm.

der kritischen Reynolds-Zahl findet die Transition zwischen laminarer und turbulenter Strömung statt. Sie liegt auch bei Mikrokanälen häufig bei $Re_{\mathrm{Ro,krit}} = 2300$, streut allerdings für Mikrokanäle nicht nur aufgrund unterschiedlicher Geometrien stark, siehe Gad-el Hak (2005). Die theoretisch kritische Reynolds-Zahl wird für die Venturigeometrie bei einem Massenstrom von 1,5 g s^{-1} errreicht. Die Reynolds-Zahl Re_{Ro} steigt für den maximal untersuchten Massenstrom von 4,0 g s^{-1} auf eine Reynolds-Zahl von $Re_{\mathrm{Ro}} = 6033$ an. Somit ist es theoretisch möglich, mit der Venturigeometrie Geo-V den Einfluss einer laminaren, einer transitionellen und turbulenten Strömung auf den Phasenübergang zu untersuchen, da die Hydraulikversorgung Massenströme zwischen 0,5 g s^{-1} und 6,0 g s^{-1} mit geringen Druckschwankungen abliefern kann.

Darüber hinaus soll an dieser Venturigeometrie die Hypothese aus Abschnitt 4.3 untersucht werden, dass Gasblasenkeime in dem hier untersuchten Prüföl V 1404 aufgrund der geringen Keimgrößen erst durch deutliche Zugspannungen aktiviert werden können. Die Idee hinter der Zugspannungsmessung mit einer Venturidüse besteht darin, dass Keime im niedrigen Mikrometer- oder gar Submikrometerbereich in der Flüssig-

Tabelle 5.3: Angabe des engsten Querschnitts und Angabe von Reynoldszahlen in Abhängigkeit vom Massenstrom für Prüföl V 1404 bei $T = 30\,°C$.

Geometrie			$Re_{Ro} = 2300$		$\dot{m} = 4\,g s^{-1}$	
	z_t/mm	h_{min}/mm	$\overline{U}/m s^{-1}$	$\dot{m}/g s^{-1}$	$\overline{U}/m s^{-1}$	Re_{Ro}
Geo-I	0,3	0,3	24,6	1,80	55	5130
Geo-V	0,31	0,2	30,3	1,53	79	6033

keit beschleunigt werden, bis der kritische Druck in der Flüssigkeit unterschritten und als Folge der Keim instabil wird und die Flüssigkeit kavitiert. Diese Methode wird auch als Cavitation Susceptibility Meter (CSM) bezeichnet und gilt laut Tropea u. a. (2007) als direkte Methode, die Zugspannung in Flüssigkeiten zu messen. Über die Korrelation zwischen der Keimgröße R_B und dem kritischen Druck p^{∞}_{krit} nach Abbildung 2.7 und der Annahme eines quasi-statischen Keimverhaltens ist die CSM-Messtechnik im Gegensatz zu der in Abschnitt 3.3 vorgestellten IPI-Messtechnik eine indirekte Methode, den Keimgehalt zu messen. Die hier vorgestellte Venturigeometrie eignet sich in Kombination mit der Hydraulikversorgung jedoch nicht zur indirekten Bestimmung des Keimgehaltes, da die Gasblasenkeime durch einen erhöhten Vorlaufdruck beeinflusst werden.

Das Messprinzip zur Bestimmung der minimalen Druckwerte in der Flüssigkeit basiert auf der Messung der Einlass- oder Auslassdrücke und dem Volumenstrom. Über die Kontinuitäts- und die Bernoulligleichung kann der mittlere Druck im engsten Querschnitt bestimmt werden. Lokale Druckänderungen, wie sie zum Beispiel bei einer turbulenten Strömung in Wirbeln oder bei Strömungsumlenkungen auftreten, können mit dieser Messmethode nicht bestimmt werden und sind daher unerwünscht. Aufgrund dieser Anforderungen sind die meisten Cavitation Susceptibility Meter als Venturigeometrie ausgeführt, um den laminar-turbulenten Umschlag in der Nähe des engsten Querschnittes zu verzögern.

Mit der CSM-Messtechnik gemessene Zugspannungswerte für deionisiertes Wasser liegen laut Mishra u. Peles (2006) und Medrano u. a. (2012) bei 1,5 bar und für Wasser nach d'Agostino u. Acosta (1991) zwischen 0,35 bar und 8 bar. Die maximalen Zugspannungswerte schwanken demnach sehr stark zwischen unterschiedlichen Wasserqualitäten und den unterschiedlichen Prüfständen. Nach d'Agostino u. Acosta (1991) liegt der Prüfstandseinfluss zum Beispiel an unterschiedlich großen Oberflächenkeimen des Strömungskanals, unterschiedlichen Strömungsablösungen und einem unterschiedlichen Turbulenzgrad der Strömung.

5.3 Optische Bestimmung der Kavitations- und der Gasblasengrößenverteilung

Die optischen Untersuchungen im Strömungskanal und im Nachlauf werden benötigt, um die Kavitationsverteilung sowie die ungelöste Luft in Abhängigkeit der hydraulischen Randbedingungen zu bestimmen. Zu jedem Betriebspunkt, bei denen ein konstanter Massenstrom und konstante Ein- und Auslassdrücke und -Temperaturen vorliegen, wird die Kavitationsverteilung im Strömungskanal und die Gasblasenverteilung im Nachlauf optisch erfasst. Hierfür wird im Gegensatz zum Abschnitt 3.3 das Durchlichtverfahren verwendet, das nach Schrank u. a. (2014) insbesondere bei Verwendung von flachen transparenten Kanälen eine geeignete Methode zur Messung von Blasen darstellt und laut Mohammadi u. Sharp (2013) bei Untersuchungen zur Zweiphasenströmung in Mikrokanälen häufig verwendet wird. Der Messaufbau, das Messprinzip sowie die Bild- und Datenverarbeitung der Durchlichtaufnahmen werden in den folgenden Abschnitten erläutert.

5.3.1 Messaufbau und Messprinzip

Der Aufbau für die Durchlichtmessungen ist in Abbildung 5.4 dargestellt und in Tabelle 5.4 werden die hierfür verwendeten Komponenten aufgelistet. Bei den Durchlicht- oder Schattenaufnahmen befindet sich der Strömungskanal O_3 zwischen der Weißlichtquelle O_1 und der CCD-Kamera O_5. Um einen parallelen Strahlengang und eine gewünschte Intensität I_0 zu erhalten, bündelt eine plan-konvexe Linse O_2 das divergente Licht der Blitzlampe. Das Objektiv O_4 erzeugt anschließend ein vergrößertes Abbild auf dem hochauflösenden CCD-Chip der Kamera, die zusammen mit der Weißlichtquelle über einen Taktgeber O_6 synchronisiert werden. Die Bildaufnahmefrequenz beträgt 5 Hz und die aufgenommenen 14-bit Graustufenbilder werden auf einem PC gespeichert und anschließend mit der Software MATLAB (2006) bearbeitet.

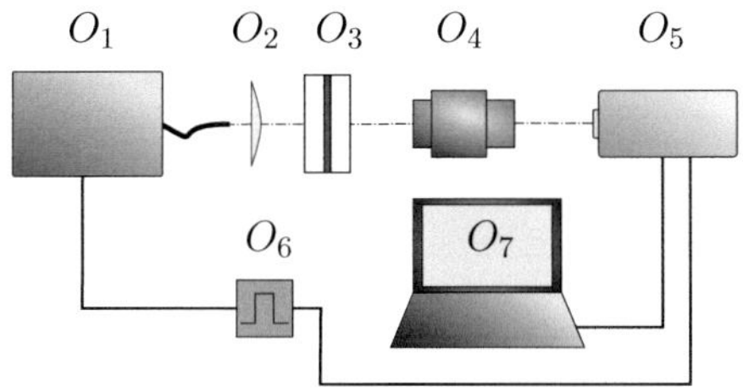

Abbildung 5.4: Schematischer Aufbau der optischen Komponenten zur Visualisierung der Strömung im Strömungskanal und in dessen Nachlauf mit einem Durchlichtverfahren. Die verwendeten Komponenten sind in Tabelle 5.4 aufgeführt.

Tabelle 5.4: Übersicht der verwendeten Optikkomponenten aus Abbildung 5.4

Zeichen	Komponente	Hersteller	Daten
O_1	Blitzlampe	HSPS	Nano Twin Flash
O_2	Linse		plan-konvex, $f_\mathrm{o} = 50\,\mathrm{mm}$
$O_3 - a)$	Strömungskanal-Halterung	AVL	Abbildung 5.1, H_{14}, H_{15}
$O_3 - b)$	Nachlauf	Eigenbau	Abbildung 5.1, H_{18}
O_4	Objektiv	B.Halle Nachfl.	$f_\mathrm{o} = 100\,\mathrm{mm}$
O_5	CCD-Kamera	PCO	PCO.2000 14 bit, 2048×2048 pix
O_6	Pulsgenerator	BNC	BNC565-8C
O_7	Datenerfassung	PC	

Die Visualisierung der Strömung erfolgt über die Messung der zweidimensionalen Intensitätsverteilung $I\left(x_\mathrm{pix}, y_\mathrm{pix}\right)$ auf dem CCD-Chip. Das Messprinzip bei der Visualisierung von Zweiphasenströmungen basiert auf der Brechung der parallelen Lichtstrahlen durch Unterschiede in der Brechzahl b eines inhomogenen Mediums im Strömungskanal, die zu relativen Intensitätsänderungen $\Delta I / I_0$ auf dem CCD-Chip führen. Bei der hier verwendeten Druchlichtmethode ist die relative Intensitätsänderung

$$\frac{\Delta I}{I_0} \propto \int_0^{z_\mathrm{t}} \left(\frac{\partial^2}{\partial x^2} + \frac{\partial^2}{\partial y^2}\right) (\ln b)\ \mathrm{d}z \tag{5.1}$$

proportional zu der zweiten räumlichen Ableitung der Brechzahl entlang der Tiefe des Strömungskanals z_t. Somit ist die Durchlichtmethode nach Merzkirch (1987) empfindlich gegenüber Dichteunterschieden.

Tabelle 5.5: Optische Kenngrößen bei den Durchlichtaufnahmen

Durchlicht	Vergrößerung	opt. Auflösung d_{res} in µm	Skalierung SF in µm pix^{-1}
Drossel	2,2	< 3	3,4
Nachlauf	2,3	< 3	3,2

Diese berührungslose Methode ist daher sehr gut geeignet um Zweiphasenströmungen zu visualisieren, da an der Phasengrenzfläche zwischen Gasphase und der Flüssigkeit ein großer Dichtegradient vorhanden ist. Neben dem einfachen Aufbau, der direkten und intuitiven Visualisierung sowie der geringen Sensibilität gegenüber Streuung zum Beispiel an Staubkörnern, siehe Dehaeck u. a. (2009), bietet die Durchlichtmethode laut Schöpf u. a. (1996) auch eine hohe optische Qualität bei der Strömungsvisualisierung. Über die Tiefenintegration kann ein relativ großes Volumen gemessen werden, wodurch jedoch auch Nachteile entstehen können. Einerseits müssen bei der Ermittlung des gasförmigen Volumens Annahmen über deren Ausbreitung in Tiefenrichtung getroffen werden und andererseits können große Fehler durch Blasen entstehen, die außerhalb des Schärfentiefenbereichs aufgenommen sind.

5.3.2 Auflösungsgrenzen der Durchlichtaufnahmen

Da der physikalische Prozess der Dampfkavitation auf sehr kleinen Zeit- und Ortskalen ablaufen kann, werden bei Kavitationsuntersuchungen sehr hohe Anforderungen an die räumliche und zeitliche Auflösung der Messerfassung gestellt. So begrenzen beispielsweise die räumliche Auflösungsgrenze, die Bewegung der Phasengrenzfläche während der Belichtungszeit und auch die endliche Schärfentiefe das Auflösungsvermögen der Zweiphasenströmung.

Die minimale räumliche Auflösungsgrenze d_{res} für ein optisches System kann laut Born u. Wolf (1980) in der Fokusebene nie besser als $d_{res} = 0{,}61\lambda/NA$ sein. Daraus folgt, dass bei Verwendung eines Objektivs mit hoher numerischen Apertur $NA \approx 0{,}15$ eine minimale räumliche Auflösung von $d_{res} < 3\,\mu m$ erreicht wird. Die optische Auflösung ist neben der Angabe der Vergrößerung und dem Skalierungsfaktor SF für die Durchlichtaufnahmen am Strömungskanal und im Nachlauf in Tabelle 5.5 angegeben.

Tabelle 5.6: Räumliche Verschiebung Δx der Strömung für verschiedene Belichtungszeiten Δt und Prozessgeschwindigkeiten U.

Komponente aus Tabelle 5.4		O_1	O_5
Belichtungszeit Δt in ns		15	500
Prozess	U in m s^{-1}	$\Delta x = U \Delta t$	in µm
Strömung Nachlauf	≤ 1	0,015	0,5
Strömung Drossel	≤ 100	1,5	50
Schall	≈ 1350	20	675

Für bewegte Objekte wird die räumliche Auflösung von Phasengrenzen jedoch auch über die Bewegungsgeschwindigkeit U der Phasengrenze während der Belichtungszeit Δt beeinflusst. Tabelle 5.6 gibt daher die räumliche Verschiebung Δx für verschiedene Prozessgeschwindigkeiten und für die Belichtungszeiten der verwendeten CCD-Kamera und der Blitzdauer der Beleuchtungslampen an. Für Vorgänge, die mit Strömungsgeschwindigkeit ablaufen, liegt die räumliche Bewegungsunschärfe durch Verwendung der Blitzlampen mit sehr kurzer Belichtungszeit unter dem Niveau der reinen räumlichen Auflösung von $d_{\mathrm{res}} \approx 3\,\mu\mathrm{m}$. Für die Visualisierung von Vorgängen, die mit Schallgeschwindigkeit ablaufen, bewegt sich hingegen das Objekt über $\Delta x \approx 20\,\mu\mathrm{m}$ beziehungsweise sechs Kamera-Pixel weiter und führt zu einer Bewegungsunschärfe.

Eine weitere Unsicherheit zur Bestimmung der Phasengrenzflächen resultiert aus einer geringen Schärfentiefe. Defokussierte Blasen erscheinen nach Bongiovanni u. a. (1997) oder nach Abbildung 3.8 bei gleichzeitig verschwommenen Phasengrenzflächen vergrößert. Für die Messung der Gasblasengrößenverteilung gibt die Veröffentlichung von Iben u. a. (2015) mit der hier verwendeten Messkammer und bei vergleichbaren optischen Komponenten eine Abschätzung dieses Unschärfeeinflusses auf die gemessene Blasengröße defokussierter Blasen an. Eine Blase mit $R_{\mathrm{B}} = 10{,}5\,\mu\mathrm{m}$ erscheint bei einer maximal möglichen Defokussierung $R_{\mathrm{D}} - 15\,\mu\mathrm{m}$ groß, während eine größere Blase mit $R_{\mathrm{B}} = 49\,\mu\mathrm{m}$ lediglich $1{,}6\,\mu\mathrm{m}$ größer erscheint.

Im Vergleich zur Nachlaufströmung sind die Auswirkungen der optischen Unsicherheitsbeiträge für die Bestimmung der Kavitationsverteilung im Strömungskanal gering, weil eine qualitative, zweidimensionale Ausprägung der Kavitation meist ausreichend Information für das Verständnis, die Modellbildung oder die Validierung von Simulationen liefert. Für die quantitative Ermittlung der ungelösten Luft im Nachlauf spielen die Auflösungsgrenzen allerdings eine größere Rolle, da in diesem Fall über teilweise defokussierte Blasen und Annahmen über deren dreidimensionalen Ausbreitung auf das ausgegaste Gasvolumen geschlossen wird. Hier bietet beispielsweise die IPI-Messmethode aus Abschnitt 3.3 Vorteile, kann jedoch aufgrund der hohen Blasenkonzentration nicht angewendet werden. Eine Messunsicherheitsabschätzung bei der Bestimmung der ungelösten Luft im Nachlauf folgt daher in Abschnitt 5.3.5.

5.3.3 Bildbearbeitung der Durchlichtaufnahmen

Weil das Auftreten der Dampfkavitation häufig an eine turbulente Strömung gekoppelt ist, sind für die Bestimmung von Einflussgrößen oder für eine Gaskavitationsmodell-Validierung weniger die volatilen Einzelwerte, sondern Mittelwerte von Interesse. Daher ist eine Bildbearbeitung notwendig, um die Kavitationsverteilung als auch die Gasblasenverteilung automatisch für jeden Betriebspunkt auswerten zu können. Im vorliegenden Fall wurden pro Betriebspunkt jeweils 100 Einzelbilder aufgenommen und ausgewertet.

5.3.4 Ermittlung der Kavitationswahrscheinlichkeit im Strömungskanal

Die Bildbearbeitung normiert zu Beginn die Intensitätsverteilung in jedem Bild, da die Intensität zeitlichen und räumlichen Schwankungen unterworfen ist. Die zeitlichen Schwankungen sind in einer volatilen Leistung der Blitzlampe begründet, während ein inhomogener Intensitätsverlauf der Lichtquelle oder Brechungen und Reflexionen im Strahlengang für die räumlichen Schwankungen verantwortlich sind.

Die zeitlichen Schwankungen der Blitzlampenintensität werden über eine Kontrastnormierung für jedes Einzelbild reduziert. Hierbei werden der minimale und maximale Intensitätswert für jedes Bild i so skaliert, dass der komplette Grauwertbereich der verwendeten Kamera von $I_{\max} = 14$ bit ausgenutzt wird, siehe Demant u. a. (1998). Somit

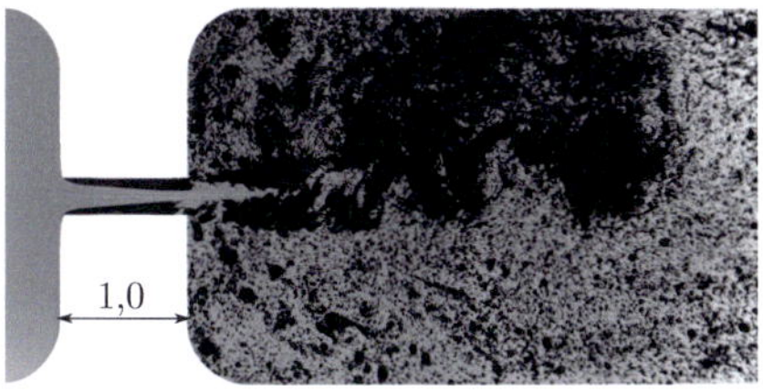

(a) Intensitätsverteilung $I_i^{\infty}(x_{\text{pix}}, y_{\text{pix}})$ einer Durchliftaufnahme der Drosselströmung

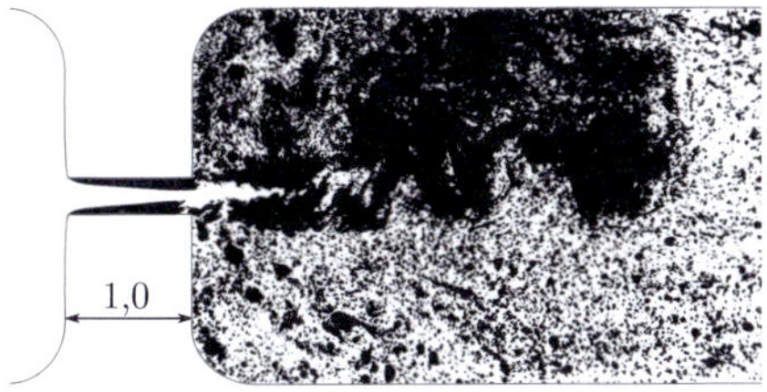

(b) Kavitationsverteilung $I_{\text{kav},i}(x_{\text{pix}}, y_{\text{pix}})$ ermittelt über das Schwellwertverfahren

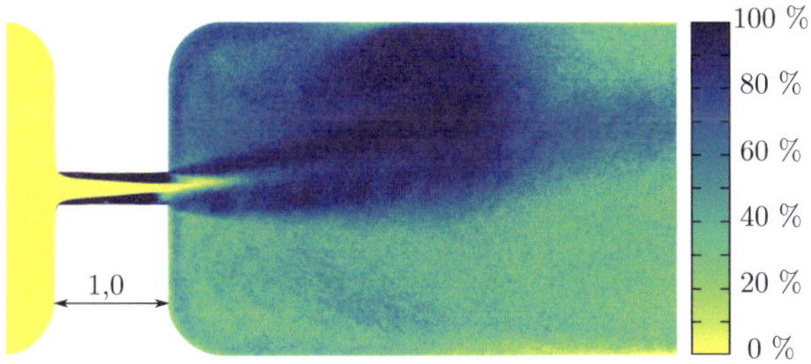

(c) Kavitationswahrscheinlichkeit $\overline{I}_{\text{kav}}(x_{\text{pix}}, y_{\text{pix}})$ aus 100 Einzelbildern

Abbildung 5.5: Darstellung der Vorgehensweise, um aus einem bearbeiteten Grauwerteinzelbild in (a) die Kavitationsverteilung in (b) über ein Schwellwertverfahren zu bestimmen. In (c) ist die Kavitationswahrscheinlichkeit aus 100 Kavitationsverteilungs-Einzelbilder dargestellt.

folgt für die zeitlich korrigierten Schwankungen die kontrastnormierte Intensität $I^{\diamond}$:

$$I_i^{\diamond}(x_{\text{pix}}, y_{\text{pix}}) = \frac{I_{\text{max}}}{I_{\text{max}}(I_i) - I_{\text{min}}(I_i)} \left(I(x_{\text{pix}}, y_{\text{pix}}) - I_{\text{min}}\right). \tag{5.2}$$

Die räumlichen Schwankungen in der Intensitätsverteilung werden mittels Referenzaufnahmen minimiert. Es werden $N = 100$ Bilder ohne Strömung direkt vor der Messung aufgenommen und nach Gleichung 5.3 gemittelt:

$$\overline{I}_{\text{ref}}^{\diamond}(x_{\text{pix}}, y_{\text{pix}}) = \frac{\sum_{i=1}^{N} I_{\text{ref},i}^{\diamond}(x_{\text{pix}}, y_{\text{pix}})}{N}. \tag{5.3}$$

Das kontrastnormierte Einzelbild $I_i^{\diamond}(x_{\text{pix}}, y_{\text{pix}})$ der Messung mit der Zweiphasenströmung wird dann elementweise mit diesem Mittelwert $\overline{I}^{\diamond}$ entsprechend

$$I_i^{\infty}(x_{\text{pix}}, y_{\text{pix}}) = \frac{I_i^{\diamond}(x_{\text{pix}}, y_{\text{pix}})}{\overline{I}_{\text{ref}}^{\diamond}(x_{\text{pix}}, y_{\text{pix}})} \tag{5.4}$$

über eine skalare Division normiert. Dadurch werden systematische räumliche Helligkeitsfehler in der Belichtung korrigiert, siehe Neumann (2005). Die Intensität I^{∞} bezeichnet somit den Stand der Bildbearbeitung nach einer Kontrastnormierung und nach einer räumlichen Helligkeitskorrektur. Für statistische Aussagen werden die Orte mit Kavitation automatisch für 100 Einzelbilder pro Betriebspunkt ermittelt. Die Bilder zeigen aufgrund der hohen zeitlichen und räumlichen Auflösung der Bildverarbeitung und der großen Brechzahlunterschiede einen hohen Kontrast zwischen Kavitation und Flüssigkeit, siehe Abbildung 5.5a. Daher ist es möglich, über einen für das Einzelbild I_i^{∞} geltenden Schwellwert $I_{\text{sw},i}$ die Bereiche der Kavitation zu ermitteln:

$$I_{\text{kav},i}(x_{\text{pix}}, y_{\text{pix}}) = \begin{cases} 1 \text{ für } I_i^{\infty} < I_{\text{sw},i} \\ 0 \text{ für } I_i^{\infty} \geq I_{\text{sw},i}. \end{cases} \tag{5.5}$$

Die somit ermittelte Kavitationsverteilung ist in Abbildung 5.5b veranschaulicht. Der verwendete globale Schwellwert $I_{\text{sw},i}$ wird über ein Histogrammverfahren des Einzelbildes ermittelt, siehe zum Beispiel Burger u. Burge (2006). Die Summe über alle Bilder pro Betriebspunkt ergibt nun die tiefengemittelte, zweidimensionale Kavitationsverteilung $\overline{I}_{\text{kav}}$ in der Drossel:

$$\overline{I}_{\text{kav}}(x_{\text{pix}}, y_{\text{pix}}) = \frac{\sum_{i=1}^{N} I_{\text{kav},i}(x_{\text{pix}}, y_{\text{pix}})}{N}. \tag{5.6}$$

Die zweidimensionale Kavitationsverteilung $\overline{I}_{\text{kav}}$ wird exemplarisch in Abbildung 5.5c gezeigt. Die Farbe Lila kennzeichnet hierbei das Auftreten von Kavitation in jedem der 100 Einzelbilder, während Gelb Bereiche ohne Kavitation darstellt.

5.3.5 Ermittlung der Gasblasengrößenverteilung im Nachlauf

In diesem Abschnitt wird die Auswertung der Durchlichtaufnahmen im Nachlauf für die Bestimmung der Gasblasengrößenverteilung vorgestellt, wodurch die Volumenfraktion an ungelöstem Gas bestimmt werden kann. Eine Darstellung exemplarisch gewählter Gasblasen im Nachlauf zeigt hierfür die Abbildung 5.6a.

Die Position der Nachlaufvisualisierung befindet sich hinter dem Auslassdrucksensor. In Abhängigkeit des gewählten Massenstromes benötigt die Flüssigkeit von dem Drucksensor bis zum optischen Zugang des Nachlaufes zwischen 0,2 s und 0,6 s. Weil der Nachlaufdruck in dieser Zeit immer größer als 1 bar ist, wird angenommen, dass die visualisierten Blasen aufgrund des geringen Lösemitteldampfdruckes von $p_1^{''} \leq 30\,\mathrm{Pa}$ aus Luft bestehen. Allerdings wird zwischen dem Strömungskanal und dem optischen Zugang in dieser untersättigten Flüssigkeit ein Lösungsprozess durch Diffusion im Nachlauf stattfinden, wodurch die im optischen Zugang des Nachlaufes gemessenen Blasen kleiner sind als ursprünglich im Strömungskanal. Für die Flüssigkeit n-Decan geben die Werte in Tabelle 2.2 eine Abschätzung der Blasengrößenänderung in einer quasi-ruhenden Flüssigkeit für einen deutlich höheren Gasgehalt und einen höheren Diffusionskoeffizienten als bei dem hier verwendeten Prüföl V 1404 an. Eine Blase mit Anfangsradius $R_{\mathrm{B},0}\,(p_0) = 50\,\mu\mathrm{m}$ benötigt in einer gesättigten Flüssigkeit 238 s, während diese Blase bei einer 5-fach untersättigten Lösung lediglich 0,98 s zum kompletten Auflösen benötigt. Damit ein Rücklösen der ungelösten Luft und auch eine Blasenkoaleszenz verringert wird, ist die Nachlaufvisualisierung so nah und mit so wenig Umlenkungen und Verschneidungen wie möglich an den Auslass des Strömungskanals angebracht.

Eine weitere Unsicherheit in der Bestimmung der Volumenfraktion ungelöster Luft besteht darin, ob die detektierten Kreise in Abbildung 5.6a durch sphärische Blasen entstehen und somit die Volumenfraktion von ausgegaster Luft über die Annahme der Blasen-Sphärizität bestimmt werden kann. Die Form einer Blase wird sowohl durch deren Umströmung, als auch durch die physikalischen Eigenschaften der flüssigen Phase beeinflusst. Diese Einflussparameter werden durch die Reynolds-Zahl, die Morton-Zahl und die Eötvös-Zahl zusammenfassend beschrieben. Über das empirisch ermittelte Diagramm nach Clift u. a. (2005, S. 27) kann die Blasenform daraufhin abgeschätzt werden. Für die Strömung im Nachlauf beträgt die mittlere Geschwindigkeit $\overline{U}$ weniger als $0{,}8\,\mathrm{m\,s^{-1}}$ bei einem maximalen Massenstrom von $4{,}0\,\mathrm{g\,s^{-1}}$. Die Rohr-Reynoldszahl Re_{Ro}

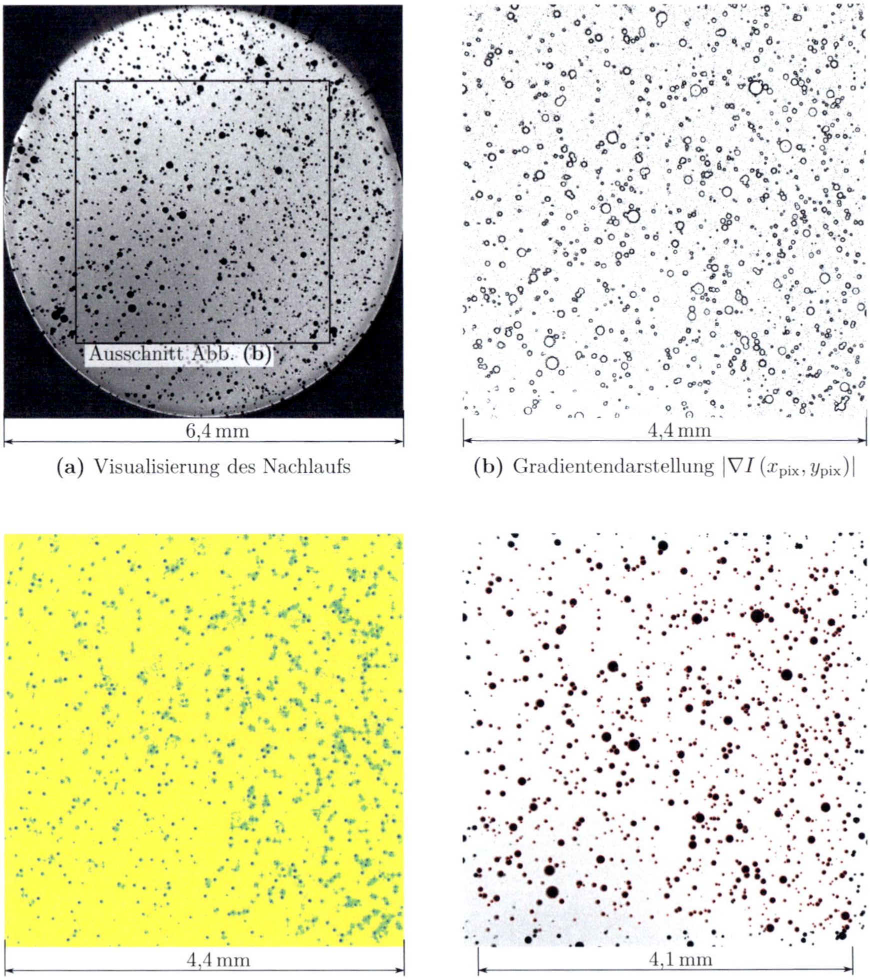

(a) Visualisierung des Nachlaufs

(b) Gradientendarstellung $|\nabla I\,(x_{\mathrm{pix}}, y_{\mathrm{pix}})|$

(c) Akkumulatorfeld $AF(x_{\mathrm{mp}}, y_{\mathrm{mp}})$

(d) detektierte Blasen in rot

Abbildung 5.6: Beispielhafte Darstellung der Gasblasen- und Volumenfraktionsmessung im Nachlauf. In (a) ist die Gasblasenströmung mit der Durchlichtmethode visualisiert. Zur weiteren Auswertung wird ein quadratischer Bereich mit 4,4 mm Kantenlänge ausgeschnitten. Über den Betrag der Intensitätsgradienten $|\nabla I\,(x_{\mathrm{pix}}, y_{\mathrm{pix}})|$ in Abbildung (b) werden mögliche Phasengrenzflächen verdeutlicht und in (c) ist das Akkumulatorfeld dargestellt. Hier kennzeichnet die Farbe Lila eine hohe Wahrscheinlichkeit an, ein Blasenmittelpunkt zu sein. In (d) sind die mit dem Hough-Algorithmus erkannten Gasblasen rot umrandet.

ist daher immer geringer als 550, wodurch eine laminare Strömungsform im Nachlauf vorliegt. Die Aufstiegsgeschwindigkeit in dieser laminaren aufsteigenden Strömung beträgt für eine Blase mit überschätztem Radius von $R_{\mathrm{B}} = 250\,\mu\mathrm{m}$ nach Stokes $U_{\mathrm{B}} = 2R_{\mathrm{B}}\tilde{g}/9\nu = 0{,}06\,\mathrm{m\,s^{-1}}$. Selbst für diese Blasengröße ist die Reynolds-Zahl Re_{B} immer kleiner als 20, die Eötvös-Zahl kleiner als 0,01 und die Morton-Zahl beträgt etwa $1 \cdot 10^{-8}$, wodurch nach dem Diagramm von Clift u. a. (2005, S. 27) von einer sphärischen Blase ausgegangen werden kann.

Die Gasblasen und deren Radien werden mit Hilfe einer Hough-Transformation für kreisrunde Objekte detektiert. Die Grundlagen dieser Transformation finden sich zum Beispiel in Hough (1962), Duda u. Hart (1972) und Burger u. Burge (2006). Die Hough-Transformation wird hier zur Blasenerkennung verwendet, da sie eine hohe Toleranz bei Kantenunterbrechungen und gegenüber Bildrauschen zeigt, siehe Du u. Yang (2009). Als Basis für die Gasblasenerkennung dient die von Peng (2005) vorgestellte Funktion CircularHough_Grd.m. Dieser Algorithmus ist an eine Veröffentlichung von Illingworth u. Kittler (1987) angelehnt und wird zum Beispiel von Peng u. a. (2007) verwendet, um die Positionen von Mikrokugeln im Raum zu ermitteln.

Die ersten Schritte der Bildbearbeitung, welche die räumlichen und zeitlichen Schwankungen der Blitzlampen minimiert, führen zur Bildintensität I_i^{∞} nach den Gleichungen 5.2 bis 5.4. Um zusätzlich das Kamerarauschen zu glätten, wird ein Gauß-Filter angewendet, der im Gegensatz zu Mittelwertfiltern laut Burger u. Burge (2006) den Vorteil besitzt, starke Intensitätsgradienten an Phasengrenzflächen weniger zu glätten. Über eine Gradientenoperation

$$\nabla I\left(x_{\mathrm{pix}}, y_{\mathrm{pix}}\right) = \begin{pmatrix} \dfrac{\partial I_i^{\infty\infty}}{\partial x_{\mathrm{pix}}}\left(x_{\mathrm{pix}}, y_{\mathrm{pix}}\right) \\ \dfrac{\partial I_i^{\infty\infty}}{\partial y_{\mathrm{pix}}}\left(x_{\mathrm{pix}}, y_{\mathrm{pix}}\right) \end{pmatrix} \tag{5.7}$$

wird die Intensitätsverteilung $I_i^{\infty\infty}\left(x_{\mathrm{pix}}, y_{\mathrm{pix}}\right)$ nach dem Gauß-Filter bearbeitet, um dem Algorithmus die Kanten bzw. die Phasengrenzfläche zu verdeutlichen. Der Betrag des Gradienten $\left|\nabla I\left(x_{\mathrm{pix}}, y_{\mathrm{pix}}\right)\right|$ folgt nach

$$\left|\nabla I\left(x_{\mathrm{pix}}, y_{\mathrm{pix}}\right)\right| = \sqrt{\frac{\partial I_i^{\infty\infty}}{\partial x_{\mathrm{pix}}}\left(x_{\mathrm{pix}}, y_{\mathrm{pix}}\right)^2 + \frac{\partial I_i^{\infty\infty}}{\partial y_{\mathrm{pix}}}\left(x_{\mathrm{pix}}, y_{\mathrm{pix}}\right)^2} \tag{5.8}$$

und ist exemplarisch in Abbildung 5.6b dargestellt. Nun werden über ein globales Schwellwertverfahren die Gradienten $|\nabla I|$, welche typischerweise an Blasenkanten entstehen, im Bild selektiert. Gradienten, die unter diesem Schwellwert liegen, werden zu null gesetzt und das hierdurch bearbeitete Bild wird als $|\nabla I_{\mathrm{sw}}|$ bezeichnet. Dadurch werden nur die Bildpunkte in den Hough-Raum transformiert, die Phasengrenzflächen repräsentieren. Die Idee hinter der Hough-Transformation ist nun, ausgehend von jedem detektierten Kantenpixel $|\nabla I_{\mathrm{sw}}(x_{\mathrm{pix},i}, y_{\mathrm{pix},i})|$, alle möglichen Koordinaten anzugeben, die den Mittelpunkt dieser Kante repräsentieren können. Diese möglichen Kreismittelpunkte $x_{\mathrm{mp},i}, y_{\mathrm{mp},i}$ liegen auf einem Kreis mit dem Radius R um den detektierten Kantenpunkt und sind durch

$$(x_{\mathrm{pix}} - x_{\mathrm{mp}})^2 + (y_{\mathrm{pix}} - y_{\mathrm{mp}})^2 = R^2 \tag{5.9}$$

bestimmt. Da in den hier vorgestellten Untersuchungen der Radius unbekannt ist, wird dieser Vorgang für jeden möglichen Radius zwischen dem minimalen Radius R_{min} und dem maximalen Radius R_{max} durchgeführt. In einem zweidimensionalen Akkumulatorfeld $AF(x_{\mathrm{mp}}, y_{\mathrm{mp}})$ werden anschließend alle gewählten möglichen Mittelpunkte $(x_{\mathrm{mp}}, y_{\mathrm{mp}})$ über alle möglichen Radien aufsummiert. Die Summation erfolgt gewichtet mit dem Intensitätsgradienten des jeweiligen Kantenpixels, um die jeweilige Kantenstärke zu berücksichtigen:

$$A(x_{\mathrm{mp}}, y_{\mathrm{mp}}) = \sum_{R=R_{\mathrm{min}}}^{R_{\mathrm{max}}} \sum_{i=1}^{k} [x_{\mathrm{mp},i}, y_{\mathrm{mp},i}] (x_{\mathrm{pix},i}, y_{\mathrm{pix},i}, R) \cdot |\nabla I(x_{\mathrm{pix},i}, y_{\mathrm{pix},i})| . \tag{5.10}$$

Ein exemplarisch gewähltes Akkumulatorfeld wird in Abbildung 5.6c visualisiert und zeigt über die lila markierten Punkte die höchsten Werten im Akkumulatorfeld an, die auch mit hoher Wahrscheinlichkeit jeweils einen Kreismittelpunkt repräsentieren. Um nun die Positionen der Kreismittelpunkte zu bestimmen, wird das Akkumulatorfeld noch über einen Filter geglättet und mit einer Schwellwertoperation bearbeitet. Durch die Anwendung des Schwellwertes AF_{sw}, der abhängig von dem Maximalwert des Akkumulatorfeldes ist, werden alle Werte unterhalb des Schwellwertes AF_{sw} im Akkumulatorfeld gelöscht. Die lokalen Maxima können daraufhin bestimmt werden und repräsentieren jeweils einen Mittelpunkt.

Ausgehend von den gewählten Mittelpunkten müssen im nächsten Schritt die jeweiligen Blasenradien bestimmt werden. Für alle Pixel, die in einem definierten Abstandsintervall ΔR zum Mittelpunkt liegen, wird der zum Mittelpunkt gerichtete durchschnittliche Intensitätsgradient $\overline{I}(R)$ nach

$$\overline{I}(R) = \frac{\sum_{||\vec{MP}|-R|<\Delta R/2} \left[\vec{\nabla} I \cdot \vec{MP}/|\vec{MP}|\right]}{\sum_{||\vec{MP}|-R|<\Delta R/2} 1} \tag{5.11}$$

bestimmt. Hierbei entspricht $\vec{MP}$ dem Vektor vom Mittelpunkt zu dem jeweiligen Pixel mit dem Intensitätsgradienten $\vec{\nabla} I$. Der gesuchte Radius folgt daraufhin über den maximalen Funktionswert der Histogrammfunktion $\overline{I}(R)$.

Die Einstellungen der Parameter-Konfiguration für den Hough-Algorithmus wurden für jedes Einzelbild durch den Abgleich der detektierten Kreise in Abbildung 5.6d mit den Ursprungsbildern in Abbildung 5.6a kontrolliert. Eine konstante Parameter-Konfiguration konnte jedoch nicht für alle Betriebspunkte zufriedenstellend ermittelt werden, weil die Anzahl der Blasen und die Blasengrößen je nach Betriebspunkt stark unterschiedlich sind. Vor allem führt ein zu groß definiertes Radienintervall zu größeren Fehlern, da häufig kleinere Blasen nicht detektiert werden. Dies liegt in einem generell höheren Eintrag von großen Kreisen im Akkumulatorfeld AF begründet, wodurch kleinere Kreise entweder unter den Schwellwert AF_{sw} fallen beziehungsweise im Rauschen des Akkumulatorfeldes der größeren Blasen untergehen. Daher wird im Rahmen dieser Arbeit bei Betriebspunkten mit stark variierenden Blasengrößen der Hough-Algorithmus in mehrere Radienintervalle aufgeteilt, wobei sonstige Parameter wie der Gradientenschwellwert $|\nabla I_{\mathrm{sw}}|$ oder Einstellungen für die lokale Maximalwert-Suche im Akkumulatorfeld konstant bleiben. Des Weiteren können in Bildern ohne große Blasen Fehldetektionen aufgrund mehrerer kleiner Blasen auftreten, die jedoch über einen weiteren betriebspunktabhängigen Schwellwert $AF_{\mathrm{Sw,Bp}}$ herausgefiltert werden.

Die Ermittlung der Blasendichteverteilung $N(R_{\mathrm{B}})$ entsprechend Gleichung 2.54 folgt aus der Auswertung der Gasblasengrößenverteilung über 100 Einzelbilder. Sie ist exemplarisch in Abbildung 5.7a im Vergleich zur empirisch ermittelten Angabe für Gasblasen in Wasserkanälen aus Abschnitt 2.3 dargestellt. Die Volumenfraktion ungelöster Luft

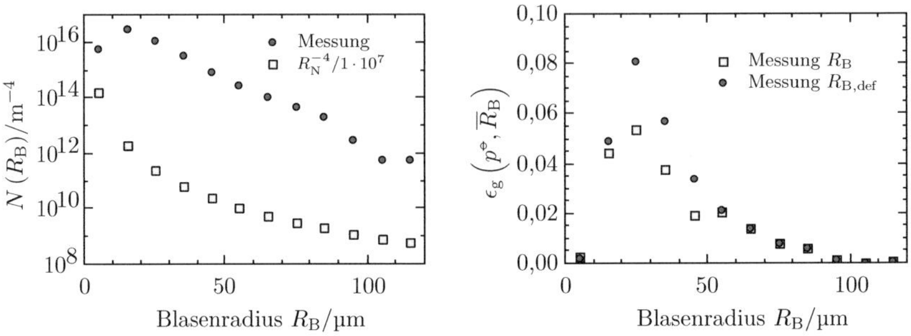

(a) Blasendichteverteilung $N\left(\overline{R}_B\right)$ (b) Volumenfraktionsverteilung $\epsilon_g\left(p^\ominus, \overline{R}_B\right)$

Abbildung 5.7: Darstellung der Blasendichteverteilung einer exemplarischen Einzelmessung in (a) im Vergleich zu der empirischen Angabe aus Abbildung 2.13. Die Volumenfraktionsverteilung $\epsilon_g\left(p^\ominus, \overline{R}_B\right)$ ist für die beiden Annahmen von Blasen im Schärfentiefenbereich und für Blasen außerhalb des Schärfentiefenbereiches für defokussierte Blasen $R_{B,def}$ nach Gleichung 5.13 in (b) angegeben. Das Blasenradienintervall beträgt $\Delta R_B = \pm 5$ µm bezogen auf den mittleren Blasenradius.

$\epsilon_g(p^\ominus, R_B)$ wird über alle detektierten Blasenradien $R_{B,i}$ bestimmt und nach

$$\epsilon_g(p^\ominus, R_B) = \frac{4\pi \sum_i R_{B,i}^3 p_{Aus}}{3V_{Kam}p^\ominus} \tag{5.12}$$

auf den Atmosphärendruck bezogen. Eine Abschätzung der Messunsicherheit und des systematischen Fehlers, der sich durch Blasen außerhalb des Schärfentiefenbereiches ergibt, wird im nächsten Abschnitt 5.3.6 vorgestellt.

5.3.6 Messunsicherheit der Gasblasengrößenverteilung

Die Angabe der Messunsicherheit teilt sich bei der Gasblasengrößenbestimmung in einen systematischen Fehler und in zufällige Fehler auf. Der systematische Fehler resultiert aus einem endlichen Schärfentiefenbereich, weshalb defokussierte Blasen auf dem CCD-Chip vergrößert erscheinen. Aufgrund der tiefengemittelten Messung kann die Position der Blase im Messvolumen jedoch nicht bestimmt werden, wodurch dieser systematische Fehler nicht korrigiert werden kann. Daher wird neben der Angabe der Volumenfraktion $\epsilon_g(p^\ominus, R_B)$, bei der die Annahme zu Grunde liegt, dass alle Blasen im Schärfentiefenbereich liegen, ein zweiter Messwert $\epsilon_g(p^\ominus, R_{B,def})$ angegeben. Hierbei wird angenommen, dass alle Blasen entsprechend der Abschätzung aus Abschnitt 5.3.2 in der Mitte zwischen maximal defokussierter Ebene und der Fokusebene liegen. Die reale abgeschätzte Blasengröße defokussierter Blasen $R_{\mathrm{B,def}}$ folgt entsprechend den Angaben nach Iben u. a. (2015) über lineare Inter- und Extrapolation nach

$$R_{\mathrm{B,def}} = \min\left\{R^{\star}_{\mathrm{B,def}}, R_{\mathrm{B}}\right\} \quad \text{mit} \quad R^{\star}_{\mathrm{B,def}} = (0{,}432 R_{\mathrm{B}} + 0{,}7683)\, R_{\mathrm{B}}. \tag{5.13}$$

Die Abbildung 5.7b veranschaulicht den Unterschied beider Annahmen anhand der radienabhängigen Volumenfraktion an einer beispielhaften Messung und zeigt für Blasen zwischen $R_{\mathrm{B}} = 15\,\mu\mathrm{m}$ und $R_{\mathrm{B}} = 45\,\mu\mathrm{m}$ die größte Differenz an.

Neben diesem systematischen Fehler werden auch die Unsicherheitsbeiträge auf die Volumenfraktionsbestimmung $u\,(\epsilon_{\mathrm{g}})$ betrachtet, die durch die optische Auflösung d_{res} und das Messkammervolumen V_{Kam} entstehen. Da zwischen diesen beiden Messgrößen keine Korrelationen vorliegen, wird die kombinierte Standardunsicherheit $u\,(\epsilon_{\mathrm{g}}\,(d_{\mathrm{res}}, V_{\mathrm{Kam}}))$ entsprechend

$$u\,(\epsilon_{\mathrm{g}}\,(d_{\mathrm{res}}, V_{\mathrm{Kam}})) = \sqrt{u\,(\epsilon_{\mathrm{g}}, d_{\mathrm{res}})^2 + u\,(\epsilon_{\mathrm{g}}, V_{\mathrm{Kam}})^2} \tag{5.14}$$

verwendet. Das Messvolumen wurde optisch vermessen und die zugehörige Messunsicherheit zu $u\,(\epsilon_{\mathrm{g}}, V_{\mathrm{Kam}}) = 0{,}05$ bestimmt. Der Unsicherheitsbeitrag durch die optische Auflösungsgrenze ist abhängig vom Blasenradius und muss für jeden Betriebspunkt separat ermittelt werden. Die Ermittlung der oberen Grenze des Messunsicherheitsbeitrages der optischen Auflösung basiert nach Gleichung 5.14 auf der Annahme, dass alle Blasen im Schärfentiefenbereich liegen:

$$u\,(\epsilon_{\mathrm{g}}\,(R_{\mathrm{B}}), d_{\mathrm{res}}) = \left|\sum_{i=1}^{N} \frac{4}{3}\pi \left(R^3_{\mathrm{B},i} - (R_{\mathrm{B},i} + d_{\mathrm{res}}/2)^3\right)\right|. \tag{5.15}$$

Im Gegensatz hierzu basiert die untere Grenze der Messunsicherheitsangabe $u\,(\epsilon_{\mathrm{g}}\,(R_{\mathrm{B}}), d_{\mathrm{res}})$ auf den defokussierten und somit tatsächlich kleineren Blasen $R_{\mathrm{B,def}}$ entsprechend der Gleichung

$$u\,(\epsilon_{\mathrm{g}}\,(R_{\mathrm{B,def},i}), d_{\mathrm{res}}) = \left|\sum_{i=1}^{N} \frac{4}{3}\pi \left(R^3_{\mathrm{B,def},i} - (R_{\mathrm{B,def},i} - d_{\mathrm{res}}/2)^3\right)\right|. \tag{5.16}$$

Tabelle 5.7: Messwertangabe bei der Volumenfraktionsmessung ungelöster Luft im Nachlauf für verschiedene Fehlerquellen.

$\epsilon_{\text{g}}\left(p^{\ominus}, R_{\text{B}}\right)$ in %	$\epsilon_{\text{g}}\left(p^{\ominus}, R_{\text{B,def}}\right)$ in %	$\epsilon_{\text{g}}^{+}\left(p^{\ominus}, R_{\text{B}}, +u\left(d_{\text{res}}^{+}, V_{\text{Kam}}^{+}\right)\right)$ in %	$\epsilon_{\text{g}}^{-}\left(p^{\ominus}, R_{\text{B,def}}, -u\left(d_{\text{res}}^{-}, V_{\text{Kam}}^{-}\right)\right)$ in %
0,274	0,209	0,323	0,175

Der Messbereich der gemessenen Volumenfraktion liegt daher zwischen der unteren Grenze $\epsilon_{\text{g}}^{-}\left(R_{\text{B,def}}\right)$, bei der der Unsicherheitsbeitrag von der Volumenfraktionsmessung defokussierter und kleinerer realen Blasen abgezogen wird und der oberen Grenze $\epsilon_{\text{g}}^{+}\left(R_{\text{B}}\right)$, bei der der Messunsicherheitsbeitrag auf die Volumenfraktionsmessung bei scharfen Blasen addiert wird. Eine Auflistung dieser verschiedenen Messwerte zeigen die Werte in Tabelle 5.7 für einen exemplarisch gewählten Betriebspunkt, bei dem der Messwert der unteren Grenze ϵ_{g}^{-} 35 % kleiner und der Messwert der oberen Grenze ϵ_{g}^{+} 17 % größer als die Volumenfraktionsmessung $\epsilon_{\text{g}}\left(R_{\text{B}}\right)$ ist.

5.4 Akustische Untersuchungen am Strömungskanal

Das Ziel dieser akustischen Untersuchungen sind die Vibrationen der durch Kavitation angeregter Oberflächen zu ermitteln und daraus die Geräuschemissionen oder ein Erosionspotenzial abzuleiten. Beispielsweise für die Auslegung von Injektoren oder Pumpen ist dieser Zusammenhang von großem Interesse, da Geräusche, Vibrationen und vor allem Erosion als Konsequenz der Kavitation nur bis zu einem gewissen Grad toleriert werden.

Das Messprinzip basiert auf kollabierenden Kavitationsblasen, die entweder direkt über Mikrojets oder indirekt über Druckwellen Bauteile anregen. Über Beschleunigungssensoren oder Laservibrometer kann die somit angeregte Oberflächenschwingung und über Mikrofone die daraus resultierende Schallemission ermittelt werden. Um die Oberflächenschwingungen nur geringfügig zu dämpfen, wird die Strömungskanal-Geometrie in Abbildung 5.1c direkt zwischen zwei Stahlplatten ohne optischen Zugang eingespannt. Die Messung der Oberflächenschwingungen erfolgt über einen Beschleunigungssensor direkt an der Drosselstelle der Strömungskanal-Geometrie Geo-I, an der auch die optischen Untersuchungen der Kavitationsverteilung erfolgen. Die gemessenen Beschleunigungen des Sensors vom Typ Brüel & Kjaer 4393 V werden über einen Verstärker von Brüel & Kjaer an die Datenerfassung mit einer Abtastrate von 70 kHz übergeben. Der Beschleunigungssensor hat eine Resonanzfrequenz von 55 khz und im spezifizierten Frequenzbereich zwischen 0,1 Hz und 16,5 kHz der Anregefrequenz ist der Fehler der gemessenen Amplitude kleiner als 10 %.

Bei jeweils fünf separaten Messungen werden bei konstanten Randbedingungen die Oberflächenbeschleunigungen über eine Dauer von einer Sekunde ermittelt. Die Bestimmung der Beschleunigungsspektren $\widehat{B}$ für unterschiedliche Auslassdrücke und somit unterschiedliche Kavitationsverhalten erfolgt über eine Fast-Fourier-Transformation. Um bei den Messungen lediglich den Einfluss der Zweiphasenströmung auf die Vibrationen zu ermitteln, wird bei einem konstanten Massenstrom und einer konstanten Pumpendrehzahl das Referenz-Beschleunigungsspektrum $\widehat{B}_{\text{ref}}$ im einphasigen Strömungszustand bei hohem Auslassdruck bestimmt. Somit können über eine Normierung der Beschleunigungsspektren $\widehat{B}/\widehat{B}_{\text{ref}}$ die Beschleunigungen gefiltert werden, die durch den Prüfstand und die einphasige Strömung entstehen.

6 Messergebnisse - Gaskavitation in strömenden Flüssigkeiten

Neben den Untersuchungen zur Gaskavitation in quasi-ruhenden Flüssigkeiten aus Kapitel 4 werden in diesem Kapitel die Messergebnisse zur Gaskavitation in einer bewegten Flüssigkeit bei zwei verschiedenen Strömungskanal-Geometrien vorgestellt. Inwiefern das Auftreten von Dampfkavitation die Stoffübergangsraten der Luft beeinflusst, wird durch Wahl der hydraulischen Randbedingungen ebenfalls ermittelt. Die Untersuchungen erfolgen mit dem in Kapitel 5 vorgestellten Prüfstand. Als Flüssigkeit wird in diesem Kapitel Dieselersatzstoff V 1404 nach DIN ISO 4113 verwendet.

Die Präsentation der Ergebnisse beginnt in Abschnitt 6.1 mit der Klärung der Hypothese aus Abschnitt 4.2, ob Zugspannungen aufgrund der geringen Gasblasenkeimgröße in technisch relevanten Systemen und in einer mineralölbasierenden Flüssigkeit auftreten können. In Abschnitt 6.2 folgen sowohl die Ergebnisse der hydraulischen Drosselkurven für die ein- und zweiphasigen Strömungszustände als auch die optische Bestimmung der Dampfkavitationsverteilung im Strömungskanal. Im Anschluss werden die Messergebnisse der ungelösten Luft im Nachlauf in Abschnitt 6.3 bei bekanntem hydraulischen und optischen Zustand der Strömung im Strömungskanal für unterschiedliche Randbedingungen dargestellt. Die Ergebnisvorstellung endet mit den akustischen Untersuchungen in Abschnitt 6.4. Eine Zusammenfassung der Ergebnisse und Schlussfolgerungen zu Korrelationen zwischen ausgegaster Luft, der Kavitationsverteilung und der Geräuschentwicklung im Strömungskanal folgt abschließend in Abschnitt 6.5.

6.1 Zugspannungsmessung, Geo-V

6.1.1 Messergebnisse

Die Zugspannungsmessung in dem mineralölbasierenden Prüföl V 1404 erfolgt in dem Venturikanal Geo-V, der in Abbildung 5.3a dargestellt ist. Bei der Zugspannungsmessung wird ausgehend von einem einphasigen Zustand der Flüssigkeit im Strömungs-

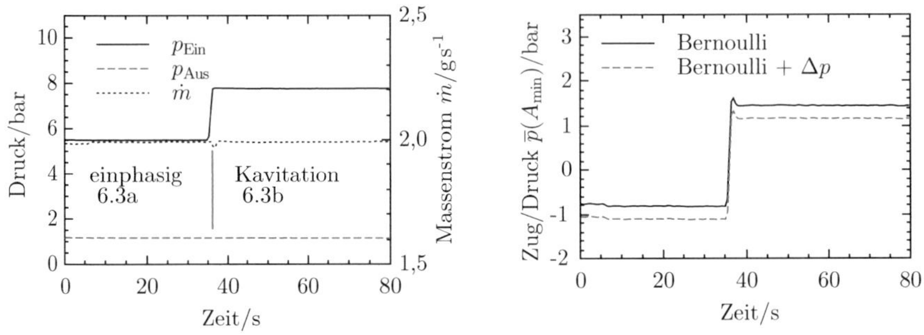

(a) Hydraulische Randbedingungen **(b)** Druck im engsten Querschnitt

Abbildung 6.1: Exemplarische Darstellung des Einlass- und Auslassdruckes und des Massenstromes im Venturikanal Geo-V in Abhängigkeit der Zeit in (a). Beim Auftreten von Kavitation steigt der Einlassdruck sprungartig an und es bildet sich eine stabile Kavitationsblase im divergenten Bereich, siehe Abbildung 6.3b. In (b) ist der berechnete Druck im engsten Querschnitt ohne und mit Druckverlust dargestellt, siehe Gleichungen 6.1 und 6.2.

kanal der Massenstrom bei geöffneten Auslass-Drosselventilen H_9 eingestellt, wodurch der Auslassdruck annähernd dem Atmosphärendruck $p_{\mathrm{Aus}} \approx p^{\ominus}$ entspricht. Der Einlassdruck resultiert somit aus dem Auslassdruck und dem Druckverlust entlang des Strömungskanals. Während konstanter Randbedingungen wird der Strömungszustand in der Strömungskanal-Geometrie über das Durchlichtverfahren optisch erfasst während gleichzeitig die hydraulischen Randbedingungen gemessen werden.

Die Abbildung 6.1a zeigt eine exemplarische Messung der hydraulischen Randbedingungen in Abhängigkeit der Zeit sowohl bei einphasiger als auch bei zweiphasiger Strömung. Innerhalb der ersten 35 s sind die hydraulischen Randbedingungen konstant und Abbildung 6.3a verdeutlicht bei diesen Randbedingungen einen einphasigen Strömungszustand in der Venturigeometrie. Bis kurz hinter dem engsten Querschnitt zeigt die Durchlichtaufnahme eine laminare Strömungsform an, die jedoch nach circa 1,5 cm im Diffusor, nachgewiesen durch visualisierte Wirbelstrukturen, in eine turbulente Strömung umschlägt. Die bei diesen exemplarischen Randbedingungen vorliegende Reynolds-Zahl beträgt $Re_{\mathrm{Ro}} \approx 3000$. Nach etwa 35 s Betriebsdauer steigt der Einlassdruck p_{Ein} in Abbildung 6.1a sprungartig von 5,5 bar auf 7,7 bar an. Gleichzeitig zeigen die Durchlichtaufnahmen in Abbildung 6.3b eine Gasphase im divergenten Bereich des Venturikanals, die auch schon aus anderen CSM-Untersuchungen nach d'Agostino u.

Acosta (1991) als laminar angelegte Kavitationsblase bekannt ist. Von dieser anliegenden Kavitationsblase lösen im hinteren Bereich viele kleinere Blasen ab, wobei im Vergleich zum einphasigen Zustand in Abbildung 6.3a keine Wirbelstrukturen mehr sichtbar sind.

Der mittlere Druck, der im engsten Querschnitt der Düse vorliegt, kann über die Bernoulli-Gleichung

$$\overline{p}\left(A_{\mathrm{min}}\right) = p_{\mathrm{Ein}} - \rho\left(\overline{U}(A_{\mathrm{min}})\right)^2/2, \tag{6.1}$$

ausgehend vom Einlassdruck und unter Vernachlässigung der Geschwindigkeit am Einlassdrucksensor, bestimmt werden. Der Druckwert $\overline{p}\left(A_{\mathrm{min}}\right)$ gibt eine obere Grenze für den Druck im engsten Querschnitt an, da er Druckverluste vom Einlassdrucksensor bis zur engsten Stelle vernachlässigt. Ein Teil dieser Druckverluste werden in Gleichung 6.2 für den rechteckförmigen Zulauf nach Kümmel (2007, S. 103 f.) aus empirischen Untersuchungen für eine laminare Rechteckströmung bestimmt:

$$\overline{p}\left(A_{\mathrm{min}}, \Delta p\right) = p_{\mathrm{Ein}} - \rho\left(\overline{U}(A_{\mathrm{min}})\right)^2/2 - \lambda_{\mathrm{Ro}} L_{\mathrm{Ein}} \rho\left(\overline{U}(A_{\mathrm{Ein}})\right)^2/2D_{\mathrm{h}}. \tag{6.2}$$

Zusätzliche Druckverluste, die zum Beispiel bei beiden Verjüngungen bis zur engsten Stelle oder beim Einlauf in die Strömungskanal-Geometrie entstehen, sind unbekannt und werden nicht betrachtet. Somit überschätzt auch der Druckwert $\overline{p}\left(A_{\mathrm{min}}, \Delta p\right)$ den tatsächlichen minimalen Druckwert, wodurch die ermittelten Zugspannungen unterschätzt werden. Die Abbildung 6.1b zeigt für beide Abschätzungen die minimalen Druckwerte für die hydraulischen Randbedingungen aus Abbildung 6.1a. Im einphasigen Zustand sind daher Zugspannungen von mindestens 1 bar über 35 s vorhanden.

Diese beispielhafte Messung aus Abbildung 6.1 wurde mehrmals wiederholt und auch bei verschiedenen Massenströmen durchgeführt. In Tabelle 6.1 sind unter anderem die mittlere Geschwindigkeit und die Reynolds-Zahl für verschiedene Massenströme im engsten Querschnitt aufgelistet. Darüber hinaus sind die mittleren Drücke im engsten Querschnitt nach Gleichung 6.1 und 6.2 sowohl für den einphasigen als auch für den kavitierenden Fall separat dargestellt. Der maximale Zugspannungswert beträgt daher bei einem Massenstrom von 2,25 $\mathrm{g\,s^{-1}}$ über 2 bar. Der Zugspannungswert von über 2 bar liegt jedoch in diesem metastabilen Bereich lediglich eine Sekunde an, bevor es zur hydrodynamischen Kavitation in einem stabilen Zustand kommt. Die Zeitdauer

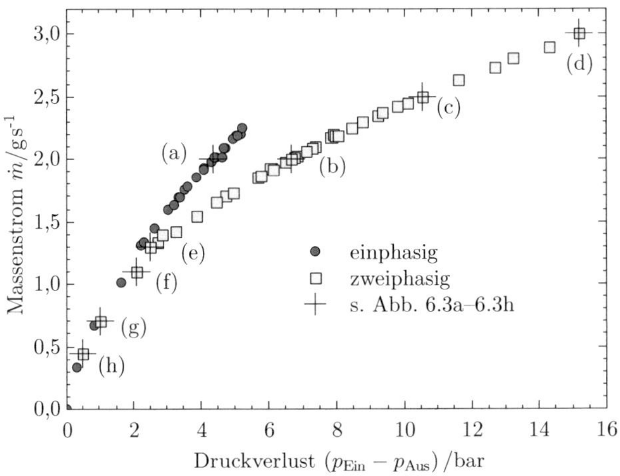

Abbildung 6.2: Darstellung des Massenstromes $\dot{m}$ in Abhängigkeit des Druckverlustes $p_{\mathrm{Ein}} - p_{\mathrm{Aus}}$ im Venturikanal Geo-V bei konstantem Auslassdruck $p_{\mathrm{Aus}} \approx 1{,}15\,\mathrm{bar}$ für ein- und zweiphasige Strömungszustände. Exemplarische optische Messungen der Strömung sind in Abbildung 6.3 dargestellt.

im einphasigen Zustand t_{1ph} wird bei konstantem Massenstrom aus mindestens zehn Einzelmessungen bestimmt und verkürzt sich deutlich bei der Erhöhung des Massenstromes, beziehungsweise bei einer Erhöhung der Zugspannung oder der Reynolds-Zahl.

Eine grafische Zusammenfassung der gemessenen hydraulischen Randbedingungen für den ein- und zweiphasigen Strömungszustand gibt Abbildung 6.2 für einen nahezu konstanten Auslassdruck $p_{\mathrm{Aus}} \approx 1{,}15\,\mathrm{bar}$. Ab einem Massenstrom von etwa $1{,}3\,\mathrm{g\,s^{-1}}$ sind je nach Phasenanzahl im Strömungskanal zwei deutlich unterschiedliche Druckverlustwerte möglich, bei dem der größere jeweils den zweiphasigen Zustand repräsentiert. Aber auch unter einem Massenstrom von $1{,}3\,\mathrm{g\,s^{-1}}$ sind Druckverlust-Unterschiede zwischen ein- und zweiphasigem Zustand feststellbar. Der Einfluss der Phasenanzahl auf dieses Hysterese-Verhalten, bei dem zu Beginn ohne Kavitation ein geringer Druckverlust und dann durch Auftreten von einer stabil anliegenden Kavitationsblase ein sehr viel höherer Druckverlust erfolgt, wird in Abbildung 6.3 verdeutlicht. Diese Abbildung 6.3 zeigt ein Einzelbild und bei auftretender Kavitation die Kavitationswahrscheinlichkeit aus 215 Einzelbildern für charakteristische Betriebspunkte, die im Drosseldiagramm in Abbildung 6.2 mit dem Symbol + dargestellt sind, an. Alle Versuche beginnen mit

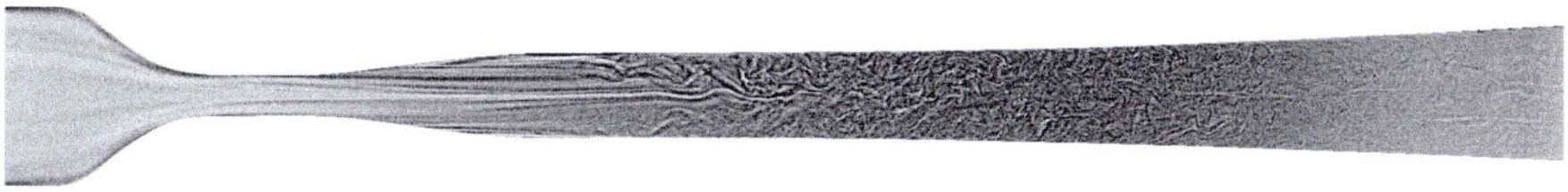

(a) $\dot{m} = 2{,}0\,\mathrm{g\,s^{-1}}$, $\Delta p_{\text{Ein-Aus}} = 4{,}4\,\mathrm{bar}$

(b) $\dot{m} = 2{,}0\,\mathrm{g\,s^{-1}}$, $\Delta p_{\text{Ein-Aus}} = 6{,}65\,\mathrm{bar}$

(c) $\dot{m} = 2{,}5\,\mathrm{g\,s^{-1}}$, $\Delta p_{\text{Ein-Aus}} = 10{,}5\,\mathrm{bar}$

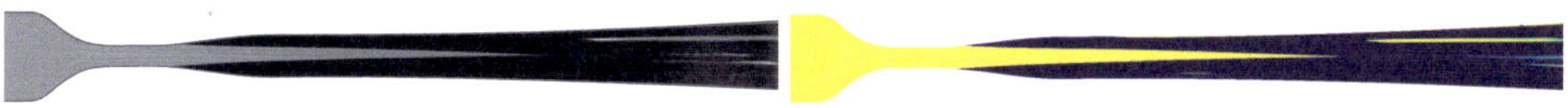

(d) $\dot{m} = 3{,}0\,\mathrm{g\,s^{-1}}$, $\Delta p_{\text{Ein-Aus}} = 15{,}2\,\mathrm{bar}$

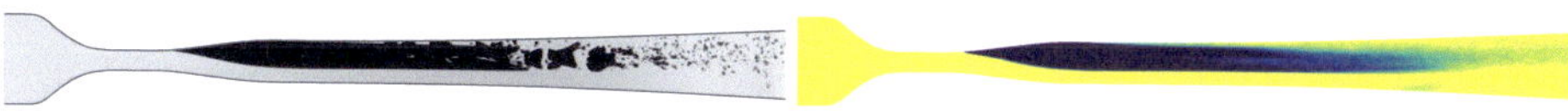

(e) $\dot{m} = 1{,}3\,\mathrm{g\,s^{-1}}$, $\Delta p_{\text{Ein-Aus}} = 2{,}5\,\mathrm{bar}$

(f) $\dot{m} = 1{,}1\,\mathrm{g\,s^{-1}}$, $\Delta p_{\text{Ein-Aus}} = 2{,}1\,\mathrm{bar}$

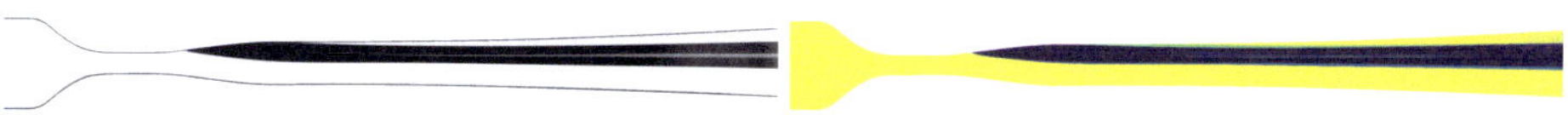

(g) $\dot{m} = 0{,}7\,\mathrm{g\,s^{-1}}$, $\Delta p_{\text{Ein-Aus}} = 1{,}0\,\mathrm{bar}$

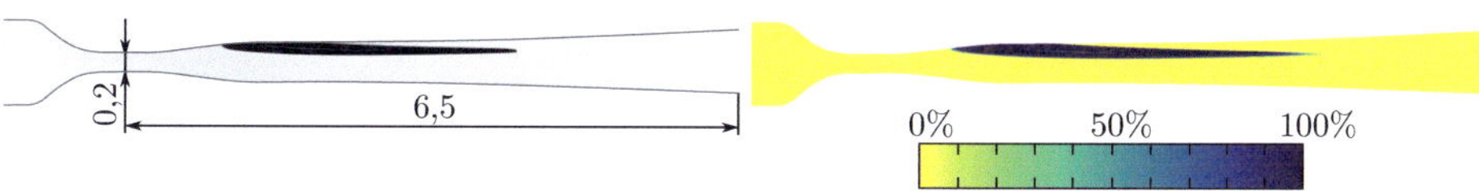

(h) $\dot{m} = 0{,}45\,\mathrm{g\,s^{-1}}$, $\Delta p_{\text{Ein-Aus}} = 0{,}6\,\mathrm{bar}$

Abbildung 6.3: Einzelbildaufnahmen und Kavitationswahrscheinlichkeiten bei verschiedenen Massenströmen und konstantem Auslassdruck $p_{\text{Aus}} \approx 1{,}15\,\mathrm{bar}$ in der Venturigeometrie. Der jeweilige Massenstrom und Druckverlust bei den Abbildungen (a)–(h) ist in Abbildung 6.2 mit + gekennzeichnet. In (a) ist ein einphasiger Strömungszustand sichtbar. Tritt Kavitation auf, bildet sich eine stabil anliegende Gasblase im divergenten Bereich, siehe (b)–(h). Die Kavitationswahrscheinlichkeiten sind hier jeweils aus 215 Bildern über einen Zeitraum von 43 s erstellt.

Tabelle 6.1: Darstellung der hydraulischen Randbedingungen bei ein- und zweiphasiger Strömung und der abgeschätzten Druckwerte im engsten Querschnitt bei $T_{\mathrm{Ein}} = 30\,°\mathrm{C}$.

in	p_{Ein} bar	p_{Aus} bar	$\dot{m}$ $\mathrm{g\,s^{-1}}$	$\overline{U}\,(A_{\mathrm{Ein}})$ $\mathrm{m\,s^{-1}}$	$\overline{U}\,(A_{\mathrm{min}})$ $\mathrm{m\,s^{-1}}$	Re_{Ro}	$\overline{p}\,(A_{\mathrm{min}})$ bar	$\overline{p}\,(A_{\mathrm{min}}, \Delta p)$ bar	t_{1ph} s	Ka_{Dr}
Einphasig	2,75	1,10	1,0	1,32	19,8	1574	1,1	1,01	∞	-
	3,25	1,12	1,25	1,65	24,8	1969	0,75	0,58	∞	-
	3,85	1,13	1,5	1,98	29,7	2362	0,25	0,04	> 100	-
	4,65	1,15	1,75	2,31	34,7	2756	$-0{,}25$	$-0{,}49$	≈ 35	-
	5,53	1,16	2,0	2,64	39,7	3150	$-0{,}86$	$-1{,}14$	≈ 14	-
	6,37	1,18	2,25	2,97	44,6	3544	$-1{,}72$	$-2{,}04$	≈ 1	-
Zweiphasig	1,60	1,10	0,45	0,59	8,9	708	1,28	1,21	-	3,20
	2,16	1,13	0,70	0,93	13,9	1102	1,38	1,28	-	2,10
	3,33	1,13	1,10	1,45	21,8	1732	1,39	1,24	-	1,51
	4,80	1,14	1,5	1,98	29,7	2362	1,2	0,99	-	1,31
	6,13	1,15	1,75	2,31	34,7	2639	1,23	0,99	-	1,23
	7,71	1,16	2,0	2,64	39,7	3150	1,32	1,04	-	1,18
	9,53	1,18	2,25	2,97	44,6	3544	1,44	1,12	-	1,14
	11,6	1,19	2,5	3,30	49,6	3937	1,61	1,24	-	1,11
	13,9	1,21	2,75	3,63	54,5	4331	1,81	1,43	-	1,10
	16,5	1,22	3,0	3,97	59,5	4725	2,11	1,69	-	1,08

einem einphasigen Zustand, der durch Abbildung 6.3a exemplarisch veranschaulicht wird.

Nach Tabelle 6.1 ist dieser einphasige Zustand unter einem Massenstrom von $1{,}5\,\mathrm{g\,s^{-1}}$ immer stabil. Erst ab einem Massenstrom von $1{,}5\,\mathrm{g\,s^{-1}}$ kann hydrodynamische Kavitation auftreten, bei der es sich aber aufgrund dem überschätzten mittleren Druckwert $\overline{p}\,(A_{\mathrm{min}}, \Delta p) < 0{,}04\,\mathrm{bar}$ primär um Dampfkavitation handelt. Für höhere Massenströme in den Abbildungen 6.3c und 6.3d nimmt der Gasphasenanteil stets zu und reicht über den optischen Zugang hinaus. Diese Ausprägung der Kavitation wird als Superkavitation bezeichnet, da die Kavitationslänge ein Vielfaches der Drosselgröße beträgt, siehe beispielsweise Smith u. a. (2008). Bei hohem Massenstrom kann die Kavitationsblase wie Abbildung 6.3d exemplarisch zeigt auch auf beiden Seiten des divergenten Teils anliegen. Wird ausgehend von diesem stabilen Zweiphasen- und Drosselverhalten der Massenstrom reduziert, verkürzt sich das Kavitationsgebiet in Abbildung 6.3c bei einem Massenstrom von $1{,}3\,\mathrm{g\,s^{-1}}$ wieder und es werden am Ende der anliegenden Kavitationsblase ablösende Strukturen unterschiedlicher Durchmesser und Formen sichtbar.

Für diesen Massenstrom, $\dot{m} = 1{,}3\,\mathrm{g\,s^{-1}}$, gehen die beiden Kurven des ein- und zweiphasigen Zustands in Abbildung 6.2 beinahe ineinander über und der überschätzte Druck im engsten Querschnitt $\overline{p}\,(A_{\min}, \Delta p)$ entfernt sich deutlich vom Dampfdruck des Lösungsmittels. Die Darstellung der minimalen Druckwerte in Kombination mit dem Drosseldiagramm führen daher zur Annahme, dass bei einem Massenstrom von etwa $1{,}3\,\mathrm{g\,s^{-1}}$ der Übergang von einer hauptsächlich mit Dampf zu einer überwiegend mit Gas gefüllten anliegenden Gasphase stattfindet. Diese überwiegend mit Gas befüllte Blase kann im Gegensatz zu einer reinen mit Dampf gefüllten Gasphase auch bei einem niedrigeren Massenstrom und daher bei einem höheren Druck stabil bleiben, weil der Sättigungsdruck der gelösten Gase höher als der Dampfdruck des Lösungsmittels ist.

Bei einer weiteren Absenkung des Massenstromes lösen kleinere sphärische Blasen bei einem Massenstrom von $\dot{m} = 1{,}1\,\mathrm{g\,s^{-1}}$ in Abbildung 6.3f immer am selben Ort mit gleicher Größe und Ablösefrequenz ab. Hierbei bleibt die Gesamtgröße der laminar anliegenden Kavitationsblase über den Zeitraum der Kavitationswahrscheinlichkeits-Messung von 43 s nahezu konstant. Durch eine weitere Verringerung des Massenstromes wird das Ablösen kleiner Gasblasen deutlich reduziert und die anliegende Kavitationsblase wächst bei $\dot{m} = 0{,}7\,\mathrm{g\,s^{-1}}$ abermals über den optischen Zugang hinaus. Erst ab einer weiteren Verringerung des Massenstromes schrumpft die anliegende Gasblase bei immer niedrigeren Blasenablösungsfrequenzen, siehe Abbildung 6.3h. Eine mögliche Erklärung für das Anwachsen und abermalige Verkürzen der anliegenden Blase ist, dass bei sehr niedrigen Reynolds-Zahlen aufgrund eines geringen Turbulenzgrades deutlich weniger Blasen ablösen und das Anwachsen oder Schrumpfen der Gasphase von Diffusionsvorgängen entweder in einem übersättigten Zustand bei $\dot{m} = 0{,}7\,\mathrm{g\,s^{-1}}$ oder durch eine untersättigte Flüssigkeit bei $\dot{m} = 0{,}45\,\mathrm{g\,s^{-1}}$ begleitet wird. Die vorhandenen, jedoch deutlich geringeren Druckverlustunterschiede zwischen ein- und zweiphasiger Strömung resultieren bei niedrigen Massenströmen vermutlich aus der querschnittsverengenden, anliegenden Kavitationsblase und wurde auch von Medrano u. a. (2011) in Mikrokanälen bei deionisiertem Wasser beobachtet.

Die Kavitationswahrscheinlichkeiten zeigen zwischen Abbildung 6.3f–6.3h sehr hohe Farbgradienten, wodurch die Phasengrenzen über die Aufnahmezeitdauer von 43 s nur geringfügig variieren. Dies zeigt einerseits eine stabile laminare Kavitationsblase, die in diesen technisch relevanten Zeiträumen kaum über Diffusionsprozesse anwächst. Andererseits verdeutlichen die geringen Schwankungen der Phasengrenzen sehr stabile Randbedingungen der Hydraulikversorgung auch bei sehr niedrigen Massenströmen.

6.1.2 Fazit und Diskussion der Zugspannungsmessung

Die Experimente zeigen, dass Zugspannungen in dem mehrkomponentigen Kohlenwasserstoffgemisch Prüföl V 1404 und bei einem produktnahen Prüfstandsaufbau auftreten können. Dieser Prüfstand besteht aus einem mit der Atmosphäre verbundenen Tank, einer Hochdruckversorgung aus einem Diesel-Einspritzsystem das in Kraftfahrzeugen eingesetzt wird und aus einer Venturi-Strömungsgeometrie mit einer gefrästen, nicht speziell behandelten Stahl-Oberfläche. Die maximal gemessenen Zugspannungen betragen über 2 bar, wobei unbekannt ist, ob Keime in der Flüssigkeit oder Porenkeime an der Wand durch Unterschreiten des kritischen Druckes aktiviert werden oder ob Interaktionen mit Partikel beziehungsweise andere Mechanismen für den initialen Phasenübergang verantwortlich sind.

Auffällig ist der Zusammenhang zwischen der Reynolds-Zahl Re_{Ro} und dem erstmaligen Beginn der Kavitation Ka_{inc}. Ab einer Reynolds-Zahl von $Re_{\mathrm{Ro}} \approx 2300$ tritt der Übergang zur hydrodynamischen Kavitation auf, bei der auch Wirbelstrukturen im divergenten Bereich der Venturigeometrie sichtbar werden. Diese Wirbel führen zu einer zusätzlichen lokalen Druckabsenkung, die allerdings mit dieser globalen Messmethode nicht quantifizierbar sind. Die Zeitdauer der metastabilen Phase t_{1ph} nimmt sehr stark bei einem Reynolds-Zahl Bereich zwischen $Re_{\mathrm{Ro}} = 2360$ und $Re_{\mathrm{Ro}} = 3540$ von $t_{\mathrm{1ph}} > 100\,\mathrm{s}$ bis auf $t_{\mathrm{1ph}} \approx 1\,\mathrm{s}$ ab und ist ein Indiz dafür, dass entweder Strömungskeime in Wirbeln oder Porenkeime durch die lokalen Druckfluktuationen kavitieren.

Der auftretende Hysterese-Effekt, der in der Drosselkurve in Abbildung 6.2 durch unterschiedliche Druckverluste zwischen ein- und zweiphasiger Strömung veranschaulicht wird, ist auf unterschiedliche Strömungsrandbedingungen zurückzuführen, in denen Kavitation erstmalig auftritt und wieder verschwindet. Große Unterschiede der Kavitationszahlen $Ka_{\mathrm{inc}} \approx 1{,}2\left(\dot{m} \approx 2{,}0\,\mathrm{g\,s^{-1}}\right)$ und $Ka_{\mathrm{end}} \approx 2$–$3\left(\dot{m} < 0{,}7\,\mathrm{g\,s^{-1}}\right)$ verdeutlichen diesen Zusammenhang für die hier untersuchte Venturigeometrie. Ähnliche Unterschiede zwischen Ka_{inc} und Ka_{end} wurden in Mikrokanälen bei deionisiertem Wasser von

Mishra u. Peles (2005) und Medrano u. a. (2011) bei einer ebenfalls sehr stabil anhaftenden Gasblase beobachtet.

Die deutlich niedrigere Kavitationszahl Ka_{inc} im Vergleich zu Ka_{end} kann zum Teil durch die sehr kleinen Gasblasenkeime nach Abschnitt 4.2 begründet werden, die nicht bei Dampfdruck $p_{\mathrm{l}}^{''}$, sondern erst bei Zugspannungen im metastabilen einphasigen Zustand aktiviert werden. Bei der hier verwendeten Strömungskanal-Geometrie liegt die entstandene Kavitationsblase stabil am divergenten Bereich an, die erst durch eine deutliche Gegendruckerhöhung oder durch eine Massenstromverringerung beseitigt werden kann. Neben dem Stoffübergang der Lösungsmittelmoleküle durch Verdampfung oder Kondensation tritt zwangsläufig auch ein Stoffübergang der gelösten Gasmoleküle auf, da der Sättigungsdruck der gelösten Gase $p_{\mathrm{g,s}}^{''}$ höher ist als der Sättigungsdruck der Lösungsmittelmoleküle $p_{\mathrm{l,s}}^{''}$. Daher kann die Kavitationsblase auch bei niedrigeren Massenströmen und somit bei höheren Drücken als Dampfdruck stabil sein. Die Unterschiede zwischen den Kavitationszahlen Ka_{inc} und Ka_{end} resultieren unter Vernachlässigung von Relaxationsprozessen daher aus unterschiedlichen Druckwerten, die beim Beginn der Kavitation durch Zugspannungen in der Flüssigkeit und beim Verschwinden der Kavitation vom Sättigungsdruck der gelösten Gase bestimmt werden.

Die mit diesem Experiment gemessenen Zugspannungen von über 2 bar entsprechen nach Abbildung 2.7b einer Keimgröße im Strömungskanal von $R_{\mathrm{B}} \approx 0{,}1\,\mu\mathrm{m}$. Eine direkte Keimspektrenbestimmung der Flüssigkeit im Tank ist mit diesem Prüfstand jedoch nicht möglich, da über die Vorgeschichte der Flüssigkeit bei hohem Einlassdruck die Gasblasenkeime beeinflusst werden. Die gemessenen Zugspannungswerte waren allerdings unsensibel gegenüber den einstellbaren Druckwerten im Hochdruckspeicher. Experimente mit hohem Druck bei entsprechend starker Drosselung im Ventil H_6 und gleichzeitig geringen Druckschwingungen, als auch Experimente bei geringem Hochdruck von 6 bar, zeigen vergleichbare Zugspannungswerte. Aber auch unter Vernachlässigung der Vorgeschichte ist mit dieser gewählten Strömungskanal-Geometrie eine Keimspektrenbestimmung schwierig, da eine stabil anliegende Kavitationsblase im Bereich des engsten Querschnittes Zugspannungen verhindert. Somit ist ab dem Auftreten der stabil anliegenden Kavitationsblase keine Messung des Keimgehaltes mehr möglich. Daher betrachten d'Agostino u. Acosta (1991) eine solche anliegende Kavitationsblase als ernsthaftes Problem für eine praxisrelevante Keimspektrenbestimmung.

6.2 Ein- und Zweiphasenströmung in Geo-I und Geo-V

Um die Gaskavitation bei strömender als auch kavitierender Flüssigkeit zu untersuchen, wird zu Beginn in Abschnitt 6.2.1 das Drosselverhalten beider Strömungsgeometrien über die Messung der hydraulischen Randbedingungen bei variablem Massenstrom und variablem Gegendruck bestimmt. Über die gleichzeitige Messung der Durchlichtaufnahmen in Abschnitt 6.2.2 wird ermittelt, ob bei diesen Randbedingungen ein einphasiger Zustand oder hydrodynamische Kavitation, beispielsweise in Form von Wirbelkavitation oder Superkavitation, auftritt.

6.2.1 Hydraulische Messung der Drosselkurven

Für die Ermittlung der Drosseldiagramme beider Strömungskanal-Geometrien in Abbildung 6.4 wird bei definiertem Massenstrom $\dot{m}$ der Auslassdruck p_{Aus} variiert. Neben diesen beiden Größen ist der Einlassdruck auch von dem ein- und zweiphasigen Zustand sowie von der Zulauftemperatur abhängig. Für die einphasigen Messungen zeigen beide Drosseldiagramme annähernd den bekannten linearen Zusammenhang zwischen dem quadrierten Massenstrom $\dot{m}^2$ und dem Druckverlust Δp entsprechend

$$\dot{m}_{\mathrm{1ph}}^2 = 2C_{\mathrm{D}}^2 A_{\mathrm{min}}^2 \Delta p \rho \tag{6.3}$$

an. Hierbei bezeichnet A_{min} den Drosselquerschnitt an der engsten Stelle und C_{D} den Durchflusskoeffizienten. Er hängt nach Merritt (1967) von der Geometrie und im turbulenten Strömungszustand auch leicht von der Reynolds-Zahl ab. Für die Blendengeometrie Geo-I liegt er zwischen $C_{\mathrm{D}}\left(1{,}5\,\mathrm{g\,s^{-1}}\right) = 0{,}78$ und $C_{\mathrm{D}}\left(6{,}0\,\mathrm{g\,s^{-1}}\right) = 0{,}84$. Bei der Venturigeometrie Geo-V führt der Druckrückgewinn im Diffusor zu einem Durchflusskoeffizienten im turbulenten Bereich zwischen $C_{\mathrm{D}}\left(1{,}5\,\mathrm{g\,s^{-1}}\right) = 1{,}07$ und $C_{\mathrm{D}}\left(4{,}0\,\mathrm{g\,s^{-1}}\right) = 1{,}19$.

Wendet man die Gleichung 6.3 auch bei einer laminaren Strömung an, dann sinkt der Durchflusskoeffizient deutlich über der Abnahme der Reynolds-Zahl, siehe Merritt (1967). Unterhalb eines Massenstromes von $\dot{m}^2 < 2{,}0\,\mathrm{g^2\,s^{-2}}$ wird dies vor allem bei der Venturigeometrie in Abbildung 6.4b durch den nichtlinearen Verlauf verdeutlicht. Für Drosselkurven, die einen größeren Bereich einer laminaren Strömung beinhalten, verlaufen die Regressionsgeraden daher auch näherungsweise nicht durch den Nullpunkt.

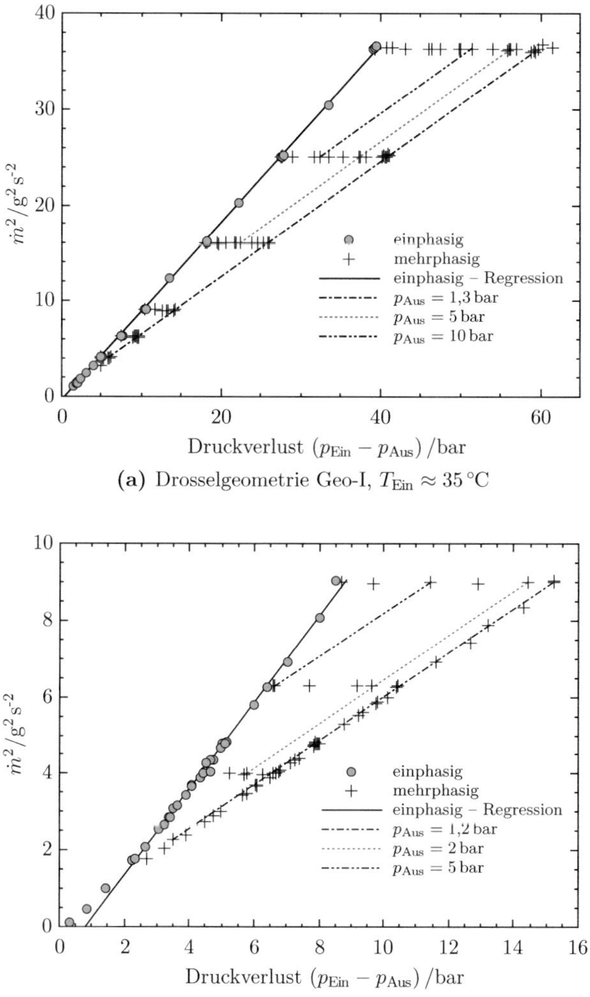

(a) Drosselgeometrie Geo-I, $T_\text{Ein} \approx 35\,°\text{C}$

(b) Venturigeometrie Geo-V, $T_\text{Ein} \approx 30\,°\text{C}$

Abbildung 6.4: Darstellung des Druckverlustes bei der Drosselgeometrie Geo-I in (a) und der Venturigeometrie Geo-V in (b) für verschiedene Massenströme bei ein- und zweiphasigem Zustand. Sichtbar ist die Erhöhung des Druckverlustes bei zweiphasiger Strömung und gleichzeitigem Absenken des Auslassdruckes.

Ähnlich wie bei Payri u. a. (2004b) wird dies für den einphasigen Strömungsbereich durch den Strömungskorrekturwert C_p korrigiert

$$\dot{m}^2_{\mathrm{1ph,tur}} = 2C^2_{\mathrm{D,tur}} A^2_{\mathrm{min}} \Delta p \rho - C_\mathrm{p} \tag{6.4}$$

und gilt für diejenigen Betriebspunkte, in denen eine turbulente Strömung vorliegt. Der turbulente Durchflusskoeffizient $C_\mathrm{D,tur}$ beträgt für die Messwerte aus Abbildung 6.4 und für die Drosselströmung $C_\mathrm{D,tur} = 0{,}839$ beziehungsweise für die Venturigeometrie $C_\mathrm{D,tur} = 1{,}343$. Die Strömungskorrekturwerte liegen bei $C_\mathrm{p} = 0{,}486\,\mathrm{g^2\,s^{-2}}$ und für die länger laminar durchströmte Venturigeometrie bei $C_\mathrm{p} = 0{,}926\,\mathrm{g^2\,s^{-2}}$.

Ein kavitierender Strömungszustand wird bei konstantem Massenstrom über eine Verringerung des Auslassdruckes p_Aus erreicht. Während der Auslassdruckreduzierung sinkt der hydrodynamische Druck im Strömungskanal bis der kritische Druck p^∞_krit lokal in einem Wirbel, der Scherschicht oder bei einer Strömungsumlenkung erreicht wird. Eine weitere Auslassdruckreduzierung führt nach Bosserman u. a. (2012) zu einer konstanten Kavitation und schließlich zu einem durch Kavitation drosselnden Zustand, der auch als choked-flow bezeichnet wird. Der Verlauf vom einphasigen Zustand über das erstmalige Auftreten der Kavitation und dem Beginn der Drosselwirkung wird im folgenden Abschnitt 6.2.2 für beide Strömungskanal-Geometrien optisch untersucht.

Der Schnittpunkt in den Drosseldiagrammen in Abbildung 6.4 zwischen der Kurve, die den einphasigen Zustand repräsentiert, und der gedrosselten horizontalen Linie im kavitierenden Bereich, wird als Kavitations-kritischer-Punkt bezeichnet. Damit beschreibt die Kavitationszahl Ka_kkp denjenigen Betriebspunkt, ab dem die Kavitation einen direkten Einfluss auf die zeitlich gemittelten makroskopischen hydraulischen Größen hat. Ein Einsetzen der Drosselung durch Kavitation wird in industriellen Anwendungen im Gegensatz zu einer starken Geräuschentwicklung oder sogar Bauteilschädigung durch Kavitation teilweise gezielt genutzt, um einen konstanten Massenstrom auch bei einem schwankenden Auslassdruck zu gewährleisten oder um eine Druckwellenausbreitung zu verhindern.

Für die Massenströme, bei denen die ungelöste Luft im Nachlauf untersucht wird, gibt Tabelle 6.2 die hydraulischen Randbedingungen, die Reynolds-Zahl und den Durchflusskoeffizienten am Kavitations-kritischen-Punkt Ka_kkp an. Es wird deutlich, dass die

Tabelle 6.2: Angabe der Kavitations-kritischen-Zahl Ka_{kkp} bei der die Drosselwirkung durch Kavitation einsetzt. Sie wird in Abhängigkeit der hydraulischen Randbedingungen für die Drosselströmung Geo-I und die Venturiströmung Geo-V angegeben.

	$\dot{m}$	p_{Ein}	p_{Aus}	T_{Ein}	$\overline{U}$	Re_{Ro}	C_{D}	Ka_{kkp}
in	g s^{-1}	bar	bar	°C	m s^{-1}			
Geo-I	2,0	7,03	2,06	35	27,4	2949	0,783	1,41
	2,5	10,8	3,31	35	34,3	3687	0,797	1,44
	3,0	15,4	4,91	35	41,1	4424	0,809	1,47
	4,0	27,25	9,21	36	54,9	6010	0,822	1,51
	5,0	42,3	14,7	36	68,6	7513	0,831	1,52
	6,0	60,6	21,3	36	82,4	9015	0,836	1,54
Geo-V	1,5	4,75	1,92	30	29,7	2364	1,127	1,68
	2,0	7,75	3,35	31	39,7	3215	1,206	1,76
	2,5	11,5	5,4	34	49,7	4256	1,282	1,89
	3,0	16,3	8,25	36	59,8	5303	1,340	2,03

Kavitationszahl Ka_{kkp} bei Erhöhung des Massenstromes beziehungsweise der Reynolds-Zahl oder dem Einlassdruck p_{Ein} ansteigt und bestätigt damit die Untersuchungen von Payri u. a. (2004a) und Payri u. a. (2004b) bei Diesel-Einspritzdüsen.

6.2.2 Optische Messung der Kavitationsverteilung

Für das Verständnis und die Modellbildung von Dampf- und Gaskavitation sind jedoch nicht nur die Beschreibung der makroskopischen Größen, wie zum Beispiel das Einsetzen des gedrosselten Bereiches, sondern auch die Kavitationsverteilung in Abhängigkeit der hydraulischen Randbedingungen von großem Interesse. Die Abbildungen 6.5 und 6.6 zeigen für beide Strömungskanal-Geometrien die Kavitationswahrscheinlichkeiten für verschiedene Auslassdrücke und bei einem exemplarischen konstanten Massenstrom an. In den Abbildungen 6.5a und 6.6a sind jeweils die hydraulischen Drosselkurven der jeweiligen Strömungskanal-Geometrie mit dem einphasigen und dem zweiphasigen gedrosselten Strömungszustand dargestellt.

Die ermittelten Kavitationswahrscheinlichkeiten vor dem Erreichen des Kavitations-kritischen Punktes Ka_{kkp} sind in den Abbildungen 6.5b und 6.6b visualisiert. In der

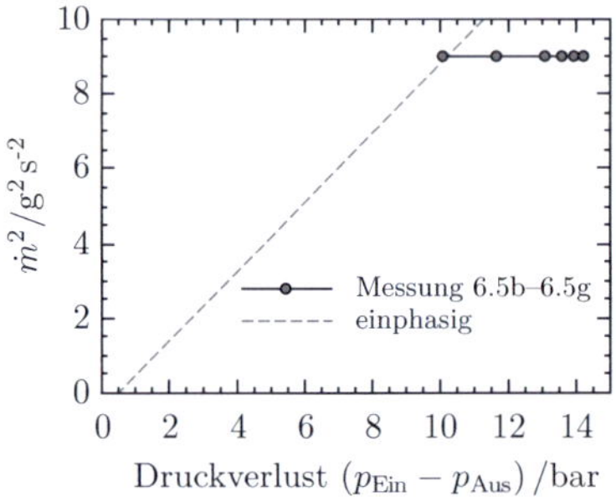

(a) Hydraulische Messungen

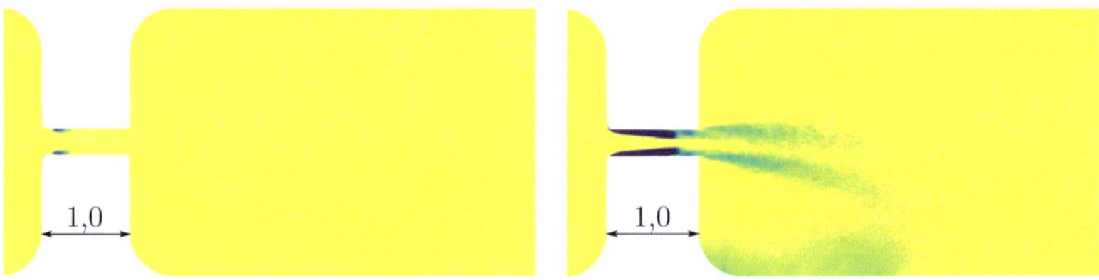

(b) $p_{\mathrm{Ein}}/p_{\mathrm{Aus}} = 17{,}3/7{,}20\,\mathrm{bar}$ **(c)** $p_{\mathrm{Ein}}/p_{\mathrm{Aus}} = 15{,}4/3{,}73\,\mathrm{bar}$

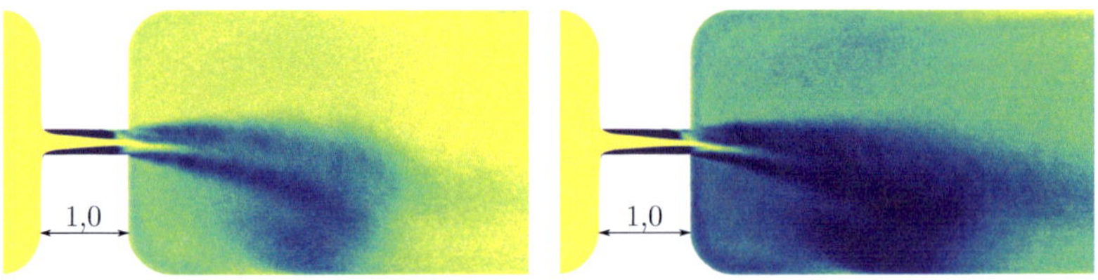

(d) $p_{\mathrm{Ein}}/p_{\mathrm{Aus}} = 15{,}4/2{,}36\,\mathrm{bar}$ **(e)** $p_{\mathrm{Ein}}/p_{\mathrm{Aus}} = 15{,}4/1{,}82\,\mathrm{bar}$

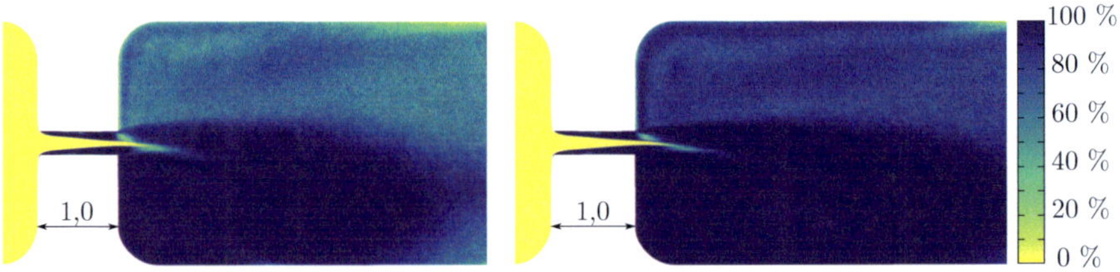

(f) $p_{\mathrm{Ein}}/p_{\mathrm{Aus}} = 15{,}4/1{,}45\,\mathrm{bar}$ **(g)** $p_{\mathrm{Ein}}/p_{\mathrm{Aus}} = 15{,}4/1{,}2\,\mathrm{bar}$

Abbildung 6.5: Darstellung der Kavitationswahrscheinlichkeiten bei der Drosselgeometrie Geo-I für verschiedene Auslassdrücke und einem konstanten Massenstrom von $\dot{m} = 3{,}0\,\mathrm{g\,s^{-1}}$ bei $T_{\mathrm{Ein}} = 35\,°\mathrm{C}$. Der jeweilige Druckverlust bei den Abbildungen (b)–(g) ist im Drosseldiagramm in (a) dargestellt. Die Ermittlung der Kavitationswahrscheinlichkeit erfolgt aus 100 Einzelbildern über einen Zeitraum von 20 s.

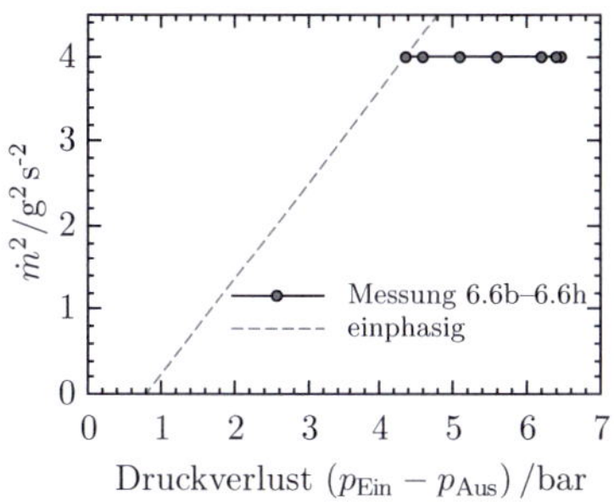

(a) Hydraulische Messungen

(b) $p_{Ein}/p_{Aus} = 8{,}1/3{,}75\,\text{bar}$

(c) $p_{Ein}/p_{Aus} = 7{,}9/3{,}53\,\text{bar}$

(d) $p_{Ein}/p_{Aus} = 7{,}6/3{,}0\,\text{bar}$

(e) $p_{Ein}/p_{Aus} = 7{,}6/2{,}5\,\text{bar}$

(f) $p_{Ein}/p_{Aus} = 7{,}6/2{,}0\,\text{bar}$

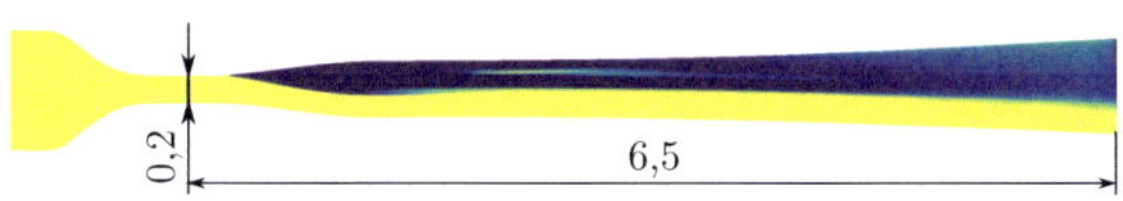

(g) $p_{Ein}/p_{Aus} = 7{,}6/1{,}4\,\text{bar}$

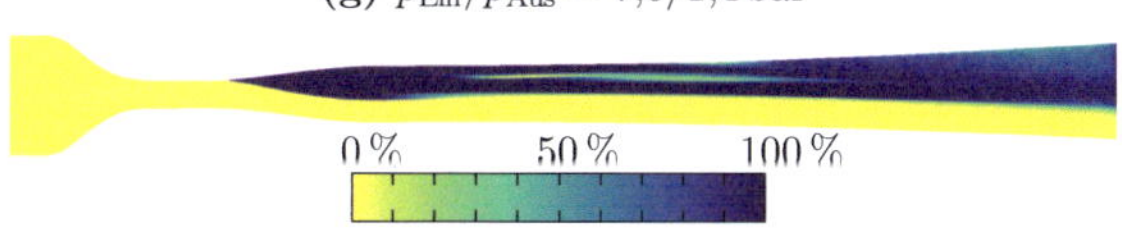

(h) $p_{Ein}/p_{Aus} = 7{,}6/1{,}12\,\text{bar}$

Abbildung 6.6: Darstellung der Kavitationswahrscheinlichkeiten bei der Venturigeometrie Geo-V für verschiedene Auslassdrücke und einem konstanten Massenstrom von $\dot{m} = 2{,}0\,\text{g}\,\text{s}^{-1}$ bei $T_{Ein} = 30\,°\text{C}$. Die maximale Blasengröße im Nachlauf beträgt $R_{B,max}\,(1{,}2\,\text{bar}) = 35\,\mu\text{m}$.

Drosselströmung tritt die Kavitation direkt hinter dem Drosseleintritt im Ablösegebiet mit einer maximal gemessenen lokalen Kavitationswahrscheinlichkeit von etwa 80 % auf. Die maximale Kavitationswahrscheinlichkeit liegt in der Venturigeometrie im divergenten Bereich und beträgt etwa 20 %. Allerdings ist in beiden Strömungskanal-Geometrien in jedem Einzelbild Kavitation vorhanden, deren Aufenthaltsorte jedoch räumlichen Schwankungen unterliegen. Neben diesen Experimenten zeigen beispielsweise auch die Untersuchungen von Winklhofer u. a. (2001) und Payri u. a. (2009) ein Auftreten der Kavitation, bevor ein hydraulisch messbarer Drosseleffekt eintritt. Bei diesen hydraulischen Randbedingungen beeinflusst die Kavitation den zeitlich gemittelten Massenstrom noch nicht, da in beiden Fällen der Ort der Kavitation im Rezirkulationsgebiet liegt und daher den effektiven Strömungsquerschnitt nicht beeinträchtigt.

In den Abbildungen 6.7a und 6.7b sind die Einzelbilder der Kavitationsverteilung für beide Strömungskanal-Geometrien bei den Betriebspunkten aus den Abbildungen 6.5b und 6.6b dargestellt. Sie repräsentieren den Zustand zwischen dem erstmaligen Auftreten von Kavitation Ka_{inc} und dem Kavitations-kritischen-Punkt Ka_{kkp}. Wie bei Untersuchungen von Iben u. a. (2011) treten in der Drosselströmung Geo-I die ersten sichtbaren Blasen in Strömungsrichtung am Ende der laminaren Scherschicht in der Querschnittsverengung auf. Im Ablösegebiet sind komplexe Dampfstrukturen vorhanden und es treten teilweise kleine sphärische Blasen nach der Drossel auf. Diese sphärischen Blasen sind ebenfalls bei der Venturigeometrie stromabwärts vorhanden. Hier tritt allerdings die erste sichtbare Kavitation in Strömungsrichtung in Form einer stabil anliegenden Blase an der Wand auf, was mit Beobachtungen von Washio u. a. (2010) überein stimmt. Seine Hypothese zum Kavitationsbeginn ist, dass am Ablösepunkt durch Zugspannungen ein Vakuum und somit eine stationäre Kavitationsblase an der Wand gebildet wird, die wiederum zu ablösenden Kavitationsblasen führt.

Ausgehend von den Randbedingungen, bei denen Kavitation ohne Drosselwirkung auftritt, führt eine weitere Absenkung des Auslassdruckes p_{Aus} zu einem Anwachsen des Druckverlustes Δp. Dies erfolgt zuerst bei einem weiter sinkendem Einlassdruck p_{Ein} in Abbildung 6.6c, bis schließlich auch der Einlassdruck in Abbildung 6.6d konstant wird. Die Abbildungen 6.5c und 6.6d zeigen dabei eine Verringerung des hydraulisch wirksamen Querschnittes sowie Bereiche mit einer Kavitationswahrscheinlichkeit von 100 %. Durch diesen Kavitationszustand hat der über den Querschnitt wirkende mittle-

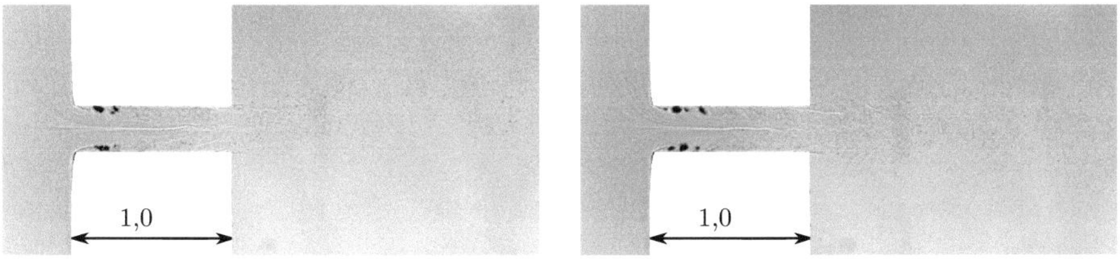

(a) Geo-I, $\dot{m} = 3{,}0\,\mathrm{g\,s^{-1}}, p_{\mathrm{Ein}}/p_{\mathrm{Aus}} = 17{,}3/7{,}20\,\mathrm{bar}$

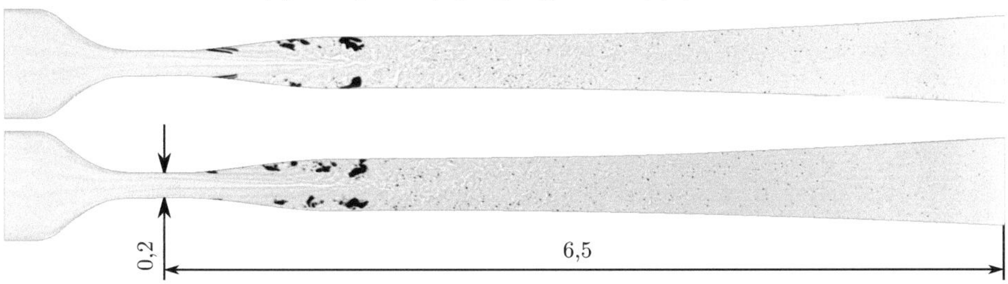

(b) Geo-V, $\dot{m} = 2{,}0\,\mathrm{g\,s^{-1}}, p_{\mathrm{Ein}}/p_{\mathrm{Aus}} = 8{,}1/3{,}75\,\mathrm{bar}$

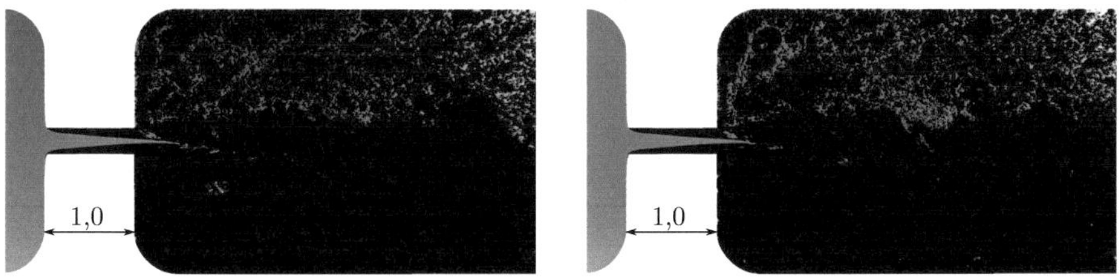

(c) Geo-I, $\dot{m} = 3{,}0\,\mathrm{g\,s^{-1}}, p_{\mathrm{Ein}}/p_{\mathrm{Aus}} = 15{,}4/1{,}2\,\mathrm{bar}$

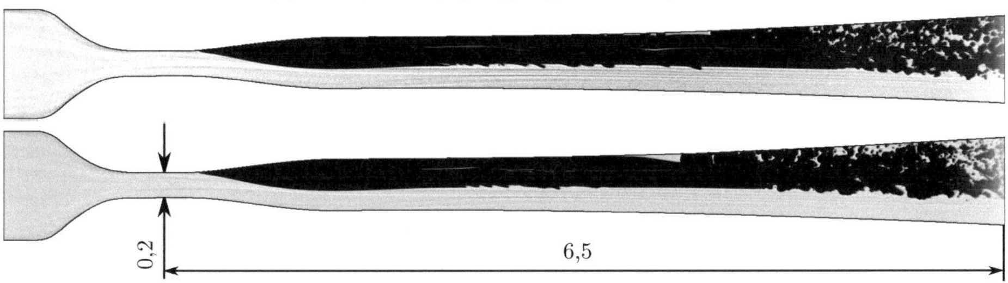

(d) Geo-V, $\dot{m} = 2{,}0\,\mathrm{g\,s^{-1}}, p_{\mathrm{Ein}}/p_{\mathrm{Aus}} = 7{,}6/1{,}12\,\mathrm{bar}$

Abbildung 6.7: Darstellung exemplarischer Einzelbildaufnahmen für die Drosselgeometrie in (a) und die Venturigeometrie in (b) für eine kavitierende Strömung, die noch keinen Einfluss auf den Druckverlust Δp zeigt. Im Gegensatz hierzu sind in (c) und (d) Einzelbildaufnahmen für eine kavitierende Strömung bei minimalem Auslassdruck und daher maximal möglichem Druckverlust dargestellt. Die Kavitationswahrscheinlichkeiten sind in den Abbildungen 6.5b, 6.6b, 6.5g und 6.6h dargestellt.

re hydrodynamische Druck den Dampfdruck erreicht und kann durch eine weitere Absenkung des Auslassdruckes nicht weiter reduziert werden, siehe Lecoffre (1999). Somit führt eine weitere Reduzierung des Auslassdruckes nicht zu einer Erhöhung des Massenstromes, sondern zu einem höheren Dampfanteil und wird ab den Abbildungen 6.5d und 6.6e durch das Auftreten von Superkavitation verdeutlicht. Bei der Venturigeometrie tritt die Superkavitation in Form von Bandkavitation und bei der Drosselgeometrie als große Ablösekavitation auf, an deren Rändern entsprechend den Abbildungen 6.7c und 6.7d Blasen unterschiedlicher Größe ablösen.

Die optischen Untersuchungen zeigen je nach Wahl der hydraulischen Randbedingungen den Übergang von einphasiger Strömung über hydrodynamische Kavitation in Form von Scherschichtkavitation bis hin zu Superkavitation. Eine Unterscheidung zwischen Gas- und Dampfblasen ist in den Strömungskanal-Geometrien aufgrund der unbekannten lokalen Druckwerte allerdings nicht möglich. Im nächsten Abschnitt 6.3 werden daher die Messergebnisse der ungelösten Luft im Nachlauf bei bekannten Strömungs- und Druckbedingungen vorgestellt.

6.3 Ungelöste Luft im Nachlauf

Wie Abbildung 5.2 veranschaulicht, gibt es stromab des Strömungskanals im Nachlauf einen weiteren optischen Zugang, um das Volumen der ungelösten Luft über die optische Messmethode von Gasblasen aus Abschnitt 5.3.5 zu bestimmen. In Abbildung 6.8 ist die Nachlaufströmung hinter der Drosselgeometrie Geo-I für verschiedene Auslassdrücke und bei einem konstanten Massenstrom von 3,0 g s^{-1} veranschaulicht. Die Abbildungen 6.8b bis 6.8g zeigen eine deutliche Zunahme ungelöster Gase bei einem abnehmenden Auslassdruck. Der Auslassdruck-Bereich, bei dem ungelöste Luft im Nachlauf auftritt, beschränkt sich daher bei diesem Massenstrom und dieser Geometrie auf geringe Drücke zwischen $p_{\mathrm{Aus}} = 1{,}2$ bar und $p_{\mathrm{Aus}} = 1{,}86$ bar. Die hydraulischen Randbedingungen zu den gezeigten Durchlichtaufnahmen sind im Drosseldiagramm in Abbildung 6.8a dargestellt und verdeutlichen, dass alle Betriebspunkte mit ungelöster Luft im Nachlauf im kavitierenden, gedrosselten Strömungsbereich liegen. Dies wird auch durch die Abbildungen 6.5e bis 6.5g bestätigt, die hydrodynamische Kavitation im Strömungskanal in Form von Superkavitation bei den hydraulischen Randbedin-

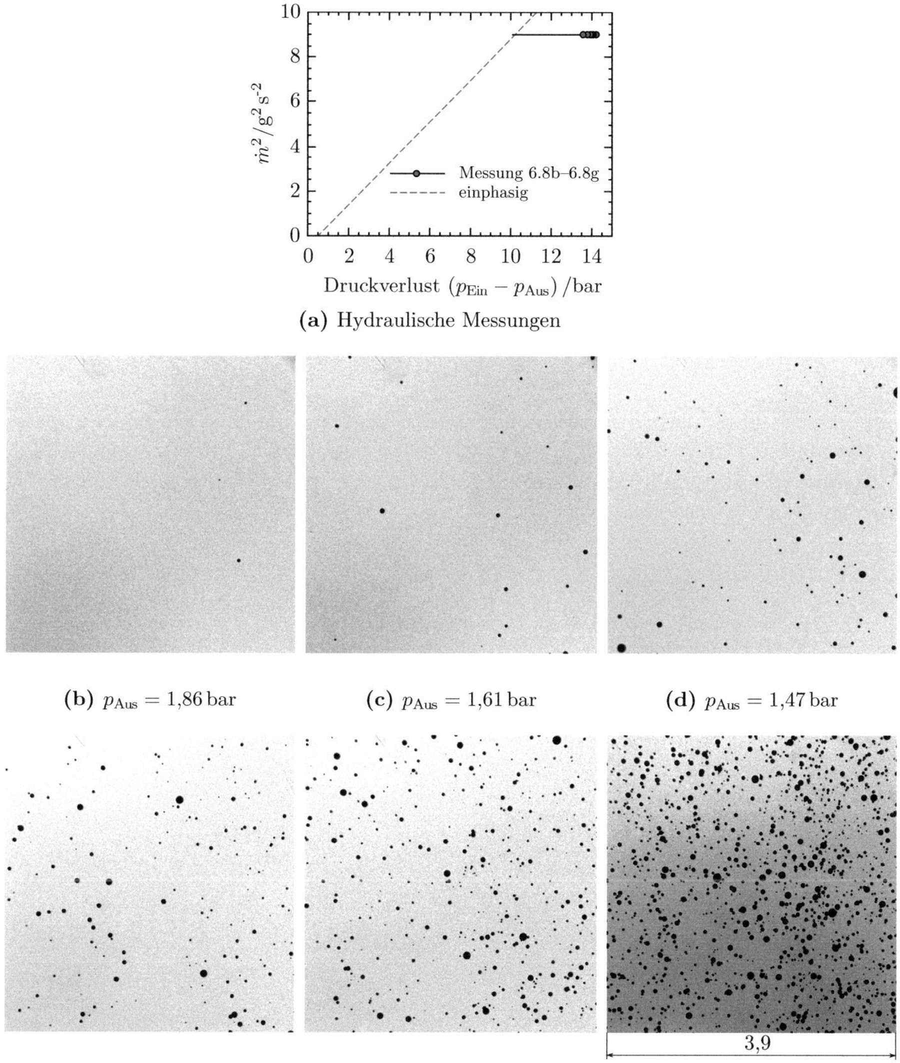

(a) Hydraulische Messungen

(b) $p_{\mathrm{Aus}} = 1{,}86\,\mathrm{bar}$ **(c)** $p_{\mathrm{Aus}} = 1{,}61\,\mathrm{bar}$ **(d)** $p_{\mathrm{Aus}} = 1{,}47\,\mathrm{bar}$

(e) $p_{\mathrm{Aus}} = 1{,}39\,\mathrm{bar}$ **(f)** $p_{\mathrm{Aus}} = 1{,}3\,\mathrm{bar}$ **(g)** $p_{\mathrm{Aus}} = 1{,}2\,\mathrm{bar}$

Abbildung 6.8: Visualisierung eines Bildausschnittes der Gasblasenströmung im Nachlauf der Drosselströmung Geo-I bei einem Massenstrom von $\dot{m} = 3{,}0\,\mathrm{g\,s^{-1}}$, einem konstanten Einlassdruck $p_{\mathrm{Ein}} = 15{,}4\,\mathrm{bar}$ in Abhängigkeit des Auslassdruckes. Die hydraulischen Betriebspunkte aus den Abbildungen (b)–(h) sind in (a) dargestellt. Die Kavitationswahrscheinlichkeiten bei gleichem Massenstrom zeigt Abbildung 6.5.

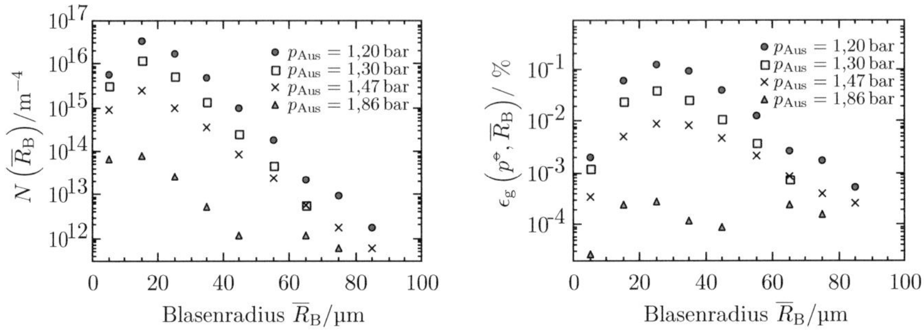

(a) Blasendichteverteilung $N\left(\overline{R}_B\right)$ (b) Volumenfraktionsverteilung $\epsilon_g\left(p^{\circ}, \overline{R}_B\right)$

Abbildung 6.9: Darstellung der Blasendichteverteilung $N(\overline{R}_B)$ nach Gleichung 2.54 und der Volumenfraktionsverteilung $\epsilon_g(p^{\circ}, \overline{R}_B)$ in Abhängigkeit des mittleren Blasenradius bei einem Intervall von $\Delta R_B = \pm 5$ µm. Diese beispielhafte Messung erfolgt nach der Drosselströmung in Geo-I bei einem Massenstrom von $\dot{m} = 3{,}0\,\mathrm{g\,s^{-1}}$ und bei einer Zulauftemperatur von $T_{Ein} = 35\,°C$.

gungen mit ungelöster Luft im Nachlauf zeigen.

Die qualitativen Eindrücke aus Abbildung 6.8, die durch einzelne Durchlichtaufnahmen die Abhängigkeit ungelöster Gase vom Auslassdruck zeigen, werden quantitativ in Abbildung 6.9 bestätigt. Hierbei wird die Gasblasengrößenverteilung für insgesamt 100 Einzelbilder je Betriebspunkt gemessen und daraus die jeweils auf Atmosphärendruck bezogene Volumenfraktion $\epsilon_g\left(p^{\circ}\right)$ bestimmt. In Abbildung 6.9a ist die Blasendichteverteilung $N\left(\overline{R}_B\right)$ für eine Auswahl der in Abbildung 6.8a gezeigten Durchlichtaufnahmen dargestellt. Der größte gemessene Blasenradius beträgt bei diesem Massenstrom $\overline{R}_B = 85$ µm, während das Maximum der Blasenanzahl für alle Auslassdrücke bei dem Intervall mit dem mittleren Radius $\overline{R}_B = 15$ µm liegt. Eine Ursache dafür, dass die Anzahl der gemessenen Blasen bei dem Intervall mit dem mittleren Blasenradius von $\overline{R}_B = 5$ µm kleiner ist als bei $\overline{R}_B = 15$ µm, liegt möglicherweise in den Auflösungsgrenzen der Durchlichtaufnahmen und des Blasenerkennungsalgorithmus begründet. Nach Abschnitt 5.3.2 liegt einerseits die minimale räumliche Auflösung der Durchlichtaufnahmen bei $d_{res} < 3$ µm und andererseits ist der Einfluss des Schärfentiefenbereichs auf die Vergrößerung bei kleinen Blasen stärker ausgeprägt. Zusätzlich erkennt der Blasenerkennungsalgorithmus Kreise erst ab einem Radius von einem Pixel, wodurch hier Blasen ab $R_B \geq 3{,}2$ µm gemessen werden können. Das Blasenradienintervall mit

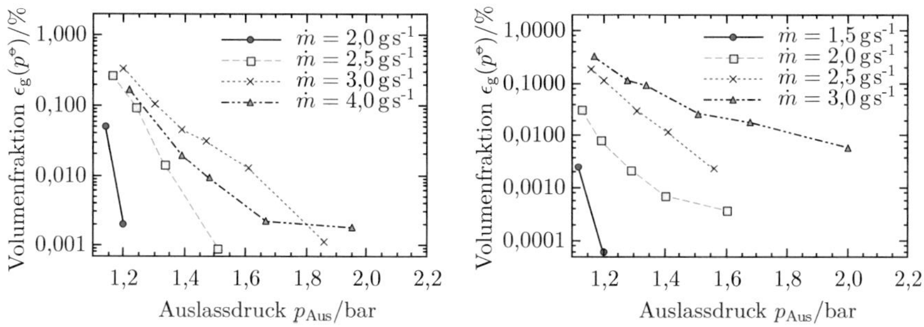

(a) Drosselgeometrie Geo-I

(b) Venturigeometrie Geo-V

Abbildung 6.10: Darstellung der Volumenfraktion $\epsilon_g\,(p^\ominus)$ bei der Drosselströmung Geo-I und der Venturiströmung Geo-V bei jeweils vier Massenströmen und in Abhängigkeit des Auslassdruckes p_{Aus}.

dem größten Volumenfraktionsbeitrag $\epsilon_g\left(p^\ominus, \overline{R}_B\right)$ liegt nach Abbildung 6.9b für alle Auslassdrücke bei einem mittleren Blasenradius von $\overline{R}_B = 25\,\mu m$.

Die kumulierte Volumenfraktion über alle Radien $\epsilon_g(p^\ominus)$ wird in Abbildung 6.10 für alle Betriebspunkte der Drosselströmung Geo-I und der Venturiströmung Geo-V grafisch zusammengefasst. Sie veranschaulicht die deutliche Zunahme der Volumenfraktion bei abnehmendem Auslassdruck für beide Strömungskanal-Geometrien und alle Massenströme. Zusätzlich zeigen die Abbildungen 6.10a und 6.10b eine Erhöhung der Volumenfraktion ungelöster Gase bei steigendem Massenstrom. Eine Ausnahme ist hier ausschließlich bei der Drosselgeometrie Geo-I der Massenstrom $\dot{m} = 4{,}0\,g\,s^{-1}$, bei dem weniger ungelöste Luft im Nachlauf als bei $\dot{m} = 3{,}0\,g\,s^{-1}$ ermittelt wird. Die für alle auswertbaren Betriebspunkte und beide Geometrien maximal gemessene Volumenfraktion $\epsilon_g(p^\ominus)$ beträgt 0,338 % und das bedeutet, dass drei Prozent der im Tank gelösten Luft zwischen dem Strömungskanal und dem optischen Zugang im Nachlauf ausgast.

Der Anteil ungelöster Luft nimmt bei der Drosselgeometrie Geo-I bei einem Massenstrom $\dot{m}$ = 5,0 und $6{,}0\,g\,s^{-1}$ im Vergleich zu einem Massenstrom von $\dot{m} = 3{,}0\,g\,s^{-1}$ wieder qualitativ zu, allerdings kann bei diesen Randbedingungen die Volumenfraktion nicht ausgewertet werden. Dies liegt an vereinzelt sehr großen Blasen, welche nicht mehr sphärisch sind und daher nicht vom Hough-Algorithmus erkannt werden. Zudem kann auch bei der zweidimensionalen Messtechnik keine Volumenbestimmung infolge der fehlenden Tiefen-Information durchgeführt werden. Die nicht-sphärische Form von

Blasen mit $R_\mathrm{B} \approx 500\,\mu\mathrm{m}$ kann einerseits von Interaktionen mit der Wand resultieren, da die Blasen so groß wie die Kanaltiefe sind. Andererseits geht die Blasenform bei diesen Randbedingungen und den entsprechenden Eötvös-, Morton- und Reynolds-Zahlen nach dem empirisch ermittelten Diagramm von Clift u. a. (2005, S. 27) auch von einer sphärischen zu einer elliptischen Blasenform über.

Das Auftreten dieser deutlich größeren Blasen bei einer Massenstromerhöhung resultiert vermutlich durch Blasenkoaleszenzen in Rezirkulationsgebieten. Dies zeigen Hochgeschwindigkeitsaufnahmen mit 10000 Bildern pro Sekunde und einer Auflösung von 500×200 Pixeln in der Drosselströmung Geo-I an, welche die Interpretationen der Einzelbildaufnahmen in der Abbildung 6.11 hinsichtlich der Strömungsvorgänge unterstützen. Die Aufnahmen der Drosselströmung, bei denen gleichzeitig große Blasen im Nachlauf auftreten, zeigen bei Massenströmen von $5{,}0\,\mathrm{g\,s^{-1}}$ und $6{,}0\,\mathrm{g\,s^{-1}}$ eine komplexe Zweiphasenströmung an, die mit hydrodynamischer Kavitation am Anfang der Drossel beginnt. Nach der Drosselströmung spritzt das Zweiphasengemisch in einem Freistrahl in Form von Ligamenten und Tropfen in eine gasförmige Phase ein. Zwischen dieser gasförmigen Phase und der Wand befindet sich bei einem Massenstrom von $5{,}0\,\mathrm{g\,s^{-1}}$ ein flüssigkeitsgefülltes Rezirkulationsgebiet, in dem Blasen entgegengesetzt der Hauptströmungsrichtung nach links wandern und miteinander koaleszieren. Bei größeren Strömungsfluktuationen koaleszieren diese entweder mit der Gasphase um den Freistrahl oder sie wandern stromabwärts. Durch Erhöhung des Massenstromes auf $6{,}0\,\mathrm{g\,s^{-1}}$ wächst die Gasphase nach Abbildung 6.11b weiter an und füllt zusammen mit dem Freistrahl den kompletten Querschnitt aus. Eine Auslassdruckerhöhung bei diesem Massenstrom führt wieder zu einer Verringerung der Gasphase, vergleichbar zu Abbildung 6.11a, und schließlich zu einem einseitigen Rezirkulationsgebiet nach Abbildung 6.11c.

Eine Zusammenfassung der auswertbaren Volumenfraktionsmessungen gibt die Tabelle 6.3 für die Drosselströmung Geo-I und für die Venturiströmung Geo-V an. Neben der Volumenfraktion $\epsilon_\mathrm{g}\,(p^\ominus, R_\mathrm{B})$ wird auch die Volumenfraktion $\epsilon_\mathrm{g}\,(p^\ominus, R_\mathrm{B,def})$ angegeben, bei der angenommen wird, dass alle Blasen defokussiert sind. Ausgehend von diesen beiden Werten wird eine obere und untere Grenze der Volumenfraktion entsprechend Abschnitt 5.3.6 aufgeführt, die durch Messunsicherheitsbeiträge bei der Messkammervolumenbestimmung und der optischen Auflösung d_res entstehen. Im Mittel liegt die

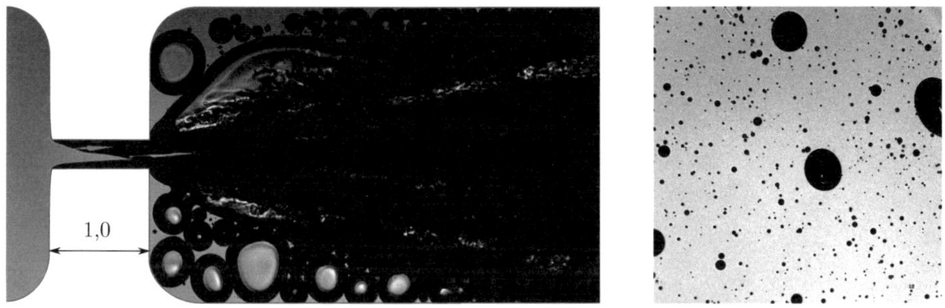

(a) $\dot{m} = 5{,}0\,\mathrm{g\,s^{-1}}$, $p_{\mathrm{Ein}}/p_{\mathrm{Aus}} = 42{,}3/1{,}3\,\mathrm{bar}$

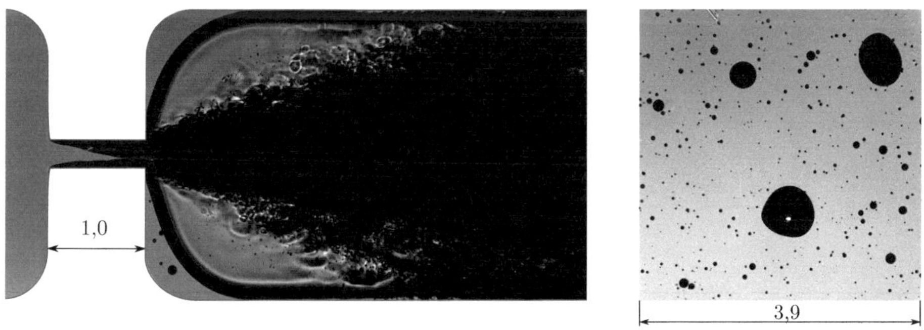

(b) $\dot{m} = 6{,}0\,\mathrm{g\,s^{-1}}$, $p_{\mathrm{Ein}}/p_{\mathrm{Aus}} = 60{,}6/1{,}35\,\mathrm{bar}$

(c) $\dot{m} = 6{,}0\,\mathrm{g\,s^{-1}}$, $p_{\mathrm{Ein}}/p_{\mathrm{Aus}} = 60{,}6/3{,}2\,\mathrm{bar}$

Abbildung 6.11: Durchlichtaufnahmen der Drosselströmung Geo-I (links) und der Gasblasenströmung stromab im Nachlauf (rechts), bei denen sehr große Blasen im Nachlauf auftreten.

Tabelle 6.3: Angabe der hydraulischen Randbedingungen und der ermittelten Volumenfraktionen inklusiver oberer und unterer Grenze nach einer Messunsicherheitsbewertung.

	$\dot{m}$	p_{Ein}	p_{Aus}	$\epsilon_{\text{g}}\,(p^{\ominus}, R_{\text{B}})$	$\epsilon_{\text{g}}^{+}\,(p^{\ominus}, R_{\text{B}})$	$\epsilon_{\text{g}}\,(p^{\ominus}, R_{\text{B,def}})$	$\epsilon_{\text{g}}^{-}\,(p^{\ominus}, R_{\text{B,def}})$	$VK\,(\epsilon_{\text{g}})$
in	gs^{-1}	bar	bar	%	%	%	%	%
Geo-I	2,0	7,03	1,14	$4{,}99 \cdot 10^{-2}$	$6{,}33 \cdot 10^{-2}$	$3{,}17 \cdot 10^{-2}$	$2{,}42 \cdot 10^{-2}$	20,0
	2,0	7,03	1,2	$2{,}00 \cdot 10^{-3}$	$2{,}60 \cdot 10^{-3}$	$1{,}18 \cdot 10^{-3}$	$8{,}59 \cdot 10^{-4}$	34,0
	2,5	10,8	1,16	$2{,}74 \cdot 10^{-1}$	$3{,}23 \cdot 10^{-1}$	$2{,}09 \cdot 10^{-1}$	$1{,}75 \cdot 10^{-1}$	18,7
	2,5	10,8	1,24	$9{,}54 \cdot 10^{-2}$	$1{,}13 \cdot 10^{-1}$	$7{,}26 \cdot 10^{-2}$	$6{,}05 \cdot 10^{-2}$	20,4
	2,5	10,8	1,33	$1{,}44 \cdot 10^{-2}$	$1{,}75 \cdot 10^{-2}$	$1{,}03 \cdot 10^{-2}$	$8{,}34 \cdot 10^{-3}$	30,9
	2,5	10,8	1,51	$9{,}00 \cdot 10^{-4}$	$1{,}15 \cdot 10^{-3}$	$5{,}96 \cdot 10^{-4}$	$4{,}62 \cdot 10^{-4}$	75,1
	3,0	15,4	1,2	$3{,}38 \cdot 10^{-1}$	$4{,}04 \cdot 10^{-1}$	$2{,}46 \cdot 10^{-1}$	$2{,}02 \cdot 10^{-1}$	10,9
	3,0	15,4	1,3	$1{,}06 \cdot 10^{-1}$	$1{,}27 \cdot 10^{-1}$	$7{,}54 \cdot 10^{-2}$	$6{,}13 \cdot 10^{-2}$	16,0
	3,0	15,4	1,39	$4{,}45 \cdot 10^{-2}$	$5{,}35 \cdot 10^{-2}$	$3{,}20 \cdot 10^{-2}$	$2{,}61 \cdot 10^{-2}$	21,5
	3,0	15,4	1,47	$3{,}06 \cdot 10^{-2}$	$3{,}62 \cdot 10^{-2}$	$2{,}31 \cdot 10^{-2}$	$1{,}92 \cdot 10^{-2}$	30,4
	3,0	15,4	1,61	$1{,}25 \cdot 10^{-2}$	$1{,}46 \cdot 10^{-2}$	$9{,}72 \cdot 10^{-3}$	$8{,}18 \cdot 10^{-3}$	52,0
	3,0	15,4	1,86	$1{,}13 \cdot 10^{-3}$	$1{,}33 \cdot 10^{-3}$	$8{,}91 \cdot 10^{-4}$	$7{,}55 \cdot 10^{-4}$	214
	4,0	27,25	1,22	$1{,}65 \cdot 10^{-1}$	$1{,}99 \cdot 10^{-1}$	$1{,}18 \cdot 10^{-1}$	$9{,}55 \cdot 10^{-2}$	13,6
	4,0	27,25	1,39	$1{,}91 \cdot 10^{-2}$	$2{,}44 \cdot 10^{-2}$	$1{,}23 \cdot 10^{-2}$	$9{,}41 \cdot 10^{-3}$	24,3
	4,0	27,25	1,48	$9{,}09 \cdot 10^{-3}$	$1{,}17 \cdot 10^{-2}$	$5{,}73 \cdot 10^{-3}$	$4{,}33 \cdot 10^{-3}$	26,9
	4,0	27,25	1,67	$2{,}25 \cdot 10^{-3}$	$2{,}86 \cdot 10^{-3}$	$1{,}43 \cdot 10^{-3}$	$1{,}09 \cdot 10^{-3}$	48,8
	4,0	27,25	1,95	$1{,}78 \cdot 10^{-3}$	$2{,}20 \cdot 10^{-3}$	$1{,}18 \cdot 10^{-3}$	$9{,}31 \cdot 10^{-4}$	57,5
Geo-V	1,5	4,75	1,12	$2{,}55 \cdot 10^{-3}$	$3{,}54 \cdot 10^{-3}$	$1{,}47 \cdot 10^{-3}$	$1{,}00 \cdot 10^{-3}$	21,1
	1,5	4,75	1,2	$5{,}96 \cdot 10^{-5}$	$8{,}36 \cdot 10^{-5}$	$3{,}51 \cdot 10^{-5}$	$2{,}42 \cdot 10^{-5}$	176,1
	2,0	7,75	1,13	$3{,}17 \cdot 10^{-2}$	$4{,}05 \cdot 10^{-2}$	$1{,}99 \cdot 10^{-2}$	$1{,}50 \cdot 10^{-2}$	14,3
	2,0	7,75	1,19	$8{,}14 \cdot 10^{-3}$	$1{,}06 \cdot 10^{-2}$	$4{,}99 \cdot 10^{-3}$	$3{,}69 \cdot 10^{-3}$	18,6
	2,0	7,75	1,29	$2{,}24 \cdot 10^{-3}$	$2{,}98 \cdot 10^{-3}$	$1{,}36 \cdot 10^{-3}$	$9{,}91 \cdot 10^{-4}$	35,0
	2,0	7,75	1,4	$7{,}20 \cdot 10^{-4}$	$1{,}01 \cdot 10^{-3}$	$4{,}34 \cdot 10^{-4}$	$3{,}03 \cdot 10^{-4}$	66,5
	2,0	7,75	1,6	$3{,}78 \cdot 10^{-4}$	$5{,}73 \cdot 10^{-4}$	$2{,}20 \cdot 10^{-4}$	$1{,}41 \cdot 10^{-4}$	119,6
	2,5	11,5	1,16	$1{,}90 \cdot 10^{-1}$	$2{,}30 \cdot 10^{-1}$	$1{,}39 \cdot 10^{-1}$	$1{,}14 \cdot 10^{-1}$	16,0
	2,5	11,5	1,2	$1{,}15 \cdot 10^{-1}$	$1{,}38 \cdot 10^{-1}$	$8{,}28 \cdot 10^{-2}$	$6{,}77 \cdot 10^{-2}$	17,3
	2,5	11,5	1,31	$3{,}03 \cdot 10^{-2}$	$3{,}70 \cdot 10^{-2}$	$2{,}14 \cdot 10^{-2}$	$1{,}72 \cdot 10^{-2}$	22,9
	2,5	11,5	1,41	$1{,}15 \cdot 10^{-2}$	$1{,}40 \cdot 10^{-2}$	$8{,}15 \cdot 10^{-3}$	$6{,}58 \cdot 10^{-3}$	38,6
	2,5	11,5	1,56	$2{,}29 \cdot 10^{-3}$	$2{,}83 \cdot 10^{-3}$	$1{,}58 \cdot 10^{-3}$	$1{,}25 \cdot 10^{-3}$	73,3
	3,0	16,3	1,17	$3{,}16 \cdot 10^{-1}$	$3{,}72 \cdot 10^{-1}$	$2{,}39 \cdot 10^{-1}$	$2{,}00 \cdot 10^{-1}$	13,0
	3,0	16,3	1,28	$1{,}12 \cdot 10^{-1}$	$1{,}35 \cdot 10^{-1}$	$8{,}04 \cdot 10^{-2}$	$6{,}56 \cdot 10^{-2}$	13,6
	3,0	16,3	1,34	$9{,}06 \cdot 10^{-2}$	$1{,}06 \cdot 10^{-1}$	$7{,}15 \cdot 10^{-2}$	$6{,}11 \cdot 10^{-2}$	41,2
	3,0	16,3	1,51	$2{,}67 \cdot 10^{-2}$	$3{,}11 \cdot 10^{-2}$	$2{,}13 \cdot 10^{-2}$	$1{,}81 \cdot 10^{-2}$	44,1
	3,0	16,3	1,68	$1{,}79 \cdot 10^{-2}$	$1{,}93 \cdot 10^{-2}$	$1{,}72 \cdot 10^{-2}$	$1{,}61 \cdot 10^{-2}$	565,0
	3,0	16,3	2	$6{,}02 \cdot 10^{-3}$	$6{,}70 \cdot 10^{-3}$	$5{,}64 \cdot 10^{-3}$	$5{,}07 \cdot 10^{-3}$	214,0

obere Grenze $\epsilon_{\mathrm{g}}^{+}$ 24 % über und die untere Grenze $\epsilon_{\mathrm{g}}^{-}$ 43 % unter der standardmäßig angegebenen Volumenfraktion $\epsilon_{\mathrm{g}}\left(p^{\ominus}, R_{\mathrm{B}}\right)$.

Zusätzlich ist in der Tabelle 6.3 die relative Standardabweichung der Volumenfraktionsmessung $VK\left(\epsilon_{\mathrm{g}}\left(N_{\mathrm{Bild}}\right)\right)$ aufgeführt. Die Ermittlung der relativen Standardabweichung erfolgt über die Messung der Volumenfraktion $\epsilon_{\mathrm{g}}\left(N_{\mathrm{Bild}}\right)$ pro Bild und stellt eine Einzelmessung im Vergleich zum Mittelwert aus 100 Bildern dar. Eine grafische Darstellung der Standardabweichungen aller gemessenen Volumenfraktionen geben die Abbildungen 6.12a und 6.13a in Abhängigkeit des Auslassdruckes. Die relative Standardabweichung $VK\left(\epsilon_{\mathrm{g}}\left(N_{\mathrm{Bild}}\right)\right)$ der Volumenfraktionsmessung liegt zwischen 11 % und 565 %. Sie wächst tendenziell mit Erhöhung des Auslassdruckes oder mit einer Verringerung des Massenstromes an und zeigt daher größere Abweichungen zwischen den Einzelmessungen, bei denen eine geringere Volumenfraktion durch eine geringere Blasenanzahl auftritt.

Der Verlauf der Volumenfraktions-Einzelmessungen ist über die Bildnummern für repräsentative Auslassdrücke und verschiedene Massenströme in den Abbildungen 6.12b bis 6.12e, beziehungsweise in den Abbildungen 6.13b bis 6.13e dargestellt. Grundsätzlich ist kein tendenziell ansteigender oder sinkender Verlauf der Volumenfraktion über der Zeit erkennbar. Allerdings zeigen die Abbildungen bei höheren Auslassdrücken immer wieder einzelne Ausreißer, die entweder durch sehr seltene, große Blasen oder durch Bilder ohne Blasen entstehen und somit für die höhere relative Standardabweichung verantwortlich sind.

Um mögliche Korrelationen zwischen den hydraulischen Randbedingungen und der ungelösten Luft zu detektieren, wird für beide Strömungskanal-Geometrien in Abbildung 6.14 die Volumenfraktion mit dem jeweiligen Maximalwert normiert und über verschiedene hydraulische Kenngrößen aufgetragen. In den Abbildungen 6.14a und 6.14b sind die normierten Volumenfraktionen über dem Auslassdruck visualisiert. Bei gleichem Auslassdruck verdeutlichen die Abbildungen eine häufig über 100-fach höhere Volumenfraktion ungelöster Gase bei unterschiedlichen Massenströmen. Im Vergleich hierzu wird die normierte Volumenfraktion in den Abbildungen 6.14c und 6.14d über der dimensionslosen Kavitationszahl angegeben. Die hier verwendete Kavitationszahl ist nach Gleichung 2.29 definiert, bei der allerdings wie bei Iben u. a. (2015) nicht der Dampfdruck der Flüssigkeit als kritischer Druck p_{krit}, sondern der Sättigungsdruck

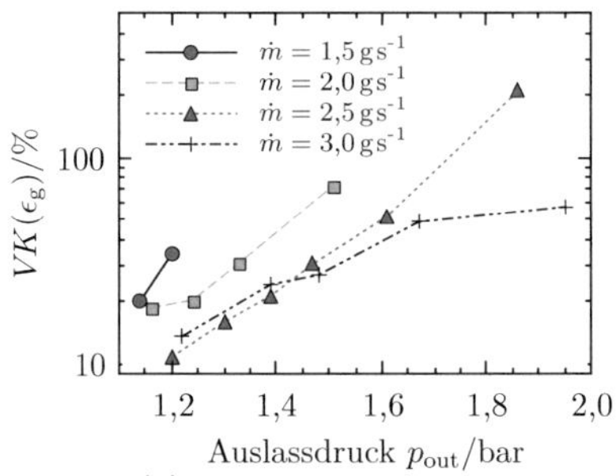

(a) Hydraulische Messungen

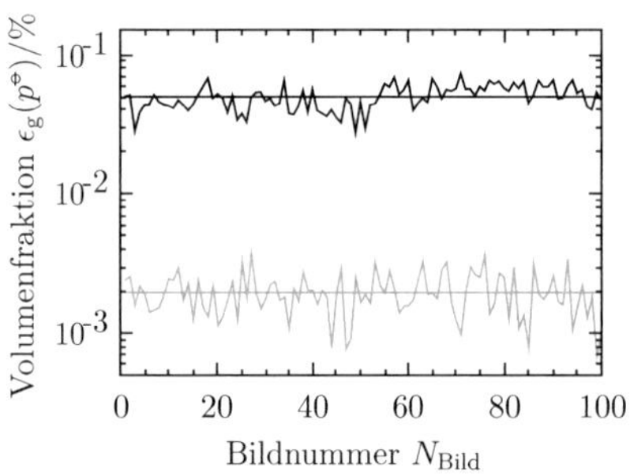

(b) $\dot{m} = 2{,}0\,\mathrm{g\,s^{-1}}$, $p_{Aus} = 1{,}14/1{,}2\,\mathrm{bar}$

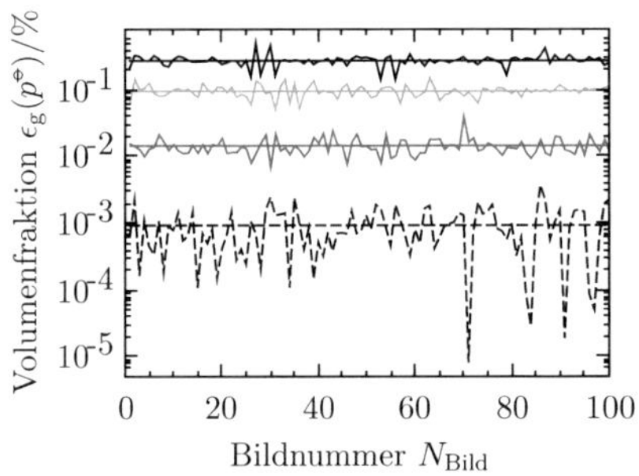

(c) $\dot{m} = 2{,}5\,\mathrm{g\,s^{-1}}$, $p_{Aus} = 1{,}16/1{,}24/1{,}33/1{,}51\,\mathrm{bar}$

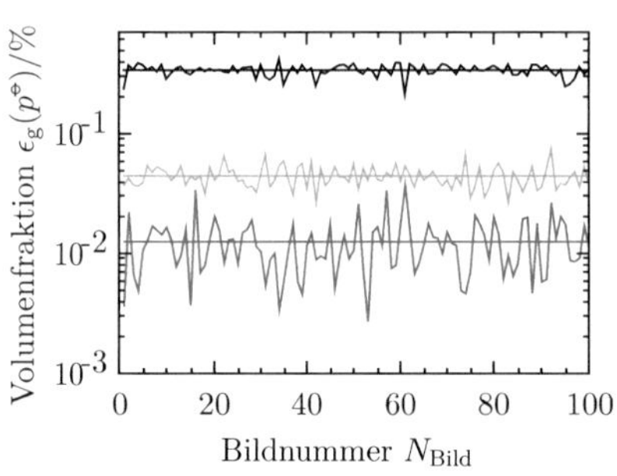

(d) $\dot{m} = 3{,}0\,\mathrm{g\,s^{-1}}$, $p_{Aus} = 1{,}2/1{,}39/1{,}60\,\mathrm{bar}$

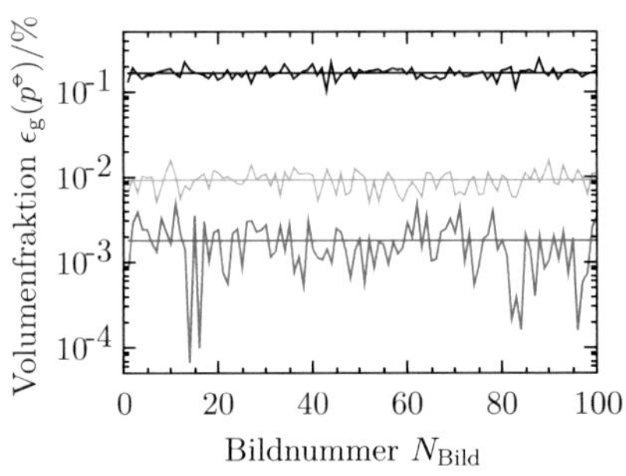

(e) $\dot{m} = 4{,}0\,\mathrm{g\,s^{-1}}$, $p_{Aus} = 1{,}22/1{,}48/1{,}95\,\mathrm{bar}$

Abbildung 6.12: Darstellung der relativen Standardabweichung der Volumenfraktionsmessung $VK(\epsilon_g)$ für alle gemessenen Betriebspunkte bei der Drosselströmung Geo-I. Die Ermittlung erfolgt über die Messung der Volumenfraktion pro Bild, die eine Einzelmessungen im Vergleich zum Mittelwert aus 100 Bildern darstellt. Der Verlauf der Einzelmessung ist über die Bildnummern für repräsentative Auslassdrücke und verschiedene Massenströme in den Abbildungen (b) bis (e) dargestellt.

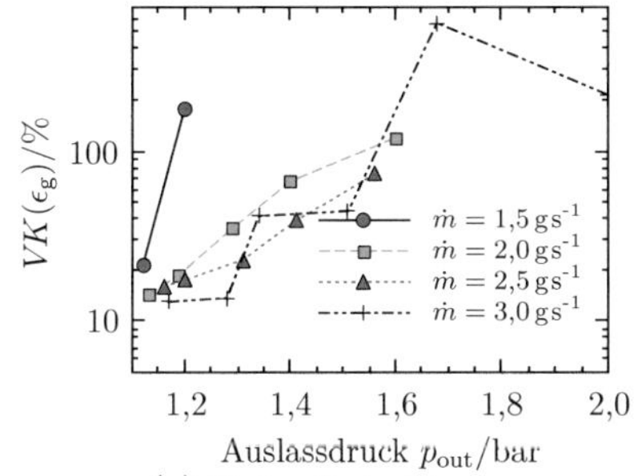

(a) Hydraulische Messungen

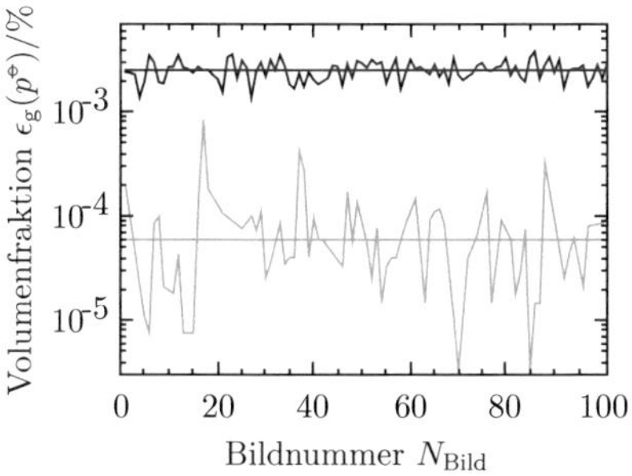

(b) $\dot{m} = 1{,}5\,\mathrm{g\,s^{-1}}$, $p_{\mathrm{Aus}} = 1{,}12/1{,}2\,\mathrm{bar}$

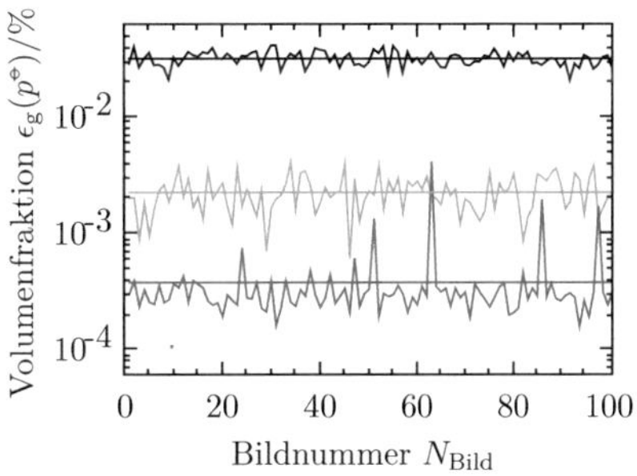

(c) $\dot{m} = 2{,}0\,\mathrm{g\,s^{-1}}$, $p_{\mathrm{Aus}} = 1{,}13\,/1{,}29\,/1{,}6\,\mathrm{bar}$

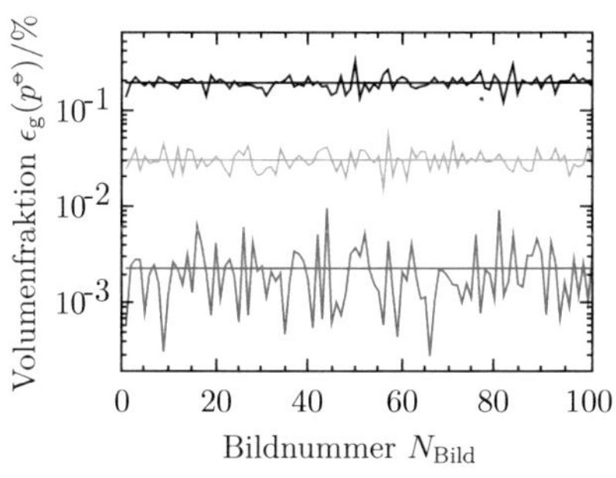

(d) $\dot{m} = 2{,}5\,\mathrm{g\,s^{-1}}$, $p_{\mathrm{Aus}} = 1{,}16/1{,}31/1{,}56\,\mathrm{bar}$

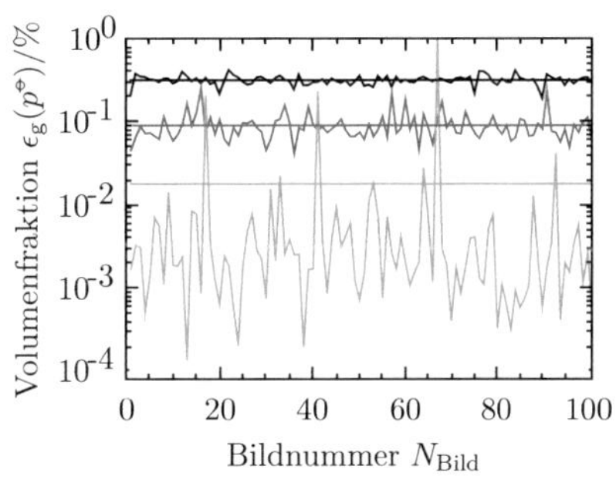

(e) $\dot{m} = 3{,}0\,\mathrm{g\,s^{-1}}$, $p_{\mathrm{Aus}} = 1{,}17/1{,}34/1{,}68\,\mathrm{bar}$

Abbildung 6.13: Darstellung der relativen Standardabweichung der Volumenfraktionsmessung $VK\,(\epsilon_{\mathrm{g}})$ für alle gemessenen Betriebspunkte bei der Venturiströmung Geo-V. Die Ermittlung erfolgt über die Messung der Volumenfraktion pro Bild, die eine Einzelmessung im Vergleich zum Mittelwert aus 100 Bildern darstellt. Der Verlauf der Einzelmessungen ist über die Bildnummern für repräsentative Auslassdrücke und verschiedene Massenströme in den Abbildungen (b) bis (e) dargestellt.

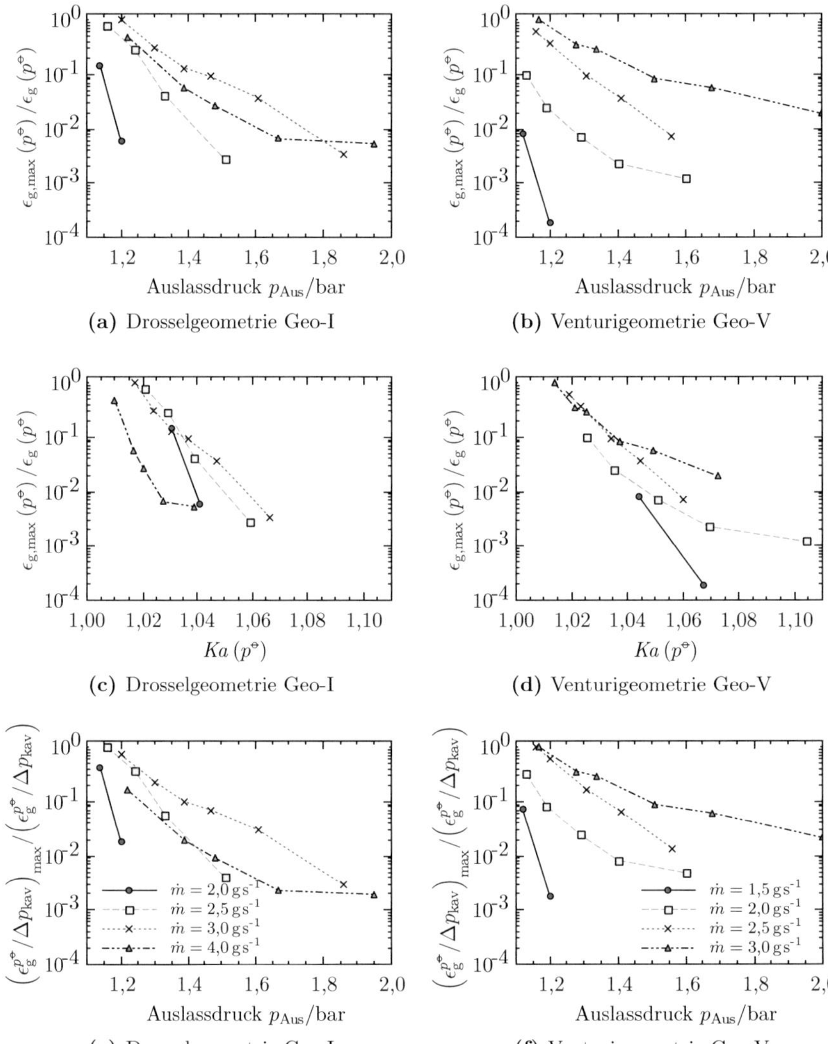

(a) Drosselgeometrie Geo-I

(b) Venturigeometrie Geo-V

(c) Drosselgeometrie Geo-I

(d) Venturigeometrie Geo-V

(e) Drosselgeometrie Geo-I

(f) Venturigeometrie Geo-V

Abbildung 6.14: In Abbildung (a) und (b) ist die mit dem jeweiligen Maximalwert normierte Angabe der Volumenfraktion über dem Auslassdruck angegeben. In (c) und (d) ist normierte Volumenfraktion über der Kavitationszahl $Ka(p^{\ominus})$ aufgetragen. Die Volumenfraktion wird durch den Druckverlust Δp_{kav} dividiert und ebenfalls mit dem Maximalwert normiert über dem Auslassdruck in (e) und (f) angegeben.

$p_{g,s} = 0{,}96\,\text{bar}$ der gelösten Gase verwendet wird. Die Unterschiede zwischen den verschiedenen Massenströmen der normierten Volumenfraktionen sind bei gleicher Kavitationszahl und somit ähnlicher Kavitationsausprägung deutlich geringer als in den oberen Abbildungen 6.14a und 6.14b. Einen Ansatz, die Volumenfraktion ungelöster Gase mit der Dampffraktion im Strömungskanal in Beziehung zu setzen, zeigen die Abbildungen 6.14e und 6.14f. Hierbei wird die gemessene Volumenfraktion ungelöster Gase indirekt mit der Menge an Dampf über den Druckverlust $\Delta p_{\text{kav}} = p_{\text{Aus},1ph} - p_{\text{Aus,kav}}$, der durch die Zweiphasenströmung im Vergleich zur Einphasen-Strömung entsteht, dividiert. Im Vergleich zu den Abbildungen 6.14a und 6.14b wird die Differenz zwischen den verschiedenen Massenströmen bei gleichem Auslassdruck etwa um eine knappe Zehnerpotenz verringert und weist damit auf einen Zusammenhang zwischen verdampfter Menge im Strömungskanal und ungelöster Luft im Nachlauf hin.

6.4 Akustische Messungen

Die Ergebnisse im vorangegangenen Abschnitt 6.3 zeigen die starke Abhängigkeit ungelöster Luft vom Auslassdruck bei vorhandener Superkavitation im Strömungskanal. Bei einer Auslassdruckvariation ist eine deutliche Geräuschänderung wahrnehmbar, die ausgehend von Betriebspunkten bei ungelöster Luft mit einer tiefen Frequenz beginnt. Während der Auslassdruckerhöhung nimmt die Frequenz und die Lautstärke deutlich zu. Sie wird maximal, wenn im Nachlauf keine Luftblasen mehr erkennbar sind aber gleichzeitig im Strömungskanal noch viel Kavitation auftritt. Um diese subjektive Wahrnehmung quantifizieren zu können, wird der Strömungsprüfstand aus Abschnitt 5.4 für die akustischen Untersuchungen an die selbe Hydraulikversorgung angeschlossen. Die hydraulischen Randbedingungen entsprechen somit den gleichen Bedingungen aus den Dampf- und Gaskavitations-Untersuchungen bei der Drosselströmung Geo-I.

Die Abbildung 6.15 zeigt die normierten Beschleunigungsspektren $\hat{\hat{B}}/\hat{\hat{B}}_{\text{ref}}$ bei drei verschiedenen Massenströmen im Frequenzbereich von 0,5 kHz bis zur Resonanzfrequenz des Sensors von $F_{\text{res}} = 55\,\text{kHz}$. Der lineare Bereich des Beschleunigungssensors, bei dem der Fehler weniger als 10 % beträgt, ist zusätzlich gekennzeichnet und reicht bis zu einer Frequenz von $F = 0{,}3F_{\text{res}}$. Darüber hinaus wird auch der Frequenzbereich bis zur

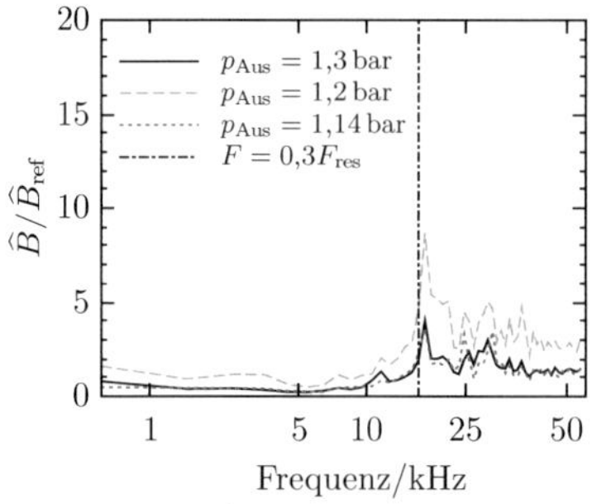

(a) $\dot{m} = 2{,}0\,\mathrm{g\,s^{-1}}$, bei geringem Auslassdruck

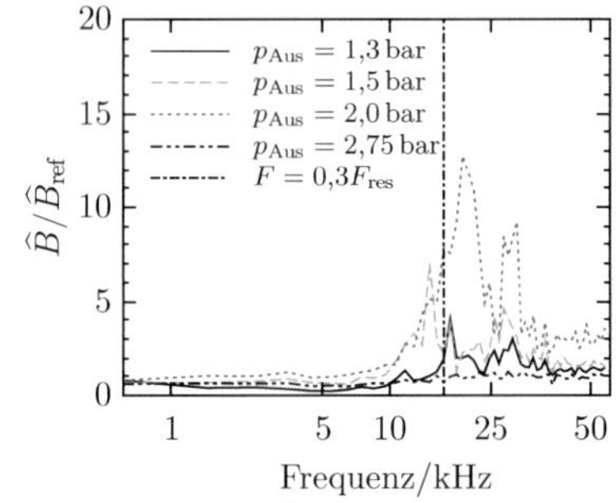

(b) $\dot{m} = 2{,}0\,\mathrm{g\,s^{-1}}$, bei hohem Auslassdruck

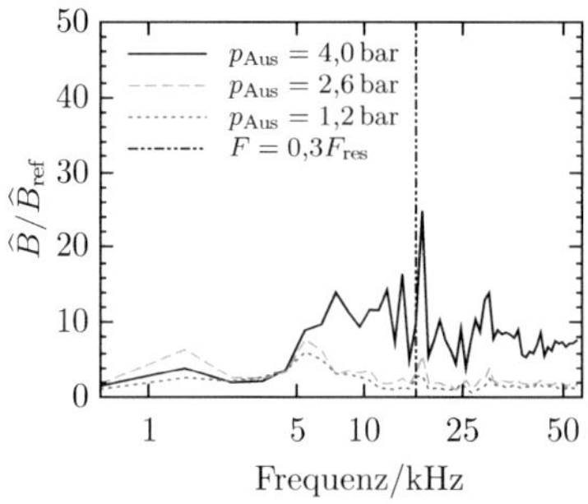

(c) $\dot{m} = 4{,}0\,\mathrm{g\,s^{-1}}$, bei geringem Auslassdruck

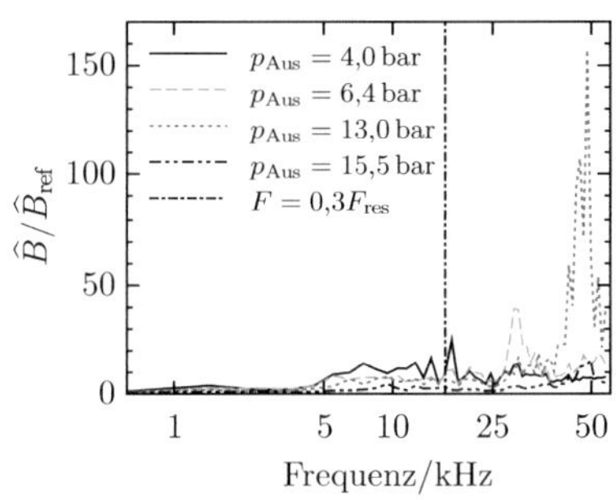

(d) $\dot{m} = 4{,}0\,\mathrm{g\,s^{-1}}$, bei hohem Auslassdruck

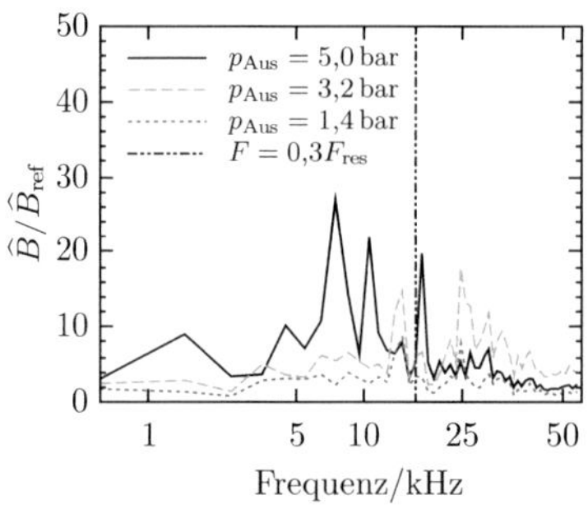

(e) $\dot{m} = 6{,}0\,\mathrm{g\,s^{-1}}$, bei geringem Auslassdruck

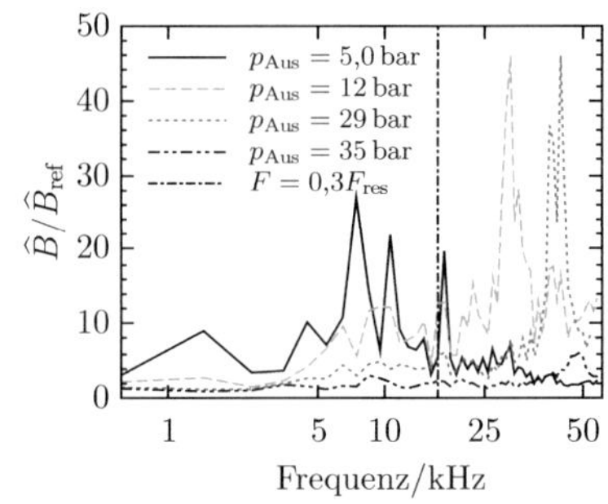

(f) $\dot{m} = 6{,}0\,\mathrm{g\,s^{-1}}$, bei hohem Auslassdruck

Abbildung 6.15: Darstellung der normierten Beschleunigungsspektren bei verschiedenen Auslassdrücken und Massenströmen. Normiert wird hier mit dem einphasigen Strömungszustand bei gleichem Massenstrom. In (a), (c) und (e) sind die Beschleunigungsspektren beim Übergang von viel ungelöster zu vollständig gelöster Luft abgebildet. In (b), (d) und (f) sind die Beschleunigungsspektren im Bereich von viel Dampffraktion bis zum einphasigen Zustand in der Drosselströmung dargestellt. $F = 0.3F_{\mathrm{res}}$ kennzeichnet den linearen Bereich des Beschleunigungssensors mit geringem Fehler kleiner 10 %.

Eigenfrequenz des Beschleunigungssensors visualisiert. Neben rein qualitativen Aussagen dient das auch als Kontrolle um Betriebspunkte, in denen die Kavitation den Sensor in dessen Eigenfrequenzbereich wahrnehmbar anregt, auszuschließen. Auf der linken Seite der Abbildung 6.15 sind jeweils die Messungen mit geringen Auslassdrücken und viel Kavitation im Strömungskanal dargestellt, die den Übergang von ungelöster Luft bis zu einphasiger Strömung im Nachlauf bei steigendem Auslassdruck repräsentieren. Die Messungen bei weiter steigenden Auslassdrücken werden auf der rechten Seite abgebildet. Sie stellen die Betriebspunkte von Superkavitation über Scherschicht- und Wirbelkavitation im nicht drosselnden Kavitationsbereich bis hin zum einphasigen Strömungszustand beim jeweils höchsten Auslasssdruck dar.

Die Diagramme auf der linken Seite der Abbildung 6.15 veranschaulichen eine Beschleunigungsspektrenerhöhung $\widehat{B}/\widehat{B}_{\text{ref}}$ im Bereich von 0–16,5 kHz bei einer Zunahme des Massenstromes. Bis auf Abbildung 6.15a, deren Beschleunigungsspektren auf niedrigem Niveau liegen, verdeutlichen die Abbildungen 6.15c und 6.15e eine Zunahme der Beschleunigungsspektren im hörbaren Bereich bei einer Abnahme der ungelösten Luft im Nachlauf, vergleiche hierzu Tabelle 6.3. Diese Beschleunigungsspektren $\widehat{B}/\widehat{B}_{\text{ref}}$ nehmen in den Abbildungen 6.15d und 6.15f bei einer weiteren Auslassdruckerhöhung und einer Abnahme der Kavitationsausprägung entsprechend den Abbildungen A.3 und A.4 wieder ab. Allerdings nehmen die Beschleunigungsspektren über 16,5 kHz weiterhin deutlich zu. Sie werden erst bei einem hohen Auslassdruck maximal, bei dem eine relativ kleine Dampf-Volumenfraktion im Strömungskanal vorhanden ist und keine Drosselwirkung durch Kavitation mehr vorliegt.

Die maximalen Beschleunigungspektren im spezifizierten Bereich des Beschleunigungssensors sowie im hörbaren Bereich $\widehat{B}/\widehat{B}_{\text{ref}}(0\text{–}16{,}5\,\text{kHz})$ liegen daher immer bei vorhandener Superkavitation im Strömungskanal und meist bei vollkommen gelöster Luft im Nachlauf vor und bestätigen somit die akustische Wahrnehmung. Die allgemein höchsten messbaren Beschleunigungspektren $\widehat{B}/\widehat{B}_{\text{ref}}(0\text{–}55\,\text{kHz})$ deuten zumindest qualitativ jedoch auf den höchsten Energieeintrag von hydrodynamischer Kavitation auf die Wand hin und liegen bei jedem Massenstrom zwischen dem Kavitations-kritischen-Punkt Ka_{kkp} und dem erstmaligen Auftreten von Kavitation Ka_{inc}.

6.5 Fazit und Diskussion von Gaskavitation in strömenden Flüssigkeiten

Die maximal gemessene Volumenfraktion ungelöster Gase $\epsilon_{\mathrm{g}}(p^{\ominus})$ hinter den Strömungskanal-Geometrien beträgt 0,338 % und das bedeutet, dass knapp drei Prozent der ursprünglich im Tank gelösten Luft zwischen dem Strömungskanal und dem optischen Zugang im Nachlauf ausgast. Allerdings ist bei größeren Massenströmen qualitativ eine deutlich höhere Volumenfraktion in Form sehr großer, nicht sphärischer und somit nicht auswertbarer Blasen sichtbar. Diese Blasen sind größer als 1 mm im Durchmesser und treten innerhalb einer Sekunde nach Beginn der Messung im Nachlauf auf. Sie entstehen zwischen dem engsten Querschnitt der Strömungskanal-Geometrie und dem Nachlauf wahrscheinlich aus freien Gasblasenkeimen oder Porenkeimen. Da vor dem engsten Querschnitt beider Strömungskanal-Geometrien oder bei der Messung von Zugspannungen in der Venturi-Geometrie bei keiner Messung Blasen detektierbar waren, müssen freie Gasblasenkeime kleiner als die optische Auflösung, das heißt kleiner $d_{\mathrm{res}} = 3\,\mu\mathrm{m}$, sein.

Ein Gasblasenkeim mit $R_{\mathrm{B}}(0{,}05\,\mathrm{bar}) = 3\,\mu\mathrm{m}$, der lediglich durch Diffusion bei 30 °C entsprechend dem quasi-stationären Blasenwachstum mit transientem Konzentrationsgradienten nach Gleichung 2.40 auf $R_{\mathrm{B}}(p^{\ominus}) = 500\,\mu\mathrm{m}$ anwächst, benötigt hierfür im Vergleich 237 s. Dabei wird angenommen, dass die verwendete Flüssigkeit V 1404 bei $p_{\mathrm{g,s}} = 0{,}96\,\mathrm{bar}$ mit Luft entsprechend den Werten in Tabelle 4.2 gesättigt ist und die Gasblase in einem übersättigten Zustand bei einem Druck von 0,05 bar ohne Blasenkoaleszenz anwächst.

Auch für den Fall der Venturiströmung, bei der keine sichtbaren Rezirkulationsgebiete bei einem Massenstrom von $\dot{m} = 2{,}0\,\mathrm{g\,s^{-1}}$ vorkommen und daher Blasenkoaleszenz unwahrscheinlich ist, zeigen die Experimente Gasblasenradien von $R_{\mathrm{B}}(p^{\ominus}) \geq 35\,\mu\mathrm{m}$ nach einer mittleren Verweildauer von 3 ms im Strömungskanal an. Ungeachtet der vorhandenen Bandkavitation benötigt eine Gasblase nach einem quasi-stationären Blasenwachstum für das beobachtete Anwachsen der Blase über 400-mal länger. Auch für stationäre Sherwood-Modelle in turbulenten Rohrströmungen, die nach Tabelle 2.4 für größere Reynolds-Zahlen ermittelt wurden, sind 20- bis 140-fach größere Sherwood-Zahlen nötig, damit diese Stoffübergangsraten realisiert werden können. Die Sherwood-Modelle, die nur den Stoffübergang der Gasmoleküle betrachten, unterschätzen somit die Entstehung von Gasblasen in den hier vorgestellten Experimenten deutlich. Bei Betriebspunkten, in denen aufgrund ihres höheren Sättigungsdruckes lediglich Gaskavitation ohne Dampfkavitation auftreten kann, sind keine messbaren Blasen im Strömungskanal oder im Nachlauf sichtbar und bestätigen daher qualitativ die geringen Stoffübergangsraten der Sherwood-Modelle bei rein diffusiven Stoffübergängen.

Die experimentellen Untersuchungen weisen das Auftreten ungelöster Gase im Nachlauf für lokal übersättigte Flüssigkeiten im Strömungskanal nur unter zwei Bedingungen nach. Die erste Bedingung hierfür ist, dass hydrodynamische Dampfkavitation im Strömungskanal auftritt. Bei einem Auftreten von Dampfkavitation muss als zweite Bedingung ein niedriger Auslassdruck nahe dem Sättigungsdruck der gelösten Gase vorliegen, damit Gasblasen im Nachlauf sichtbar werden. Neben der starken Zunahme der ungelösten Luft bei sinkendem Auslassdruck korreliert die Volumenfraktion des ungelösten Gas ϵ_{g} auch mit der Volumenfraktion des Dampfes $\epsilon_{\mathrm{l}}^{''}$, die bei höheren Massenströmen und größeren Druckverlusten im zweiphasigen Strömungsbereich zunimmt. Diese quantitativen Messungen in dem mineralölbasiernden Prüföl V 1404 bestätigen somit die Untersuchungen von Baasiri u. Tullis (1983) in Wasser oder von Lin u. a. (2000) in Blut, die das erstmalig messbare Auftreten ungelöster Luft nur durch Dampfkavitation erzeugen konnten.

Die in dieser Arbeit vorgestellten Ergebnisse zum Auftreten ungelöster Luft nach einer hydrodynamisch kavitierenden Drosselströmung bestätigen qualitativ die Erkenntnisse von Iben u. a. (2015). Der Prüfstand aus Kapitel 5 wurde für die Veröffentlichung von Iben u. a. (2015) in einigen Bereichen modifiziert. Während der Strömungskanal nun rotationssymmetrisch ist und die Strecke zwischen Strömungskanal und Nachlaufvisualisierung mit weniger Umlenkungen versehen ist, bleiben jedoch beispielsweise die Messkammer zur Nachlaufvisualisierung oder der Blasenerkennungsalgorithmus identisch. Die Änderungen am Prüfstand führten mitunter dazu, dass bei gleicher Flüssigkeit Prüföl V 1404 weniger Blasen oberhalb des Messbereiches von $R_{\mathrm{B,Mess}} \leq 500\,\mu\mathrm{m}$ auftraten. Somit konnten sogar Betriebspunkte ausgewertet werden, bei denen knapp 30 % der gelösten Luft ausgaste.

Ein qualitatives Gaskavitationsmodell, das auf den experimentellen Ergebnissen der hier vorgestellten Arbeit in quasi-ruhenden, strömenden und kavitierenden kohlenwasserstoffhaltigen Flüssigkeiten basiert, wird nachfolgend für strömende und kavitierende Flüssigkeiten präsentiert. Die Vorstellung wird unterstützt durch das Stabilitäts- und Wachstumsverhalten von Luftblasen in Abbildung 6.16, mit der Geschwindigkeits- und den Druckverteilungen in Abbildung 6.17 sowie mit den experimentell bestimmten Kavitationsverteilungen in Abbildung 6.5. Das Stabilitätsverhalten in Abbildung 6.16 geht wieder analog zu der Abbildung 4.11 in Abschnitt 4.3 im initialen Zustand P_0 von einer Luftblase in einer gesättigten Flüssigkeit aus. Der initiale Blasenradius beträgt hier $R_B = 0{,}2\,\mu m$ und die Flüssigkeit Prüföl V 1404 ist bei 1 bar mit Luft gesättigt. Die Abbildung 6.16 ist im Vergleich zu Abbildung 4.11 erweitert, um das Verhalten großer Blasen im Nachlauf bei höheren Drücken zu veranschaulichen. Die Abbildung verdeutlicht, wie eine Submikrometer große Gasblase im initialen Zustand P_0 in Sekundenbruchteilen auf eine 100 µm bis 1 mm große Luftblase im Nachlauf P_5 anwachsen kann.

Die Geschwindigkeits- und Druckverteilungen wurden über eine 3D-CFD-Simulation mit Ansys CFX (2012) und dem Rayleigh-Plesset Dampf-Kavitationsmodell für zwei repräsentative Auslassdrücke bestimmt. Der Auslassdruck $p_{Aus} = 1{,}2$ bar entspricht dabei dem Betriebspunkt mit maximaler ungelöster Luft im Nachlauf, während der höhere Auslassdruck $p_{Aus} = 1{,}86$ bar den Übergang zum einphasigen Strömungszustand im Nachlauf darstellt. Im Vergleich zu dem höheren Auslassdruck zeigt die Abbildung 6.17b eine signifikante Zunahme der Bereiche mit übersättigtem Lösungsmittel $p < p_{g,s}$, während in Abildung 6.5g eine Erhöhung der Gas- und Dampfvolumenfraktion zu beobachten ist. Hierdurch verdampft eine größere Menge an Lösungsmittel und es entsteht auch eine größere Phasengrenzfläche.

Die Modellvorstellung beginnt ab der erstmaligen Unterschreitung des Sättigungsdruckes der gelösten Gase $p_{g,s}$ im Strömungskanal und wird von der Zulaufströmung bis zur Nachlaufströmung für entscheidende Druckbereiche der Blase p_B separat diskutiert. Die dargestellten Druckbereiche in der Abbildung 6.17 zeigen den Druck einer Zweiphasenströmung aus Lösungsmittel und Dampf an und unterscheiden sich somit durch die aufgeprägte Oberflächenspannung vom Blaseninnendruck.

P_1: Stoffübergang der Gasmoleküle über Diffusion: $p_{B,g} < p_{g,s}$

Ab einem Gaspartialdruck in der Blase $p_{B,g}$, der den Sättigungsdruck der gelösten Gase $p_{g,s}$ in der Flüssigkeit unterschreitet, wird Gas von der übersättigten Flüssigkeit in die

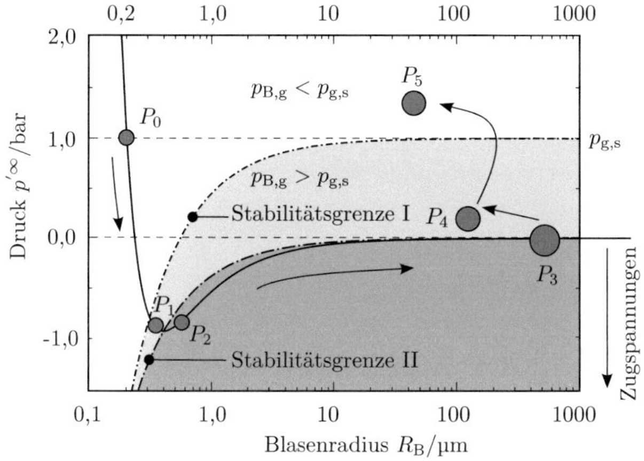

Abbildung 6.16: Darstellung der Stabilitätsbedingungen und des Wachstumsverhaltens einer Blase mit initialem Luftblasenradius $R_B = 0{,}2\,\mu m$ nach einem isothermen Druckabfall in der Flüssigkeit p'^{∞}, vergleiche hierzu die Abbildung 4.11. Die Abbildung hier verdeutlicht, wie eine Submikrometer große Gasblase in Sekundenbruchteilen auf eine 100 µm bis 1 mm große Luftblase anwachsen kann. Hierfür muss die Blase entsprechend dem Stabilitatskriterium II instabil werden, wodurch die Blase explosionsartig anwächst und große Mengen an Lösungsmittel verdampfen.

Blase diffundieren, vergleiche hierzu die Stabilitätsbedingung I in Abbildung 6.16. Vor allem Porenkeime können diesem Druckbereich nach Abbildung 6.17 im Ablösegebiet des engsten Querschnittes über einen längeren Zeitraum ausgesetzt sein, folglich bis zu einem kritischen Radius anwachsen und somit den Beginn der Kavitation Ka_{inc} beeinflussen. Aufgrund der sehr kleinen Gasblasenkeime aus Abschnitt 4.2 und der gemessenen Zugspannung aus Abschnitt 6.1 wird die ungelöste Volumenfraktion in diesem Druckbereich als verschwindend gering angenommen: $\epsilon_g \rightarrow 0$.

P_2: Stoffübergang von Lösungsmittel- und Gasmolekülen: $p_{B,g} \ll p_{g,s}$

Der Gasblasenkeim kann auch ungeachtet vom Stoffübergangg der gelösten Gase aktiviert werden, wenn die Stabilitätsbedingung II ($dp'^{\infty}/dR_B = 0$) überschritten wird. Dies ist entsprechend der Diskussion in Abschnitt 4.3 vor allem für sehr kleine Gasblasenkeime bei hohen Druckgradienten realistisch. Nach dem Überschreiten der Stabilitätsbedingung II findet eine Verdampfung der Lösungsmittelmoleküle sowie der darin intermolekular gelösten Gasmoleküle infolge der Übersättigung aller Komponenten statt. Somit können in Strömungen mit sehr hohen Druckgradienten, wie sie Abbil-

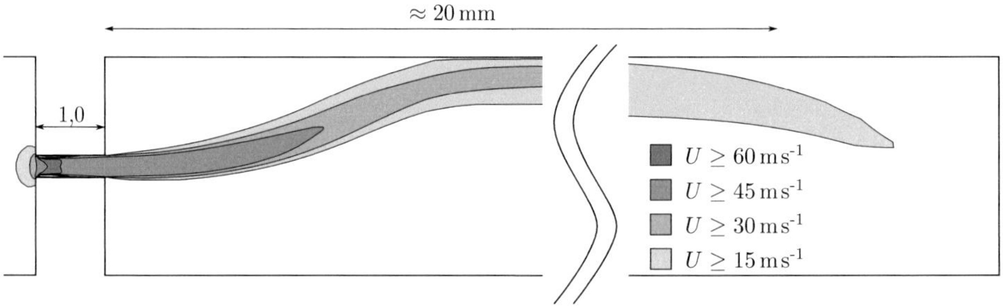

(a) Geschwindigkeitsverteilung bei $p_{\mathrm{Aus}} = 1{,}2\,\mathrm{bar}$

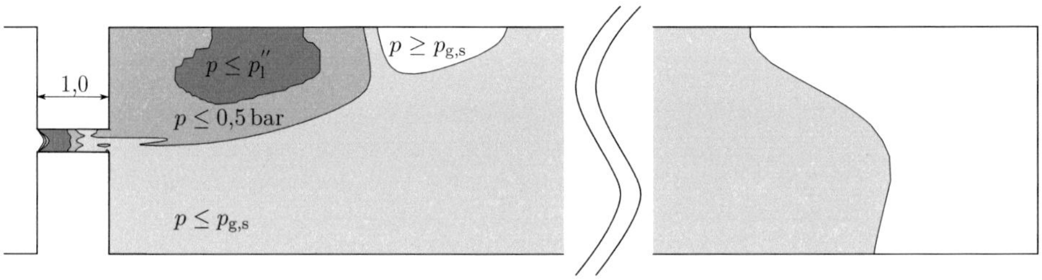

(b) Druckverteilung bei $p_{\mathrm{Aus}} = 1{,}2\,\mathrm{bar}$

(c) Druckverteilung bei $p_{\mathrm{Aus}} = 1{,}86\,\mathrm{bar}$

Abbildung 6.17: Charakteristische Druck- und Geschwindigkeitsverteilung bei einer Drosselströmung, um das Gaskavitationsmodell aus den experimentellen Ergebnissen vorzustellen. Die Geschwindigkeits- und Druckdarstellungen sind für die nominale Strömungskanal-Geometrie Geo-I mit Ansys CFX (2012) für einen niedrigen und einen erhöhten Auslassdruck dargestellt, die den Zustand mit maximaler ungelöster Luft und vollständig gelöster Luft im Nachlauf repräsentieren. CFD-Daten: Turbulenzmodell SST, Prüföl V 1404, stationär, isotherm, Rayleigh-Plesset Dampf-Kavitationsmodell, $\dot{m} = 3{,}0\,\mathrm{g\,s^{-1}}$, $p_{\mathrm{Aus}} = 1{,}2/1{,}86\,\mathrm{bar}$.

dung 6.17 veranschaulicht, freie, mitströmende Gasblasenkeime aktiviert werden. Die Zusammensetzung der Gasphase $y_{\mathrm{B,g}}$ entspricht der Molfraktion χ_{g} der gelösten Gase im Lösungsmittel oder ist unter Beachtung der zuvor im Gasblasenkeim vorhandenen Gasmoleküle und der in die Blase diffundierten Gasmoleküle sogar größer: $y_{\mathrm{B,g}} \geq \chi_{\mathrm{g}}$. Die Volumenfraktion ϵ_{g} der ungelösten Gase ist somit abhängig von der gesamten Volumenfraktion ϵ_{ges} aus Gas- und Dampfmolekülen: $\epsilon_{\mathrm{g}} \geq \chi_{\mathrm{g}}^{p_{\mathrm{s}}} \epsilon_{\mathrm{ges}}$.

P_3: Diffusion der Gasmoleküle in die Dampf- und Gasphase: $p_{\mathrm{B,g}} \ll p_{\mathrm{g,s}}$
Wird die andauernde Verdampfung der Lösungsmittelmoleküle durch einen Druckanstieg auf Dampfdruckniveau gestoppt, kann trotzdem der Stoffübergang der gelösten Gasmoleküle in die Gasphase infolge eines höheren Sättigungsdruckes stattfinden. Dies erfolgt über den deutlich langsameren Diffusionsprozess, der jedoch aufgrund der großen Volumenfraktion ϵ_{ges} der Gasphase an einer sehr großen Phasengrenzfläche stattfindet. Die Abbildung 6.7c verdeutlicht das Vorhandensein großer Phasengrenzflächen in Form von einer Vielzahl an Blasen und dem Auftreten von Superkavitation. Die Gaszusammensetzung in der Gasphase steigt daher über die Molfraktion der gelösten Gase im Lösungsmittel an, $y_{\mathrm{B,g}} > \chi_{\mathrm{g}}^{p_{\mathrm{s}}}$, und folglich auch die ungelöste Gasvolumenfraktion, $\epsilon_{\mathrm{g}} > \chi_{\mathrm{g}}^{p_{\mathrm{s}}} \epsilon_{\mathrm{ges}}$.

P_4: Kondensation nach Druckerhöhung: $p_{\mathrm{B,l}} \gg p_{\mathrm{l}}''$
Steigt der Druck in der Blase über den Sättigungsdruck der Lösungsmittelkomponenten, folgt ein Stoffübergang, der allerdings bei mehrkomponentigen Flüssigkeiten aus mehreren Lösungsmittel- und Gaskomponenten mit jeweils unterschiedlichen Sättigungsdrücken besteht. Vereinfachend wird hier die Gaskavitationsmodell-Vorstellung während einer unendlich schnellen Druckerhöhung, einer angenommenen Gleichgewichtsthermodynamik ohne Relaxationsprozesse und einem mittleren Lösungsmitteldampfdruck auf drei unterschiedliche Druckniveaus vorgestellt:

$p_{\mathrm{B,g}} < p_{\mathrm{g,s}}$: Aufgrund des Absorptionsgleichgewichtes von Gasen in Flüssigkeiten gehen auch bei der Kondensation der Lösungsmittelmoleküle entsprechend dem Henry-Gesetz ebenfalls Gasmoleküle in Lösung. Allerdings bleibt mehr ungelöste Luft im Vergleich zum initialen Zustand zurück, da der Kollapsdruck kleiner als der Sättigungsdruck der gelösten Gase ist: $y_{\mathrm{B,g}} < 1$ und $\epsilon_{\mathrm{g}} > 0$. Zusätzlich findet nach der Druckerhöhung wieder ein Diffusionsprozess von Gasmolekülen zur Gasphase statt, weil die Flüssigphase weiterhin übersättigt ist.

$\boldsymbol{p_{B,g} \approx p_{g,s}}$: Auch bei einer Druckerhöhung auf den Sättigungszustand der gelösten Gase bleibt ungelöste Luft zurück, da aufgrund der zuvor stattgefundenen Diffusionsprozesse eine höhere Molfraktion in der Gasblase vorliegt: $y_{B,g} \approx 1$ und $\epsilon_g > 0$.

$\boldsymbol{p_{B,g} \gg p_{g,s}}$: Weil vor dem Blasenkollaps die Molfraktion der Gasmoleküle höher ist als im ursprünglichen Flüssigkeitszustand, $y_{B,g}(p_l^{''}) > \chi_g^{p_s}$, ist entsprechend dem Henry-Gesetz auch ein höherer Blasenkollapsdruck nötig um die komplette Menge ungelöster Gase wieder zu lösen. Der minimale Blasenkollapsdruck um die komplette ungelöste Menge an Gas, $\epsilon_g \approx 0$, zu lösen ist $p_B \geq y_{B,g}(p_l^{''})/\chi_g^{p_s} p_{g,s}$ und demnach abhängig von der Molfraktion an Gasen $y_{B,g}(p_l^{''})$ vor dem Blasenkollaps.

P_5: Nachlaufströmung, Stoffübergang der Gasmoleküle über Diffusion:
Ist nach dem Druckanstieg hinter der Blende im Nachlauf noch ungelöste Luft vorhanden, wird diese durch Diffusion in Abhängigkeit des Sättigungsgrades weiter beeinflusst. In den Experimenten liegt der Auslassdruck im Nachlauf immer über dem Sättigungsdruck $p_{g,s}$, wodurch die ungelöste Luft stromabwärts stets abnimmt. Die beobachtete starke Abhängigkeit der ungelösten Luft vom Auslassdruck kann zumindest teilweise mit den Diffusionsprozessen in der untersättigten Flüssigkeit bei höheren Auslassdrücken zwischen dem Strömungskanal und dem optischen Zugang im Nachlauf erklärt werden.

Die Modellvorstellung beschreibt in den hier vorgestellten Experimenten qualitativ den Zusammenhang zwischen ungelöster Luft vom Auslassdruck und von der Menge an Dampfkavitation. Zusätzlich gibt die Modellvorstellung eine plausible Begründung für die oftmals unterschiedlichen Zeitkonstanten zwischen dem Aus- und Eingasen der Luft bei Gaskavitations-Experimenten in der Literatur, siehe Abschnitt 2.2.2. Möglicherweise wurde auch in diesen Experimenten die Stoffübergangsrate der Gasmoleküe durch die Dampfkavitation im Vergleich zum überwiegend diffusiven Stoffübergang beim Rücklösen beschleunigt.

Kurz gefasst findet einerseits der Stoffübergang der gelösten Gase aufgrund des höheren Sättigungsdruckes $p_{g,s}$ beim Verdampfen der Lösungsmittel zwangsläufig statt, während sie beim Blasenkollaps beim Kondensieren der Lösungsmittelkomponenten unter Umständen nur teilweise stattfindet. Andererseits wird der Stoffübergang der gelösten Gasmoleküle durch das Betrachten des Stoffüberganges der Lösungsmittelmoleküle während der Expansionsphase in die Blase sowohl durch die deutlich größere

Oberfläche als auch durch eine kleinere Konzentrationsgrenzschicht im Vergleich zur Betrachtung einer reinen Gasblase deutlich beschleunigt. Bereits ohne die Betrachtung der Stoffübergänge der Lösungsmittelmoleküle kann die mittlere Blasenmasse bei einer Druckschwingung sogar in einer untersättigten Lösung aufgrund der großen Oberfläche und dem kleinen Konzentrationsgrenzschicht in der Expansionsphase anwachsen. Diese Möglichkeit des Blasenwachstums ist unter gerichteter Diffusion beziehungsweise im Englischsprachigen unter rectified diffusion bekannt, siehe beispielsweise Eller u. Flynn (1965).

Um die ausgegaste Menge an Luft für technische Anwendungen mit ausreichender Vorhersage-Qualität zu bestimmen, muss neben dem Stoffübergang durch Diffusion und der Kenntnis der Stoffdaten vor allem die Dampfkavitation und deren Phasengrenzfläche, mitunter in Scherschichten, Wirbeln oder Rezirkulationsgebieten, sehr gut abgebildet werden. Ausgehend von der Gasphase die Lösungsmittel- und Gasmoleküle beinhaltet, hat auch die gekoppelte Stoffübergangsrate der Dampf- und Gasmoleküle während der Kondensation einen großen Einfluss auf die ungelöste Menge an Gas. Diese Modellbildung der Kondensation erscheint jedoch vor allem bei Hydraulikölen und Kraftstoffen mit vielen Lösungsmittelkomponenten und unterschiedlichen Sättigungsgraden sehr herausfordernd.

Neben dem bereits bekannten und bedeutenden Einfluss des Bewegungszustandes des Lösungsmittels auf die Gaskavitation, zeigen die hier vorgestellten Untersuchungen durch die Kopplung an die Dampfkavitation einen zusätzlichen Mechanismus an, der den Stoffübergang der Gasmoleküle darüber hinaus nochmals um mehrere Größenordnungen beschleunigen kann. Somit können die Gas- und Dampfkavitation in erheblichem Maße interagieren, da die Gaskavitation über den Gasgehalt bekanntermaßen einen großen Einfluss auf den Dampfkavitationsbeginn haben kann, siehe Abschnitt 2.2.1.

Eine grafische Zusammenfassung der hydraulischen, optischen und akustischen Untersuchungen aller Betriebspunkte der Blendenströmung Geo-I zeigt Abbildung 6.18. Die nötigen Bedingungen, um ungelöste Luft in sehr kurzen Zeiträumen zu erzeugen, sind ein niedriger Auslassdruck nahe dem Sättigungsdruck der gelösten Gase bei gleichzeitigem Auftreten von Dampfkavitation im hydraulisch-kavitierenden Drosselbereich der Strömungskanal-Geometrie. Um ungelöste Luft im Nachlauf und unerwünschte Effekte,

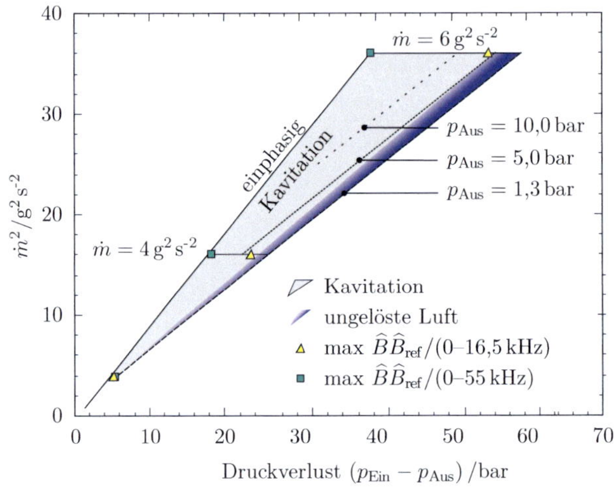

Abbildung 6.18: Massenstrom $\dot{m}^2$ in Abhängigkeit des Druckverlustes Δp bei der Drosselströmung Geo-I und Darstellung der Bereiche von Dampfkavitation, ungelöster Luft sowie der höchsten gemessenen normierten Beschleunigung jeweils im Bereich von (0–16,5 kHz) und (0–55 kHz).

wie eine Verringerung des hydraulischen Wirkungsgrades, zu reduzieren, ist eine Auslassdruckerhöhung daher zielführend. Allerdings zeigen die akustischen Untersuchungen eine Zunahme der Beschleunigungsspektren $\widehat{B}/\widehat{B}_{ref}$ im hörbaren Bereich (0–16,5 kHz) bei einer Abnahme der ungelösten Luft im Nachlauf. Beim Übergang zu einphasiger Nachlaufströmung werden die Beschleunigungsspektren $\widehat{B}/\widehat{B}_{ref}(0–16{,}5\,kHz)$ maximal und bestätigen die subjektive akustische Wahrnehmung. Obwohl die Volumenfraktion der gas- und dampfförmigen Phase ϵ_{ges} in der Strömungskanal-Geometrie durch den höheren Auslassdruck abnimmt, steigt die Geräuschentwicklung an und deutet auf intensivere Blasenkollapse bei gleichzeitig vollständig gelöster Luft im Nachlauf hin. Rein qualitativ betrachtet treten die maximalen Beschleunigungsspektren $\widehat{B}/\widehat{B}_{ref}$ im Frequenzbereich bis zur Eigenfrequenz des Beschleunigungssensors (0–55 kHz) erst bei einer weiteren Auslassdruckerhöhung zwischen dem Kavitations-kritischen-Punkt und dem erstmaligen Auftreten von Kavitation auf. Bei einer geringen Volumenfraktion führen vermutlich höhere Druckgradienten zu energieintensiveren Blasenkollapsen mit höherem Erosionspotenzial. Eine Vermeidung der Entstehung ungelöster Luft durch eine Auslassdruckerhöhung resultiert daher zwar in einer hydraulischen Effizienzsteigerung, sie kann jedoch zu stärkeren Geräuschemissionen führen und bei längeren Laufzeiten sogar einen kompletten Funktionsverlust durch Erosionsschäden zur Folge haben.

7 Zusammenfassung

Viele Hydraulik- und Kraftstoffeinspritzsysteme verwenden mehrkomponentige Kohlenwasserstoffgemische, die in Abhängigkeit von Druck und Temperatur Gase intermolekular lösen können. Diese Systeme müssen häufig eine große Bandbreite an Funktionen und Randbedingungen erfüllen, wodurch die Flüssigkeiten in einigen Betriebspunkten mit Gas übersättigt sind und es infolgedessen zu ungelöster Luft durch Gaskavitation kommen kann. Trotz zahlreicher Modellansätze können diese Stoffübergangsraten in mineralölbasierenden Hydraulikölen häufig nicht mit einer ausreichenden Genauigkeit berechnet werden. Daher werden diese Betriebspunkte, in denen die ungelöste Luft zu große Auswirkungen auf die Funktion oder die Haltbarkeit hat, durch umfangreiche Funktionsmessungen und durch aufwändige Absicherungen ermittelt und schlussendlich durch Eingrenzung der Randbedingungen vermieden. Ausgehend von diesen Voraussetzungen soll diese Arbeit daher einen Beitrag leisten, um für die bisher in der Literatur weniger betrachteten Kohlenwasserstoffe die zugrunde liegende Physik des Stoffübergangs der Gasmoleküle bei technisch relevanten Randbedingungen zu analysieren und zu beschreiben.

Hierfür wurde im ersten Teil dieser Arbeit ein Prüfstand entwickelt, der das druck- und temperaturabhängige Absorptionsgleichgewicht von mehrkomponentigen Gasen und Kohlenwasserstoffen über eine volumetrische Messmethode bestimmen kann. Ausgehend von verschiedenen Gleichgewichtszuständen sind mit diesem Prüfstand Hydrauliksystem relevante Druckgradienten möglich, die zu Über- und Untersättigungen der quasi-ruhenden Flüssigkeiten führen. Die im wissenschaftlichen Umfeld kontrovers diskutierte Gasblasengrößenverteilung in kohlenwasserstoffhaltigen Flüssigkeiten kann gleichzeitig mit einer interferometrischen Messmethode ab einem Blasenradius von $R_\mathrm{B} \geq 2{,}5\,\mu\mathrm{m}$ ermittelt werden. Somit kann in dieser Arbeit erstmals physikalisch grundlegend der Stoffübergang der Gasmoleküle in Kohlenwasserstoffen, ohne Einfluss des Bewegungszustandes der Flüssigkeit, bei technisch relevanten Druckgradienten und in Abhängigkeit des Sättigungsgrades, untersucht werden.

Das Absorptionsgleichgewicht wurde für Stickstoff, Sauerstoff und Luft in Modelldiesel, in einem Prüföl für Dieselerzeugnisse V 1404, in Dieselkraftstoff EN 590 und in der Hydraulikflüssigkeit HLP 46 bestimmt. Beispielsweise ist die Luftlöslichkeit in diesen Flüssigkeiten bei Atmosphärenbedingungen in Form des Ostwald-Koeffizienten 4- bis 7-fach höher als in Wasser. Die Gaslöslichkeit nimmt ausgehend vom Modelldiesel über das Prüföl V 1404 und dem Dieselkraftstoff bis zur Hydraulikflüssigkeit HLP 46 ab, während die Anteile längerkettiger Kohlenwasserstoffe und infolgedessen auch die Dichte der Lösungsmittel ansteigt. Darüber hinaus zeigten die Untersuchungen zum Absorptionsgleichgewicht keine Abweichungen vom Henry-Gesetz und die Luftlöslichkeit ist zwischen 5 °C und 60 °C, repräsentiert über die Molfraktion χ_{g}, nahezu konstant.

Trotz höherer Gaslöslichkeiten im Vergleich zu Wasser waren die Stoffübergangsraten in den untersuchten Flüssigkeiten bei realitätsnahen Sättigungsgraden makroskopisch betrachtet gering und mikroskopisch nicht messbar. Auch bei erhöhten Gasgehalten im Vergleich zu Atmosphärenbedingungen sind über mehrere Stunden in den übersättigten kohlenwasserstoffhaltigen Flüssigkeiten keine messbaren Gasblasenkeime vorhanden. Hierbei zeigt das Ergebnis der geringen Blasengröße einen Unterschied zu den Modellierungen der Gas- und Dampfkavitation, weil in der Simulation von Zweiphasenströmungen meist stillschweigend ein Blasenradius von $R_{\mathrm{B}} > 2\,\mu\mathrm{m}$ angenommen wird. Des Weiteren verdeutlichen diese Grundlagenversuche in Kombination mit theoretischen Betrachtungen, dass das Auftreten ungelöster Luft in Form großer Blasen innerhalb technisch relevanter Zeiträume für die untersuchten Kohlenwasserstoffe nicht über reine Diffusion in quasi-ruhenden Flüssigkeiten darstellbar ist. Vielmehr zeigen diese Experimente aufgrund der kleinen Gasblasenkeime, dass nach dem quasi-stationären Keimverhalten über den Oberflächenspannungs-Einfluss der Flüssigkeit Zugspannungen nötig sind, damit Dampfkavitation auftreten kann.

Im zweiten Teil dieser Arbeit wurde der Einfluss von strömender sowie hydrodynamisch kavitierender Flüssigkeit auf die Gaskavitation in zwei unterschiedlichen Mikrokanälen untersucht. Dieser Strömungsprüfstand wurde für diese Arbeit erweitert, um bei bekanntem Gasgehalt und bei definierten hydraulischen Strömungsrandbedingungen sowohl die Phasenverteilung der Ein- und Zweiphasenströmung im Mikrokanal als auch die ungelöste Luft in dessen Nachlauf über Durchlichtverfahren zu bestimmen. Hierfür wurde eine neue Messmethode entwickelt, um die sphärischen Gasblasen im Nachlauf mit einem Hough-Algorithmus zu detektieren, wodurch die Blasendichteverteilung und die Volumenfraktion ungelöster Gase ermittelt werden kann. Darüber hinaus können an diesem Strömungsprüfstand detaillierte Untersuchungen zum Kavitationsbeginn erfolgen, zum einen über die Messung von Zugspannungen in einem Venturikanal und zum anderen über die Messung von Oberflächenbeschleunigungen am Strömungsprüfstand. Somit können mit diesem Prüfstand erstmals Korrelationen zwischen der ausgegasten Luft im Nachlauf und dem Kavitationsbeginn, der Kavitationsverteilung sowie der Geräuschentwicklung im Strömungskanal für Kohlenwasserstoffgemische ermittelt werden.

Im Gegensatz zu den Versuchen in den quasi-ruhenden Flüssigkeiten weisen die Experimente im Strömungsprüfstand in technisch relevanten Zeiträumen große Mengen ungelöster Luft durch sehr große Luftblasen im Nachlauf des Strömungskanals nach. Teilweise sind die Gasblasen größer als der Messbereich von $R_{\mathrm{B,Mess}} \leq 500\,\mathrm{\mu m}$ und sind daher nicht mehr auswertbar. Somit konnten die Betriebspunkte mit den qualitativ höchsten Mengen ungelöster Luft nicht ausgewertet werden. Der maximal auswertbare Messwert ungelöster Luft zeigte jedoch immerhin, dass knapp drei Prozent der im Tank gelösten Luft zwischen der Strömungsgeometrie und dem optischen Zugang im Nachlauf in Sekundenbruchteilen ausgast.

Die optischen Untersuchungen im Nachlauf der Strömungsgeometrie zeigen das Auftreten ungelöster Gase allerdings nur unter zwei Bedingungen: Die erste Bedingung hierfür ist, dass hydrodynamische Kavitation in der Strömungsgeometrie vorhanden sein muss. Hierfür sind infolge der kleinen Gasblasenkeime Zugspannungen erforderlich, die im Venturikanal für das mehrkomponentige Kohlenwasserstoffgemisch Prüföl V 1404 ermittelt wurden und über 2 bar betragen. Bei einem Auftreten von Dampfkavitation muss als zweite Bedingung ein niedriger Auslassdruck nahe dem Sättigungsdruck der gelösten Gase vorliegen, damit Gasblasen im Nachlauf auftreten. Neben einer deutlichen Zunahme der ungelösten Luft bei sinkendem Auslassdruck, korreliert die Menge der Volumenfraktion ϵ_{g} in beiden Mikrokanälen auch mit der Volumenfraktion des Dampfes $\epsilon_{\mathrm{l}}^{''}$. Ausgehend von dem bereits in der Literatur bekannten Einfluss des Bewegungszustandes auf die Stoffübergangsrate der Gasmoleküle, weisen die hier vorgestellten Untersuchungen über die Kopplung an die Dampfkavitation einen zusätzlichen Stoffübergangsmechanismus mit signifikantem Einfluss nach, der bislang quantitativ noch nicht betrachtet wurde.

Mit den in dieser Arbeit gewonnenen Erkenntnissen wurde gezeigt, dass nicht nur aufgrund unbekannter Werte wichtiger Einflussgrößen die Simulation von Gaskavitation in technisch relevanten Bedingungen eine unzureichende Qualität aufweist, sondern vielmehr die zugrunde liegende Physik des Stoffüberganges bisher unzureichend abgebildet wurde. Basierend auf den hier gewonnenen Erkenntnissen wurde qualitativ ein Gaskavitationsmodell vorgestellt, das mit den hier vorgestellten Experimenten validiert werden kann, um in Zukunft auch die Betriebspunkte mit ungelöster Luft simulativ auszulegen.

Der Anspruch, die Gaskavitation für Produktanwendungen mit großen spezifizierten Randbedingungs- und Funktionsbereichen zu prognostizieren, bleibt allerdings durch den in dieser Arbeit nachgewiesenen signifikanten Einfluss der hydrodynamischen Kavitation weiterhin sehr ambitioniert. In den Betriebspunkten mit großen Mengen ungelöster Luft im Nachlauf verdeutlichen zeitlich hoch aufgelöste optische Untersuchungen die Komplexität der Zweiphasenströmung in der Strömungsgeometrie. Hierbei treten gleichzeitig Superkavitation, zweiphasige Strömungen in Rezirkulationsgebieten und Blasenkoaleszenzen auf.

A Kavitationsverteilungen

(a) $p_{\text{Ein}}/p_{\text{Aus}} = 7{,}7/2{,}7\,\text{bar}$

(b) $p_{\text{Ein}}/p_{\text{Aus}} = 7{,}03/2{,}0\,\text{bar}$

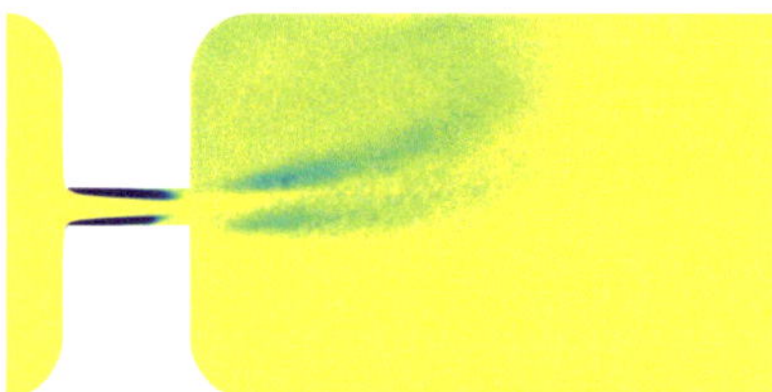

(c) $p_{\text{Ein}}/p_{\text{Aus}} = 7{,}03/1{,}51\,\text{bar}$

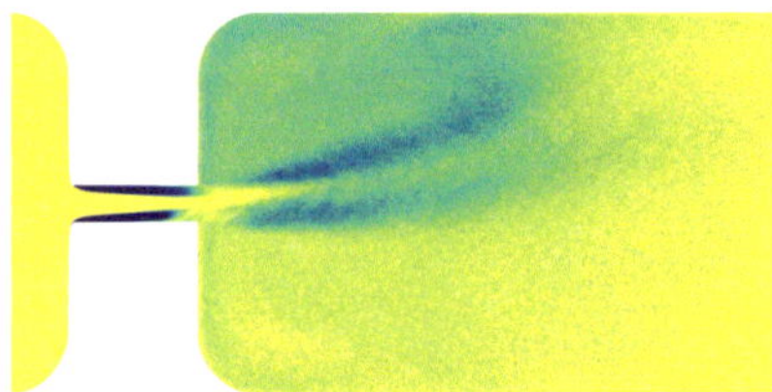

(d) $p_{\text{Ein}}/p_{\text{Aus}} = 7{,}03/1{,}31\,\text{bar}$

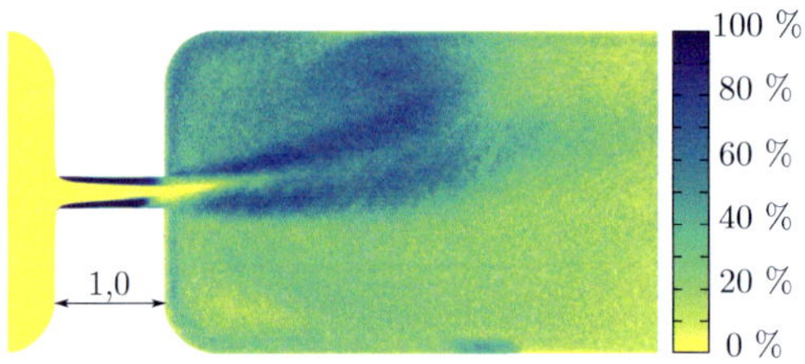

(e) $p_{\text{Ein}}/p_{\text{Aus}} = 7{,}03/1{,}14\,\text{bar}$

Abbildung A.1: Darstellung der Kavitationswahrscheinlichkeiten bei der Drosselgeometrie Geo-I für verschiedene Auslassdrücke, einem konstanten Massenstrom von $\dot{m} = 2{,}0\,\text{g}\,\text{s}^{-1}$ und bei einer Einlasstemperatur von $T_{\text{Ein}} = 35\,°\text{C}$. Die maximale Blasengröße im Nachlauf beträgt $R_{\text{B,max}}\,(1{,}2\,\text{bar}) = 35\,\mu\text{m}$.

(a) $p_{\mathrm{Ein}}/p_{\mathrm{Aus}} = 10{,}8/3{,}0\,\mathrm{bar}$

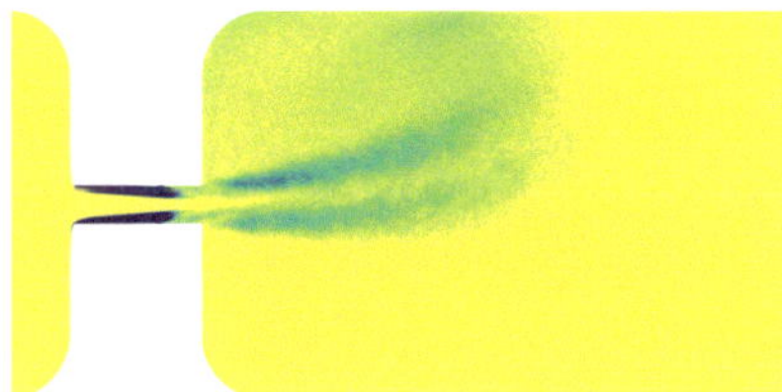

(b) $p_{\mathrm{Ein}}/p_{\mathrm{Aus}} = 10{,}8/2{,}2\,\mathrm{bar}$

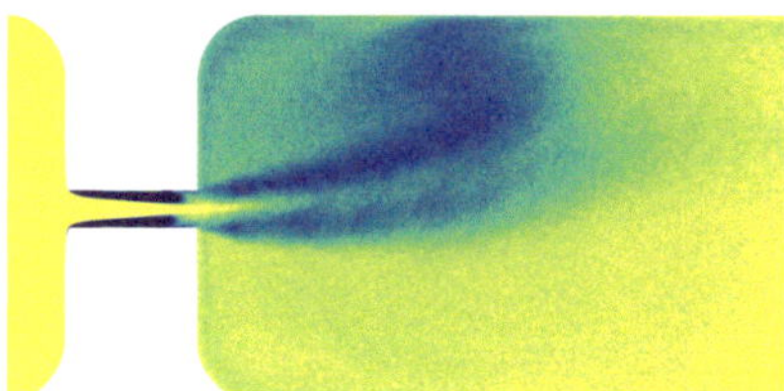

(c) $p_{\mathrm{Ein}}/p_{\mathrm{Aus}} = 10{,}8/1{,}74\,\mathrm{bar}$

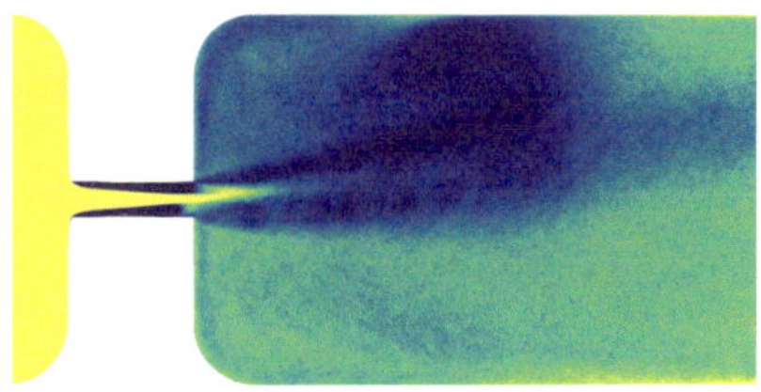

(d) $p_{\mathrm{Ein}}/p_{\mathrm{Aus}} = 10{,}8/1{,}35\,\mathrm{bar}$

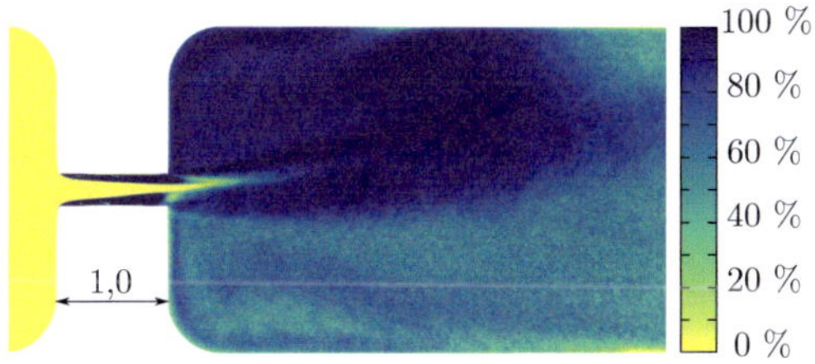

(e) $p_{\mathrm{Ein}}/p_{\mathrm{Aus}} = 10{,}8/1{,}16\,\mathrm{bar}$

Abbildung A.2: Darstellung der Kavitationswahrscheinlichkeiten bei der Drosselgeometrie Geo-I für verschiedene Auslassdrücke, einem konstanten Massenstrom von $\dot{m} = 2{,}5\,\mathrm{g\,s^{-1}}$ und bei einer Einlasstemperatur von $T_{\mathrm{Ein}} = 35\,°\mathrm{C}$. Die maximale Blasengröße im Nachlauf beträgt $R_{\mathrm{B,max}}\,(1{,}16\,\mathrm{bar}) = 115\,\mathrm{\mu m}$.

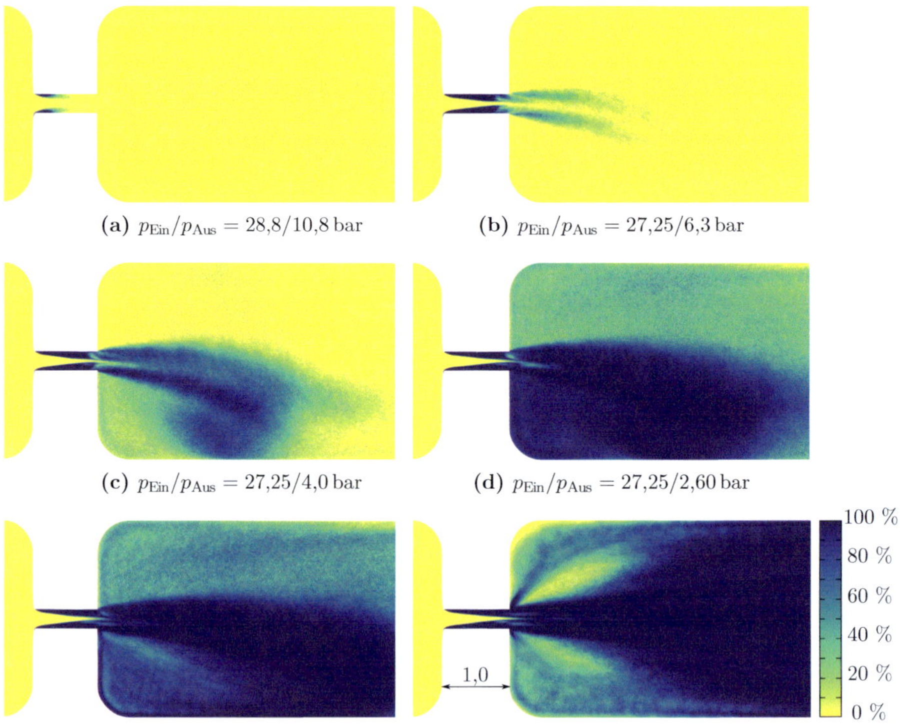

(a) $p_{Ein}/p_{Aus} = 28{,}8/10{,}8\,\text{bar}$ (b) $p_{Ein}/p_{Aus} = 27{,}25/6{,}3\,\text{bar}$

(c) $p_{Ein}/p_{Aus} = 27{,}25/4{,}0\,\text{bar}$ (d) $p_{Ein}/p_{Aus} = 27{,}25/2{,}60\,\text{bar}$

(e) $p_{Ein}/p_{Aus} = 27{,}25/1{,}91\,\text{bar}$ (f) $p_{Ein}/p_{Aus} = 27{,}25/1{,}22\,\text{bar}$

Abbildung A.3: Darstellung der Kavitationswahrscheinlichkeiten bei der Drosselgeometrie Geo-I für verschiedene Auslassdrücke, einem konstanten Massenstrom von $\dot{m} = 4{,}0\,\text{g}\,\text{s}^{-1}$ und bei einer Einlasstemperatur von $T_{Ein} = 36\,°\text{C}$. Die maximale Blasengröße im Nachlauf beträgt $R_{B,max}\,(1{,}39\,\text{bar}) = 93\,\mu\text{m}$.

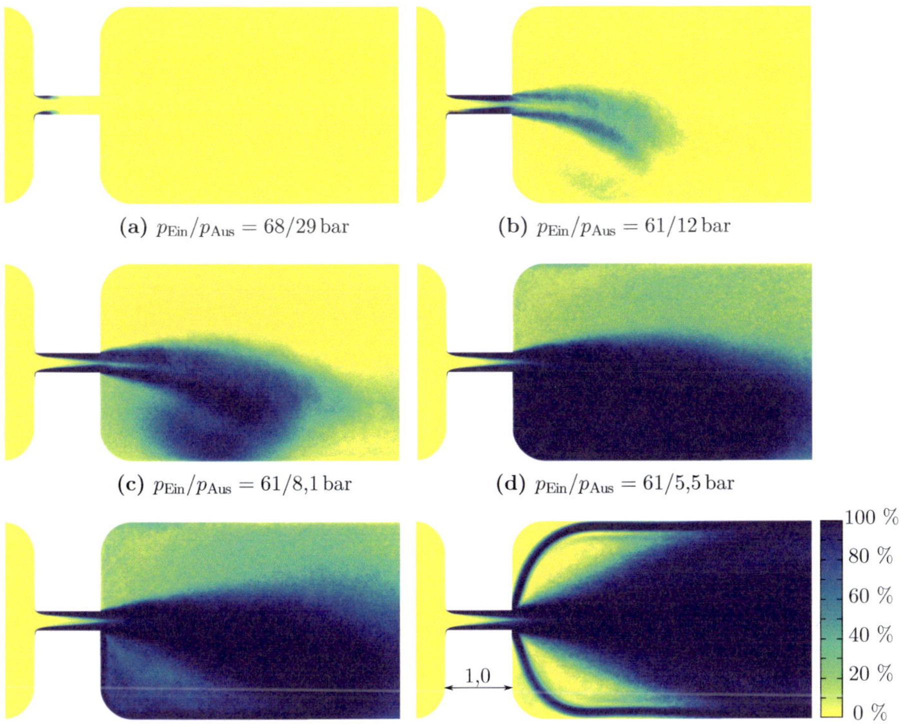

(a) $p_{\text{Ein}}/p_{\text{Aus}} = 68/29\,\text{bar}$ (b) $p_{\text{Ein}}/p_{\text{Aus}} = 61/12\,\text{bar}$

(c) $p_{\text{Ein}}/p_{\text{Aus}} = 61/8{,}1\,\text{bar}$ (d) $p_{\text{Ein}}/p_{\text{Aus}} = 61/5{,}5\,\text{bar}$

(e) $p_{\text{Ein}}/p_{\text{Aus}} = 61/3{,}2\,\text{bar}$ (f) $p_{\text{Ein}}/p_{\text{Aus}} = 61/1{,}4\,\text{bar}$

Abbildung A.4: Darstellung der Kavitationswahrscheinlichkeiten bei der Drosselgeometrie Geo-I für verschiedene Auslassdrücke, einem konstanten Massenstrom von $\dot{m} = 6{,}0\,\text{g}\,\text{s}^{-1}$ und bei einer Einlasstemperatur von $T_{\text{Ein}} = 36\,°\text{C}$. Die Maximale Blasengröße kann nicht ermittelt werden, weil die Blasen im Nachlauf über 1 mm groß sind und daher nicht mehr sphärisch sind, siehe Abbildung 6.11

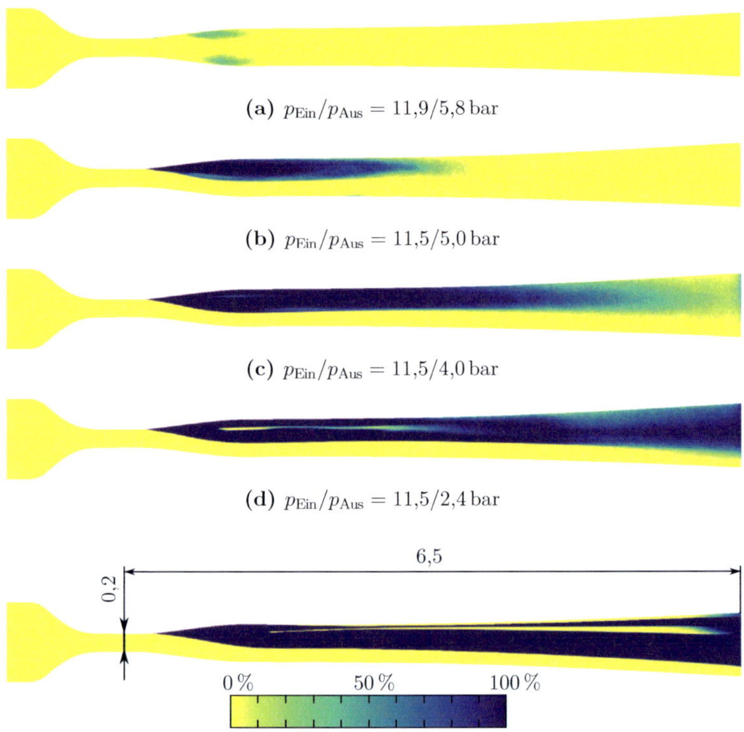

(a) $p_{\mathrm{Ein}}/p_{\mathrm{Aus}} = 11{,}9/5{,}8\,\mathrm{bar}$

(b) $p_{\mathrm{Ein}}/p_{\mathrm{Aus}} = 11{,}5/5{,}0\,\mathrm{bar}$

(c) $p_{\mathrm{Ein}}/p_{\mathrm{Aus}} = 11{,}5/4{,}0\,\mathrm{bar}$

(d) $p_{\mathrm{Ein}}/p_{\mathrm{Aus}} = 11{,}5/2{,}4\,\mathrm{bar}$

(e) $p_{\mathrm{Ein}}/p_{\mathrm{Aus}} = 11{,}5/1{,}16\,\mathrm{bar}$

Abbildung A.5: Darstellung der Kavitationswahrscheinlichkeiten bei der Drosselgeometrie Geo-V für verschiedene Auslassdrücke, einem konstanten Massenstrom von $\dot{m} = 2{,}5\,\mathrm{g\,s^{-1}}$ und bei einer Einlasstemperatur von $T_{\mathrm{Ein}} = 34\,°\mathrm{C}$. Die maximale Blasengröße im Nachlauf beträgt $R_{\mathrm{B,max}}\,(1{,}16\,\mathrm{bar}) = 138\,\mu\mathrm{m}$.

(a) $p_{\mathrm{Ein}}/p_{\mathrm{Aus}} = 17{,}0/9{,}0\,\mathrm{bar}$

(b) $p_{\mathrm{Ein}}/p_{\mathrm{Aus}} = 16{,}3/8{,}0\,\mathrm{bar}$

(c) $p_{\mathrm{Ein}}/p_{\mathrm{Aus}} = 16{,}3/6{,}6\,\mathrm{bar}$

(d) $p_{\mathrm{Ein}}/p_{\mathrm{Aus}} = 16{,}3/3{,}5\,\mathrm{bar}$

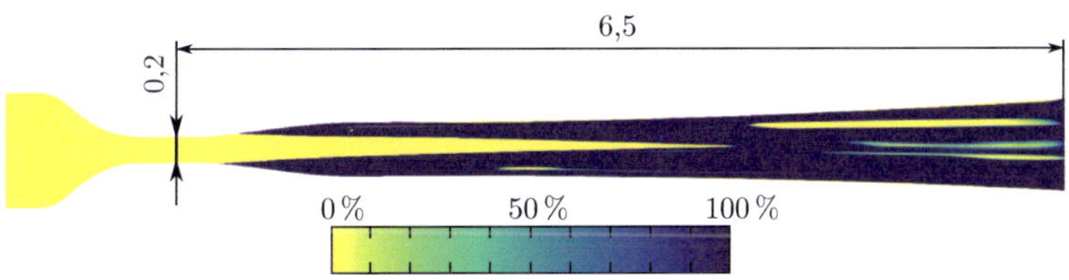

(e) $p_{\mathrm{Ein}}/p_{\mathrm{Aus}} = 16{,}3/1{,}17\,\mathrm{bar}$

Abbildung A.6: Darstellung der Kavitationswahrscheinlichkeiten bei der Drosselgeometrie Geo-V für verschiedene Auslassdrücke, einem konstanten Massenstrom von $\dot{m} = 3{,}0\,\mathrm{g\,s^{-1}}$ und bei einer Einlasstemperatur von $T_{\mathrm{Ein}} = 36\,°\mathrm{C}$. Die maximale Blasengröße im Nachlauf beträgt $R_{\mathrm{B,max}}\,(1{,}68\,\mathrm{bar}) = 205\,\mu\mathrm{m}$.

Literaturverzeichnis

[Abe u. a. 2008] ABE, S.; OKAWA, H.; HOSOKAWA, S.; AKIO, T.: Dissolution of a Carbon Dioxide Bubble in a Vertical Pipe. In: *Journal of Fluid Science and Technology* 3 (2008), Nr. 5, S. 667–677. http://dx.doi.org/10.1299/jfst.3.667.

[Akbari u. Modarress 2013] AKBARI, A.; MODARRESS, H.: Modification of the Scaled Particle Theory for Solubility of Non-Polar Gases in Water. In: *Journal of Solution Chemistry* 42 (2013), Nr. 3, S. 615–633. http://dx.doi.org/10.1007/s10953-013-9980-2.

[Alvarez u. Fernandez-Prini 2008] ALVAREZ, J.; FERNANDEZ-PRINI, R.: A Model-Guided Determination of $\Delta_{\text{dis}}\ G_2^{\infty}$ for Slightly Soluble Gases in Water Using Solubility Data: From the Solvents Freezing Point to Its Critical Point. In: *Journal of Solution Chemistry* 37 (2008), Nr. 3, S. 433–448. http://dx.doi.org/10.1007/s10953-007-9235-1.

[Ansys CFX 2012] ANSYS CFX: *Release 14.5.* Canonsburg, Pennsylvania: Ansys Inc., 2012

[ASTM D2779-92 2012] ASTM D2779-92: Standard Test Method for Estimation of Solubility of Gases in Petroleum Liquids. ASTM International, West Conshohocken, PA, (2012). http://dx.doi.org/10.1520/D2779-92R12.

[Atchley u. Prosperetti 1989] ATCHLEY, A. A.; PROSPERETTI, A.: The crevice model of bubble nucleation. In: *The Journal of the Acoustical Society of America* 86 (1989), Nr. 3, S. 1065–1084. http://dx.doi.org/10.1121/1.398098.

[Atkins u. De Paula 2014] ATKINS, P. W.; DE PAULA, J.: *Atkins' physical chemistry.* 10. ed. Oxford: Oxford Univ. Press, 2014. ISBN 9780199697403

[Avdeev 1988] AVDEEV, A. A.: Laws of growth, condensation, and dissolution of vapor and gas-bubbles in turbulent flows. In: *Teplofizika vysokikh temperatur* 26 (1988), Nr. 2, S. 290–297

[Baasiri u. Tullis 1983] BAASIRI, M.; TULLIS, J. P.: Air release during column separation. In: *Journal of Fluids Engineering* 105 (1983), Nr. 1, S. 113–118. http://dx.doi.org/10.1115/1.3240926.

[Bankoff 1958] BANKOFF, S. G.: Entrapment of gas in the spreading of a liquid over a rough surface. In: *AIChE Journal* 4 (1958), Nr. 1, S. 24–26. http://dx.doi.org/10.1002/aic.690040105.

[Battino 1984] BATTINO, R.: The Ostwald coefficient of gas solubility. In: *Fluid Phase Equilibria* 15 (1984), Nr. 3, S. 231–240. http://dx.doi.org/10.1016/0378-3812(84)87009-0.

[Battino u. Clever 1966] BATTINO, R.; CLEVER, H. L.: The Solubility of Gases in Liquids. In: *Chemical Reviews* 66 (1966), Nr. 4, S. 395–463. http://dx.doi.org/10.1021/cr60242a003.

[Battino u. a. 1983] BATTINO, R.; RETTICH, T. R.; TOMINAGA, T.: The Solubility of Oxygen and Ozone in Liquids. In: *Journal of Physical and Chemical Reference Data* 12 (1983), Nr. 2, S. 163–178. http://dx.doi.org/10.1063/1.555680.

[Battino u. a. 1984] BATTINO, R.; RETTICH, T. R.; TOMINAGA, T.: The Solubility of Nitrogen and Air in Liquids. In: *Journal of Physical and Chemical Reference Data* 13 (1984), Nr. 2, S. 563–600. http://dx.doi.org/10.1063/1.555713.

[Battino u. Seybold 2011] BATTINO, R.; SEYBOLD, P. G.: The O2/N2 Ratio Gas Solubility Mystery. In: *Journal of Chemical & Engineering Data* 56 (2011), Nr. 12, S. 5036–5044. http://dx.doi.org/10.1021/je200878w.

[Billet 1986] BILLET, M. L.: The Importance and Measurement of Cavitation Nuclei. In: *Advancements in Aerodynamics, Fluid Mechanics and Hydraulics*, 1986, S. 967–988

[Black u. a. 1996] BLACK, D. L.; MCQUAY, M. Q.; BONIN, M. P.: Laser-based techniques for particle-size measurement: A review of sizing methods and their industrial applications. In: *Progress in Energy and Combustion Science* 22 (1996), Nr. 3, S. 267–306. http://dx.doi.org/10.1016/S0360-1285(96)00008-1.

[Blatteau u. a. 2006] BLATTEAU, J.-E.; SOURAUD, J.-B.; GEMPP, E.; BOUSSUGES, A.: Gas Nuclei, Their Origin, and Their Role in Bubble Formation. In: *Aviation, Space, and Environmental Medicine* 77 (2006), Nr. 10, S. 1068–1076. http://www.ingentaconnect.com/content/asma/asem/2006/00000077/00000010/art00011

[Boelhouwer 1967] BOELHOUWER, J. W. M.: Sound velocities in and adiabatic compressibilities of liquid alkanes at various temperatures and pressures. In: *Physica* 34 (1967), Nr. 3, S. 484–492. http://dx.doi.org/10.1016/0031-8914(67)90016-X.

[Bohren u. Huffman 1998] BOHREN, C. F.; HUFFMAN, D. R.: *Absorption and Scattering of Light by Small Particles.* Wiley, 1998 (Wiley Science Series). http://dx.doi.org/10.1002/9783527618156. ISBN 9783527618163

[Bongiovanni u. a. 1997] BONGIOVANNI, C.; CHEVAILLIER, J. P.; FABRE, J.: Sizing of bubbles by incoherent imaging: defocus bias. In: *Experiments in Fluids* 23 (1997), S. 209–216. http://dx.doi.org/10.1007/s003480050104. 10.1007/s003480050104

[Bork 2006] BORK, O.: *Einfluss lokaler Phänomene auf den Stofftransport an Gasblasen in Zweiphasenströmungen*, Universität Bremen, Dissertation, 2006

[Born u. Wolf 1980] BORN, M.; WOLF, E.: *Principles of Optics: Electromagnetic Theory of Propagation, Interference and Diffraction of Light.* Elsevier Science Limited, 1980

[Bosserman u. a. 2012] BOSSERMAN, B. E.; ALI, A.; SCHURAYTZ, I. M.: *Butterfly Valves: Torque, Head Loss, and Cavitation Analysis.* American Water Works Association, 2012 (AWWA manual ; M49). ISBN 9781583218792

[Boussinesq 1905] BOUSSINESQ, M. J.: Calcul du Pouvoir Refroidissant des Courants Fluides. In: *J. Math. PureS. Appl.* 6 (1905), S. 285–332. http://eudml.org/doc/234104

[Braun u. Hannon 2010] BRAUN, M. J.; HANNON, W. M.: Cavitation formation and modelling for fluid film bearings: a review. In: *Proceedings of the Institution of Mechanical Engineers, Part J: Journal of Engineering Tribology* 224 (2010), Nr. 9, S. 839–863. http://dx.doi.org/10.1243/13506501JET772.

[Brennen 1995] BRENNEN, C. E.: *Cavitation and Bubble Dynamics.* Oxford: Oxford University Press, New York, 1995 http://resolver.caltech.edu/CaltechBOOK:1995.001. ISBN 0195094093

[Brennen 2005] BRENNEN, C. E.: *Fundamentals of Multiphase Flow.* Cambridge University Press, 2005 http://resolver.caltech.edu/CaltechBOOK:2005.001

[Brujan 2010] BRUJAN, E.: *Cavitation in Non-Newtonian Fluids: With Biomedical and Bioengineering Applications.* Springer-Verlag Berlin Heidelberg, 2010. ISBN 9783642153433

[Burger u. Burge 2006] BURGER, W.; BURGE, M. J.: *Digitale Bildverarbeitung.* Springer-Verlag Berlin Heidelberg, 2006. http://dx.doi.org/10.1007/3-540-30941-1

[Campanell u. a. 2010] CAMPANELL, F. C.; BATTINO, R.; SEYBOLD, P. G.: On the Role of Solute Polarizability in Determining the Solubilities of Gases in Liquids. In: *Journal of Chemical & Engineering Data* 55 (2010), Nr. 1, S. 37–40. http://dx.doi.org/10.1021/je900558s.

[Carruth u. Kobayashi 1973] CARRUTH, G. F.; KOBAYASHI, R.: Vapor pressure of normal paraffins ethane through n-decane from their triple points to about 10 mm mercury. In: *J. Chem. Eng. Data* 18 (1973), Nr. 2, S. 115–126. http://dx.doi.org/10.1021/je60057a009.

[Casoli u. a. 2006] CASOLI, P.; VACCA, A.; FRANZONI, G.; BERTA, G. L.: Modelling of fluid properties in hydraulic positive displacement machines. In: *Simulation Modelling Practice and Theory* 14 (2006), Nr. 8, S. 1059–1072. http://dx.doi.org/10.1016/j.simpat.2006.09.006.

[Castillo 1993] CASTILLO, M.: An Analysis of Cavitation Activity at Orifices of the FFG-7 Seawater Piping System/Materials Research Laboratory. Version: 1993. http://www.dtic.mil/dtic/tr/fulltext/u2/a268805.pdf. 1993 (MRL-TN-637). Forschungsbericht

[Caupin u. Herbert 2006] CAUPIN, F.; HERBERT, E.: Cavitation in water: a review. In: *Comptes Rendus Physique* 7 (2006), Nr. 9-10, S. 1000–1017. http://dx.doi.org/10.1016/j.crhy.2006.10.015.

[Chappell u. Payne 2006] Chappell, M.; Payne, S.: A physiological model of the release of gas bubbles from crevices under decompression. In: *Respiratory Physiology & Neurobiology* 153 (2006), Nr. 2, S. 166–180. http://dx.doi.org/10.1016/j.resp.2005.10.006.

[Chorazewski u. a. 2013] Chorazewski, M.; Dergal, F.; Sawaya, T.; Mokbel, I.; Grolier, J.-P. E.; Jose, J.: Thermophysical properties of Normafluid (ISO 4113) over wide pressure and temperature ranges. In: *Fuel* 105 (2013), S. 440–450. http://dx.doi.org/10.1016/j.fuel.2012.05.059.

[Clift u. a. 2005] Clift, R.; Grace, J. R.; Weber, M. E.: *Bubbles, drops, and particles.* Mineola, NY: Dover Publications, 2005. ISBN 0486445801

[Collier u. Thome 1994] Collier, J. G.; Thome, J. R.: *Convective Boiling and Condensation.* 3. ed. Oxford: Clarendon Press, 1994. ISBN 0198562829

[Cussler 2010] Cussler, E. L.: *Diffusion - Mass Transfer in Fluid Systems.* Cambridge University Press, 2010. ISBN 9780521871211

[d'Agostino u. Acosta 1991] d'Agostino, L.; Acosta, A. J.: Separation and Surface Nuclei Effects in a Cavitation Susceptibility Meter. In: *Journal of Fluids Engineering* 113 (1991), Nr. 4, S. 695–699. http://dx.doi.org/10.1115/1.2926536.

[d'Agostino u. Green 1992] d'Agostino, L.; Green, S. I.: Simultaneous Cavitation Susceptibility Meter and Holographic Measurements of Nuclei in Liquids. In: *Journal of Fluids Engineering* 114 (1992), Nr. 2, S. 261–267. http://dx.doi.org/10.1115/1.2910025.

[Damaschke u. a. 2005] Damaschke, N.; Nobach, H.; Nonn, T. I.; Semidetnov, N.; Tropea, C.: Multi-dimensional particle sizing techniques. In: *Experiments in Fluids* 39 (2005), Nr. 2, S. 336–350. http://dx.doi.org/10.1007/s00348-005-1009-1.

[Damaschke u. a. 2002] Damaschke, N.; Nobach, H.; Tropea, C.: Optical limits of particle concentration for multi-dimensional particle sizing techniques in fluid mechanics. In: *Experiments in Fluids* 32 (2002), Nr. 2, S. 143–152. http://dx.doi.org/10.1007/s00348-001-0371-x.

[DDBST 2014] DDBST: DIPPR105 Equation. In: *DDBST GmbH* Dortmund Data Bank (2014), 11. http://ddbonline.ddbst.de/DIPPR105DensityCalculation/DIPPR105CalculationCGI.exe?component=Hexadecane. – Density n-Hexadecan

[Dehaeck u. van Beeck 2007] Dehaeck, S.; Beeck, J. van: Designing a maximum precision interferometric particle imaging set-up. In: *Experiments in Fluids* 42 (2007), Nr. 5, S. 767–781. http://dx.doi.org/10.1007/s00348-007-0286-2.

[Dehaeck u. van Beeck 2008] Dehaeck, S.; Beeck, J. van: Multifrequency interferometric particle imaging for gas bubble sizing. In: *Experiments in Fluids* 45 (2008), Nr. 5, S. 823–831. http://dx.doi.org/10.1007/s00348-008-0502-8.

[Dehaeck u. a. 2005] Dehaeck, S.; Beeck, J. van; Riethmuller, M.: Extended glare point velocimetry and sizing for bubbly flows. In: *Experiments in Fluids* 39 (2005), Nr. 2, S. 407–419. http://dx.doi.org/10.1007/s00348-005-1004-6.

[Dehaeck u. a. 2009] Dehaeck, S.; Van Parys, H.; Hubin, A.; Beeck, J. van: Laser marked shadowgraphy: a novel optical planar technique for the study of microbubbles and droplets. In: *Experiments in Fluids* 47 (2009), S. 333–341. http://dx.doi.org/10.1007/s00348-009-0668-8. 10.1007/s00348-009-0668-8

[Demant u. a. 1998] Demant, C.; Streicher-Abel, B.; Waszkewitz, P.: *Industrielle Bildverarbeitung*. Springer Berlin/Heidelberg, 1998. http://dx.doi.org/10.1007/978-3-662-12061-3

[Dhima u. a. 1998] Dhima, A.; Hemptinne, J.-C. de; Moracchini, G.: Solubility of light hydrocarbons and their mixtures in pure water under high pressure. In: *Fluid Phase Equilibria* 145 (1998), Nr. 1, S. 129–150. http://dx.doi.org/10.1016/S0378-3812(97)00211-2.

[Du u. Yang 2009] Du, W.; Yang, J.: A robust Hough transform algorithm for determining the radiation centers of circular and rectangular fields with subpixel accuracy. In: *Physics in Medicine and Biology* 54 (2009), Nr. 3, S. 555–567. http://stacks.iop.org/0031-9155/54/i=3/a=006

[Duda u. Hart 1972] Duda, R. O.; Hart, P. E.: Use of the Hough transformation to detect lines and curves in pictures. In: *Communications of the ACM* 15 (1972), Nr. 1, S. 11–15. http://dx.doi.org/10.1145/361237.361242.

[Duncan u. Needham 2004] Duncan, P. B.; Needham, D.: Test of the Epstein - Plesset Model for Gas Microparticle Dissolution in Aqueous Media: Effect of Surface Tension and Gas Undersaturation in Solution. In: *Langmuir* 20 (2004), Nr. 7, S. 2567–2578. http://dx.doi.org/10.1021/la034930i.

[Ebert u. a. 2014] Ebert, E.; Kleinwächter, A.; Kostbade, R.; Damaschke, N.: Interferometric Particle Imaging for cavitation nuclei characterization in cavitation tunnels and in the wake flow. In: *17th International Symposium on Applications of Laser Techniques to Fluid Mechanics*, 2014, S. 7–10

[Eifler u. a. 2009] Eifler, W.; Schlücker, E.; Spicher, U.; Will, G.: *Küttner Kolbenmaschinen: Kolbenpumpen, Kolbenverdichter, Brennkraftmaschinen.* 7. Wiesbaden: Vieweg+Teubner Verlag, 2009. http://dx.doi.org/10.1007/978-3-8348-9302-4. ISBN 9783835100626

[Eller u. Flynn 1965] Eller, A.; Flynn, H. G.: Rectified Diffusion during Nonlinear Pulsations of Cavitation Bubbles. In: *The Journal of the Acoustical Society of America* 37 (1965), Nr. 3, S. 493–503. http://dx.doi.org/10.1121/1.1909357.

[Epstein u. Plesset 1950] Epstein, P. S.; Plesset, M. S.: On the Stability of Gas Bubbles in Liquid - Gas Solutions. In: *The Journal of Chemical Physics* 18 (1950), Nr. 11, S. 1505–1509. http://dx.doi.org/10.1063/1.1747520.

[Findeisen 2006] Findeisen, D.: *Ölhydraulik: Handbuch für die hydrostatische Leistungsübertragung in der Fluidtechnik.* 5. Springer-Verlag Berlin Heidelberg, 2006. http://dx.doi.org/10.1007/3-540-30967-5. ISBN 3540238808

[Fischer 2001] Fischer, S.: *Blasenbildung von in Flüssigkeiten gelösten Gasen*, Lehrstuhl für Maschinen- und Apparatekunde, Technische Universität München, Dissertation, 2001

[Fogg u. Gerrard 1991] Fogg, P.; Gerrard, W.: *Solubility of Gases in Liquids.* John Wiley & Sons, 1991

[Forest u. Ward 1977] Forest, T. W.; Ward, C. A.: Effect of a dissolved gas on the homogeneous nucleation pressure of a liquid. In: *The Journal of Chemical Physics* 66 (1977), Nr. 6, S. 2322–2330. http://dx.doi.org/10.1063/1.434267.

[Fox u. Herzfeld 1954] Fox, F. E.; Herzfeld, K. F.: Gas Bubbles with Organic Skin as Cavitation Nuclei. In: *The Journal of the Acoustical Society of America* 26 (1954), Nr. 6, S. 984–989. http://dx.doi.org/10.1121/1.1907466.

[Garde u. a. 1999] Garde, S.; Garcia, A. E.; Pratt, L. R.; Hummer, G.: Temperature dependence of the solubility of non-polar gases in water. In: *Biophysical Chemistry* 78 (1999), Nr. 1-2, S. 21–32. http://dx.doi.org/10.1016/S0301-4622(99)00018-6.

[Ge u. a. 2013] Ge, Y.; Fsadni, A.; Wang, H.: Bubble dissolution in horizontal turbulent bubbly flow in domestic central heating system. In: *Applied Energy* 108 (2013), S. 477–485. http://dx.doi.org/10.1016/j.apenergy.2013.03.055.

[Gerrard 1976] Gerrard, W.: *Solubility of gases and liquids.* Plenum Press - New York and London, 1976. http://dx.doi.org/10.1007/978-1-4899-2644-9

[Glaeser u. Brauer 1977] Glaeser, H.; Brauer, H.: Berechnung des Impuls- und Stofftransports durch die Grenzfläche einer formveränderlichen Blase/VDI: Verein Deutscher Ingenieure. 1977. Forschungsbericht. ISBN 9783188505819

[Glover u. a. 1995] Glover, A. R.; Skippon, S. M.; Boyle, R. D.: Interferometric laser imaging for droplet sizing: a method for droplet-size measurement in sparse spray systems. In: *Appl. Opt.* 34 (1995), Nr. 36, S. 8409–8421. http://dx.doi.org/10.1364/AO.34.008409.

[Graziano 2003] Graziano, G.: Solvation thermodynamics of xenon in n-alkanes, n-alcohols and water. In: *Biophysical Chemistry* 105 (2003), Nr. 2-3, S. 371–382. http://dx.doi.org/10.1016/S0301-4622(03)00102-9.

[Graziano u. Lee 2003] Graziano, G.; Lee, B.: Entropy convergence in hydrophobic hydration: a scaled particle theory analysis. In: *Biophysical Chemistry* 105 (2003), Nr. 2-3, S. 241–250. http://dx.doi.org/10.1016/S0301-4622(03)00073-5.

[Gad-el Hak 2005] HAK, M. Gad-el: *MEMS: Introduction and Fundamentals.* CRC Press, 2005 (Mechanical and Aerospace Engineering Series). ISBN 9781420036572

[Hamadeh u. a. 2009] HAMADEH, N.; PELZ, P. F.; STOFFEL, B.; LUDWIG, G.: Determination of the Tensile Strength and the Nuclei Concentration by Means of the In-Situ-Nozzle. In: *7th International Symposium on Cavitation*, 2009

[Hammitt 1980] HAMMITT, F.: *Cavitation and multiphase flow phenomena.* McGraw-Hill Book Co., 1980. ISBN 9780070259072

[Harris u. a. 1994] HARRIS, R. M.; EDGE, K. A.; TILLEY, D. G.: The Suction Dynamics of Positive Displacement Axial Piston Pumps. In: *Journal of Dynamic Systems, Measurement, and Control* 116 (1994), Nr. 2, S. 281–287. http://dx.doi.org/10.1115/1.2899221.

[Harvey 1945] HARVEY, E. N.: Decompression sickness and bubble formation in blood and tissues. In: *Bulletin of the New York Academy of Medicine* 21 (1945), Nr. 10, S. 505–536

[Harvey u. a. 1944] HARVEY, E. N.; BARNES, D. K.; MCELROY, W. D.; WHITELEY, A. H.; PEASE, D. C.; COOPER, K. W.: Bubble formation in animals. I. Physical factors. In: *Journal of Cellular and Comparative Physiology* 24 (1944), Nr. 1, S. 1–22. http://dx.doi.org/10.1002/jcp.1030240102.

[Hayward 1970] HAYWARD, A. T. J.: The role of stabilized gas nuclei in hydrodynamic cavitation inception. In: *Journal of Physics D: Applied Physics* 3 (1970), Nr. 4, S. 574–580. http://stacks.iop.org/0022-3727/3/i=4/a=314

[Hefter u. Tomkins 2003] HEFTER, G. T.; TOMKINS, R.: *The experimental Determination of Solubilities.* John Wiley & sons, 2003. ISBN 9780470864272

[Heller 1991] HELLER, W.: *Erarbeitung einer Meßmethode für die Bestimmung des Gesamtgasgehaltes an Kavitationskanälen*, Technische Universität Dresden, Diplomarbeit, 1991

[Heller 2005] Heller, W.: *Hydrodynamische Effekte unter Berücksichtigung der Wasserqualität und ihre Messverfahren.* Technische Universität Dresden - Institut für Strömungsmechanik: Habilitation, 2005

[Henry 1803] Henry, W.: Experiments on the Quantity of Gases Absorbed by Water, at Different Temperatures, and under Different Pressures. In: *Philosophical Transactions of the Royal Society of London* 93 (1803), S. 29–42, 274–276. http://www.jstor.org/stable/107068.

[Hentschel u. a. 1985] Hentschel, W.; Zarschizky, H.; Lauterborn, W.: Recording and automatical analysis of pulsed off-axis holograms for determination of cavitation nuclei size spectra. In: *Optics communications* 53 (1985), Nr. 2, S. 69–73. http://dx.doi.org/doi:10.1016/0030-4018(85)90233-0.

[Hesse u. a. 1996] Hesse, P. J.; Battino, R.; Scharlin, P.; Wilhelm, E.: Solubility of Gases in Liquids. 20. Solubility of He, Ne, Ar, Kr, N2, O2, CH4, CF4, and SF6 in n-Alkanes n-ClH2l+2 (6 <= l <= 16) at 298.15 K. In: *Journal of Chemical & Engineering Data* 41 (1996), Nr. 2, S. 195–201. http://dx.doi.org/10.1021/je9502455.

[Hodges 1996] Hodges, P.: *Hydraulic Fluids.* Elsevier Ltd., 1996. ISBN 0340676523

[Holl 1960] Holl, J. W.: An Effect of Air Content on the Occurrence of Cavitation. In: *Journal of Basic Engineering* 82 (1960), Nr. 4, S. 941–945. http://dx.doi.org/10.1115/1.3662809.

[Holl 1970] Holl, J. W.: Nuclei and Cavitation. In: *Journal of Basic Engineering* 92 (1970), Nr. 4, S. 681–688. http://dx.doi.org/10.1115/1.3425105

[Hough 1962] Hough, P. V. C.: *A method and means for recognising complex patterns.* 1962. U.S. Patent No. 3,069,654

[House 2012] House, J. E.: *Inorganic chemistry.* Elsevier Academic Press, 2012. ISBN 0123567866

[Iben u. a. 2011] Iben, U.; Morozov, A.; Winklhofer, E.; Wolf, F.: Laser-pulse interferometry applied to high-pressure fluid flow in micro channels.

In: *Experiments in Fluids* 50 (2011), Nr. 3, S. 597–611. http://dx.doi.org/10.1007/s00348-010-0950-9.

[Iben u. a. 2015] IBEN, U.; WOLF, F.; FREUDIGMANN, H.-A.; FRÖHLICH, J.; HELLER, W.: Optical measurements of gas bubbles in oil behind a cavitating micro-orifice flow. In: *Experiments in Fluids* 56 (2015), Nr. 6. http://dx.doi.org/10.1007/s00348-015-1979-6.

[Illingworth u. Kittler 1987] ILLINGWORTH, J.; KITTLER, J.: The Adaptive Hough Transform. In: *IEEE Transactions on Pattern Analysis and Machine Intelligence* 9 (1987), Nr. 5, S. 690–698. http://dx.doi.org/10.1109/TPAMI.1987.4767964.

[ITTC 1978] ITTC: 15th International Towing Tank Conference,The Hague. In: *Report of the Cavitation Committee*, 1978

[Jiang u. a. 2012] JIANG, D.; LI, S.; EDGE, K. A.; ZENG, W.: Modeling and simulation of low pressure oil-hydraulic pipeline transients. In: *Computers & Fluids* 67 (2012), S. 79–86. http://dx.doi.org/10.1016/j.compfluid.2012.07.005.

[Johnson u. Cooke 1981] JOHNSON, B. D.; COOKE, R. C.: Generation of Stabilized Microbubbles in Seawater. In: *Science* 213 (1981), Nr. 4504, S. 209–211. http://www.jstor.org/stable/1687157.

[Jones u. a. 1999] JONES, S. F.; EVANS, G. M.; GALVIN, K. P.: Bubble nucleation from gas cavities–a review. In: *Advances in Colloid and Interface Science* 80 (1999), Nr. 1, S. 27–50. http://dx.doi.org/10.1016/S0001-8686(98)00074-8.

[Kawaguchi u. Maeda 2005] KAWAGUCHI, T.; MAEDA, M.: Measurement technique for analysis in two-phase flows involving distributed size of droplets and bubbles using interferometric method-planar simultaneous measurement of size and velocity vector field. In: *Multiphase Science and Technology* 17 (2005), Nr. 1-2, S. 57–77. http://dx.doi.org/10.1615/MultScienTechn.v17.i1-2.40.

[Kawase u. a. 1987] KAWASE, Y.; HALARD, B.; MOO-YOUNG, M.: Theoretical prediction of volumetric mass transfer coefficients in bubble columns for Newtonian and non-Newtonian fluids. In: *Chemical Engineering Science* 42 (1987), Nr. 7, S. 1609–1617. http://dx.doi.org/10.1016/0009-2509(87)80165-3.

[Keller 2009] KELLER: *Serie 33 X, Hochgenaue Drucktransmitter*, 2009. http://www.keller-druck.com/picts/pdf/german/33xg.pdf

[Keller 1974] KELLER, A. P.: Investigations concerning scale effects of the inception of cavitation. In: *Proceedings I. Mech. E., Conference on Cavitation*, 1974, S. 109–117

[Kessal u. Bennacer 2005] KESSAL, M.; BENNACER, R.: Modeling of Dissolved Gas Effect on Liquid Transients. In: *Journal of Applied Mechanics* 73 (2005), S. 112–119. http://dx.doi.org/10.1115/1.1992513.

[Kümmel 2007] KÜMMEL, W.: *Technische Strömungsmechanik*. Wiesbaden: Vieweg+Teubner Verlag, 2007. http://dx.doi.org/10.1007/978-3-8351-9126-6

[König u. a. 1986] KÖNIG, G.; ANDERS, K.; FROHN, A.: A new light-scattering technique to measure the diameter of periodically generated moving droplets. In: *Journal of Aerosol Science* 17 (1986), Nr. 2, S. 157–167. http://dx.doi.org/10.1016/0021-8502(86)90063-7.

[Kohl u. Nielsen 1997] KOHL, A. L.; NIELSEN, R.: *Gas Purification*. Elsevier Science, 1997. ISBN 9780884152200

[Kolev 2007] KOLEV, N. I.: *Multiphase Flow Dynamics 3*. Springer Berlin Heidelberg, 2007. http://dx.doi.org/10.1007/978-3-540-71443-9. ISBN 9783540714422

[Kranenburg 1974] KRANENBURG, C.: Gas Release During Transient Cavitation in Pipes. In: *Journal of the Hydraulics Division* 100 (1974), S. 1383–1398

[Kraume 2012] KRAUME, M.: *Transportvorgänge in der Verfahrenstechnik: Grundlagen und apparative Umsetzungen*. Berlin: Springer Vieweg, 2012. http://dx.doi.org/10.1007/978-3-642-25149-8

[Kress u. Keyes 1973] KRESS, T. S.; KEYES, J. J. J.: Liquid phase controlled mass transfer to bubbles in cocurrent turbulent pipeline flow. In: *Chemical Engineering Science* 28 (1973), Nr. 10, S. 1809–1823. http://dx.doi.org/10.1016/0009-2509(73)85063-8.

[Krichevsky u. Kasarnovsky 1935] KRICHEVSKY, I. R.; KASARNOVSKY, J. S.: Thermodynamical Calculations of Solubilities of Nitrogen and Hydrogen in Water at High Pressures. In: *Journal of the American Chemical Society* 57 (1935), Nr. 11, S. 2168–2171. http://dx.doi.org/10.1021/ja01314a036.

[Laven 2015] LAVEN, P.: *MiePlot: A computer program for scattering of light from a sphere using Mie theory & the Debye series.* http://www.philiplaven.com/mieplot.htm. Version: 2015. v4.5

[Lecoffre 1999] LECOFFRE, Y.: *Cavitation: Bubble Trackers.* CRC Press Taylor & Francis, 1999. ISBN 9789054107835

[Lei u. a. 2014] LEI, Z.; DAI, C.; CHEN, B.: Gas Solubility in Ionic Liquids. In: *Chemical Reviews* 114 (2014), Nr. 2, S. 1289–1326. http://dx.doi.org/10.1021/cr300497a.

[Leighton 1994] LEIGHTON, T. G.: *The acoustic bubble.* London: Academic Press, 1994. ISBN 0124419208

[Lemmon u. a. 2014] LEMMON, E.; MCLINDEN, M.; FRIEND, D.: Thermophysical Properties of Fluid Systems. In: *NIST Chemistry WebBook, retrieved November 21, 2014* NIST Standard Reference Database Number 69, National Institute of Standards and Technology, Gaithersburg MD, 20899, (2014), Nr. Eds. P.J. Linstrom and W.G. Mallard. http://webbook.nist.gov

[Levich 1962] LEVICH, V. G.: *Physicochemical hydrodynamics.* Englewood Cliffs, NJ: Prentice-Hall, 1962. ISBN 0136744400

[Li u. a. 2008] LI, S.; YANG, C.; JIANG, D.: Modeling of hydraulic pipeline transients accompanied with cavitation and gas bubbles using parallel genetic algorithms. In: *Journal of Applied Mechanics* 75 (2008), Nr. 4. http://dx.doi.org/10.1115/1.2912934.041012

[Liger-Belair 2005] LIGER-BELAIR, G.: The Physics and Chemistry behind the Bubbling Properties of Champagne and Sparkling Wines: A State-of-the-Art Review. In: *Journal of Agricultural and Food Chemistry* 53 (2005), Nr. 8, S. 2788–2802. http://dx.doi.org/10.1021/jf048259e.

[Lin u. a. 2000] LIN, H.-Y.; BIANCCUCCI, B. A.; DEUTSCH, S.; FONTAINE, A. A.; TARBELL, J. M.: Observation and quantification of gas bubble formation on a mechanical heart valve. In: *Journal of biomechanical engineering* 122 (2000), Nr. 4, S. 304–309. http://dx.doi.org/10.1115/1.1287171.

[Lindgren u. Johnsson 1966] LINDGREN, H.; JOHNSSON, C. A.: Cavitation inception on headforms, ITTC comparitive experiments. In: *Proceedings of 11th Towing Tank Conference, Tokyo*, 1966, S. 219–232

[Liu u. Brennen 1998] LIU, Z.; BRENNEN, C. E.: Cavitation nuclei population and event rates. In: *Journal of Fluids Engineering* 120 (1998), Nr. 4, S. 728–737. http://dx.doi.org/10.1115/1.2820730.

[Longhitano u. a. 2016] LONGHITANO, M.; PROTASE, A.; MURRENHOFF, H.: Experimental Investigation of the Air Release in Hydraulic Reservoirs. In: *10th International Fluid Power Conference Dresden*, 2016

[Lucas 2008] LUCAS, K.: *Thermodynamik: Die Grundgesetze der Energie- und Stoffumwandlungen*. 7. Springer-Verlag Berlin Heidelberg, 2008. http://dx.doi.org/10.1007/978-3-540-68648-4. ISBN 9783540686484

[Lüdecke u. Lüdecke 2000] LÜDECKE, C.; LÜDECKE, D.: *Thermodynamik: Physikalisch-chemische Grundlagen der thermischen Verfahrenstechnik*. Springer Berlin Heidelberg New York, 2000. http://dx.doi.org/10.1007/978-3-642-56988-3

[Maeda u. a. 2000] MAEDA, M.; KAWAGUCHI, T.; HISHIDA, K.: Novel interferometric measurement of size and velocity distributions of spherical particles in fluid flows. In: *Measurement Science and Technology* 11 (2000), Nr. 12, S. L13–L18. http://stacks.iop.org/0957-0233/11/i=12/a=101

[Mang u. Dresel 2007] MANG, T.; DRESEL, W.: *Lubricants and Lubrication*. Wiley, 2007. ISBN 9783527610334

[MATLAB 2006] MATLAB: *version 7.3 (R2006b)*. Natick, Massachusetts: The MathWorks Inc., 2006

[Medrano u. a. 2012] MEDRANO, M.; PELLONE, C.; ZERMATTEN, P. J.; AYELA, F.: Hydrodynamic cavitation in microsystems. II. Simulations and optical observations. In: *Physics of Fluids* 24 (2012), Nr. 4. http://dx.doi.org/http://dx.doi.org/10.1063/1.3699067. 047101

[Medrano u. a. 2011] MEDRANO, M.; ZERMATTEN, P. J.; PELLONE, C.; FRANC, J. P.; AYELA, F.: Hydrodynamic cavitation in microsystems. I. Experiments with deionized water and nanofluids. In: *Physics of Fluids* 23 (2011), Nr. 12. http://dx.doi.org/10.1063/1.3671682. 127103

[Medwin 1977] MEDWIN, H.: Acoustical determinations of bubble-size spectra. In: *The Journal of the Acoustical Society of America* 62 (1977), Nr. 4, S. 1041–1044. http://dx.doi.org/10.1121/1.381617.

[Mench 2008] MENCH, M. M.: *Fuel Cell Engines*. Wiley, 2008 https://books.google.de/books?id=Hir1uBEXenoC. ISBN 9780471689584

[Merker u. Schwarz 2009] MERKER, G. P.; SCHWARZ, C.: *Grundlagen Verbrennungsmotoren: Simulation der Gemischbildung, Verbrennung, Schadstoffbildung und Aufladung*. Vieweg+Teubner Verlag, 2009. http://dx.doi.org/10.1007/978-3-8348-9344-4. ISBN 9783834893444

[Merker u. Teichmann 2014] MERKER, G. P.; TEICHMANN, R.: *Grundlagen Verbrennungsmotoren: Funktionsweise, Simulation, Messtechnik*. Wiesbaden: Springer Vieweg, 2014. http://dx.doi.org/10.1007/978-3-658-03195-4. ISBN 9783658031947

[Merritt 1967] MERRITT, H.: *Hydraulic Control Systems*. Wiley, 1967. ISBN 9780471596172

[Merzkirch 1987] MERZKIRCH, W.: *Flow visualization*. Acad. Press, 1987. ISBN 0124913512

[Mishra u. Peles 2005] MISHRA, C.; PELES, Y.: Cavitation in flow through a micro-orifice inside a silicon microchannel. In: *Physics of Fluids* 17 (2005). http://dx.doi.org/10.1063/1.1827602.

[Mishra u. Peles 2006] Mishra, C.; Peles, Y.: An experimental investigation of hydrodynamic cavitation in micro-Venturis. In: *Physics of Fluids* 18 (2006). http://dx.doi.org/10.1063/1.2360996.

[Mizerovskii u. Smirnova 2009] Mizerovskii, L. N.; Smirnova, K. P.: Solubility of noble gases and nitrogen in n-alkanes at 298.15 K and atmospheric pressure. Correlation analysis. In: *Russian Chemical Bulletin* 58 (2009), Nr. 8, S. 1547–1561. http://dx.doi.org/10.1007/s11172-009-0213-1.

[Mohammadi u. Sharp 2013] Mohammadi, M.; Sharp, K. V.: Experimental Techniques for Bubble Dynamics Analysis in Microchannels: A review. In: *Journal of Fluids Engineering* 135 (2013), Nr. 2. http://dx.doi.org/10.1115/1.4023450.

[Mørch 2009] Mørch, K.: Cavitation Nuclei: Experiments and Theory. In: *Journal of Hydrodynamics, Ser. B* 21 (2009), Nr. 2, S. 176–189. http://dx.doi.org/10.1016/S1001-6058(08)60135-3.

[Müller u. a. 2016] Müller, A.; Heck, M.; Ohligschläger, O.; Weber, J.; Petzold, M.: Brimming bubbles? On an Innovative Piston Design of Dosing Pumps. In: *10th International Fluid Power Conference Dresden*, 2016

[Ndiaye u. a. 2012] Ndiaye, E. H. I.; Bazile, J.-P.; Nasri, D.; Boned, C.; Daridon, J. L.: High pressure thermophysical characterization of fuel used for testing and calibrating diesel injection systems. In: *Fuel* 98 (2012), S. 288–294. http://dx.doi.org/10.1016/j.fuel.2012.04.005.

[Neumann 2005] Neumann, B.: *Bildverarbeitung für Einsteiger*. Springer-Verlag Berlin Heidelberg, 2005. http://dx.doi.org/10.1007/b138063. ISBN 9783540218883

[Niwa u. a. 2000] Niwa, Y.; Kamiya, Y.; Kawaguchi, T.; Maeda, M.: Bubble sizing by interferometric laser imaging. In: *Proceedings of the 10th International Symposium on Applications of Laser Techniques to Fluid Mechanics*, 2000

[O'Hern u. a. 1985] O'Hern, T. J.; Katz, J.; Acosta, A. J.: Holographic measurements of cavitation nuclei in the sea. In: *Cavitation and multiphase flow forum*, 1985 [van Overbrüggen u. a. 2014] Overbrüggen, T. van; Schröder, F.; Klaas, M.; Schröder, W.: A particle-image velocimetry tracer generating technique for liquid flows. In: *Measurement Science and Technology* 25 (2014), Nr. 8. http://dx.doi.org/10.1088/0957-0233/25/8/087001.

[Payri u. a. 2004a] Payri, F.; Bermudez, V.; Payri, R.; Salvador, F. J.: The influence of cavitation on the internal flow and the spray characteristics in diesel injection nozzles. In: *Fuel* 83 (2004), Nr. 4-5, S. 419–431. http://dx.doi.org/10.1016/j.fuel.2003.09.010.

[Payri u. a. 2004b] Payri, R.; Guardiola, C.; Salvador, F. J.; Gimeno, J.: Critical cavitation number determination in diesel injection nozzles. In: *Experimental Techniques* 28 (2004), Nr. 3, S. 49–52. http://dx.doi.org/10.1111/j.1747-1567.2004.tb00164.x.

[Payri u. a. 2009] Payri, R.; Salvador, F. J.; Gimeno, J.; Morena, J. de l.: Study of cavitation phenomena based on a technique for visualizing bubbles in a liquid pressurized chamber. In: *International Journal of Heat and Fluid Flow* 30 (2009), Nr. 4, S. 768–777. http://dx.doi.org/10.1016/j.ijheatfluidflow.2009.03.011.

[Peng 2005] Peng, T.: *Detect circles with various radii in grayscale image via Hough Transform.* http://www.mathworks.com/matlabcentral/fileexchange/9168-detect-circles-with-various-radii-in-grayscale-image-via-hough-transform. Version: November 2005. Update 17. November 2010

[Peng u. a. 2007] Peng, T.; Balijepalli, A.; Gupta, S. K.; Lebrun, T.: Algorithms for On-Line Monitoring of Micro-Spheres in an Optical Tweezers-Based Assembly Cell. In: *ASME Journal of Computing and Information Science in Engineering* 7 (2007), Nr. 4, S. 330–338. http://dx.doi.org/10.1115/1.2795306.

[Pepper u. a. 2011] Pepper, I. L., Gerba, C. P.; Brusseau, M. L.: *Environmental and Pollution Science.* Academic Press, 2011

[Pereira u. Gharib 2004] Pereira, F.; Gharib, M.: A method for three-dimensional particle sizing in two-phase flows. In: *Measurement Science and Technology* 15 (2004), Nr. 10, S. 2029–2038. http://stacks.iop.org/0957-0233/15/i=10/a=012

[Pettersson u. a. 1993] PETTERSSON, M.; WEDDFELT, K.; PALMBERG, J.-O.: Modelling and Measurement of Cavitation and Air Release in a Fluid Power Piston Pump. In: *The Third Scandinavian International Conference on Fluid Power*, 1993

[Pierotti 1976] PIEROTTI, R. A.: A scaled particle theory of aqueous and nonaqueous solutions. In: *Chemical Reviews* 76 (1976), Nr. 6, S. 717–726. http://dx.doi.org/10.1021/cr60304a002.

[Plesset u. Prosperetti 1977] PLESSET, M. S.; PROSPERETTI, A.: Bubble dynamics and cavitation. In: *Annual Review of Fluid Mechanics* 9 (1977), Nr. 1, S. 145–185. http://dx.doi.org/10.1146/annurev.fl.09.010177.001045.

[Poling u. a. 2001] POLING, B. E.; PRAUSNITZ, J. M.; O'CONNELL, J. P.: *The properties of gases and liquids*. 5. ed. New York: McGraw-Hill, 2001 http://www.gbv.de/dms/ilmenau/toc/318379511.PDF. ISBN 0070116822

[Pollack 1991] POLLACK, G. L.: Why Gases Dissolve in Liquids. In: *Science* 251 (1991), Nr. 4999, S. 1323–1330. http://dx.doi.org/10.1126/science.251.4999.1323.

[Power u. a. 2009] POWER, O. A.; LEE, W.; FOWLER, A. C.; DELLAR, P. J.; SCHWARTZ, L. W.; LUKASCHUK, S.; LESSELLS, G.; HEGARTY, A. F.; O'SULLIVAN, M.; LIU, Y.: The initiation of Guinness. In: *Proceedings of the Seventieth European Study Group with Industry*, 2009, S. 141–182

[Prausnitz u. a. 1999] PRAUSNITZ, J. M.; LICHTENTHALER, R. N.; AZEVEDO, E. G. d.: *Molecular thermodynamics of fluid-phase equilibria*. Bd. 5. 3. ed. Prentice-Hall, 1999. ISBN 0139777458

[Roth u. a. 1994] ROTH, N.; ANDERS, K.; FROHN, A.: Determination of Size, Evaporation Rate and Freezing of Water Droplets using light scattering and radiation pressure. In: *Particle & Particle Systems Characterization* 11 (1994), Nr. 3, S. 207–211. http://dx.doi.org/10.1002/ppsc.19940110307.

[Ruan 1994] RUAN, Y.: Determination of very low vapor pressures of seven organic compounds. In: *Huagong-Xuebao* 45 (1994), S. 102–105

[Sander 2015] SANDER, R.: Compilation of Henry's law constants (version 4.0) for water as solvent. In: *Atmospheric Chemistry and Physics* 15 (2015), Nr. 8, S. 4399–4981. http://dx.doi.org/10.5194/acp-15-4399-2015.

[Sauer 2000] SAUER, J.: *Instationär kavitierende Strömungen - Ein neues Modell, basierend auf Front Capturing (VoF) und Blasendynamik*, Universität Karlsruhe, Fakultät für Maschinenbau, Dissertation, 2000. http://digbib.ubka.uni-karlsruhe.de/volltexte/documents/1525

[Schäfer 2011] SCHÄFER, F.: *Interferometrische Messung von Mikroblasen in technischen Flüssigkeiten*, Fachhochschule nta Prof. Dr. Grübler gGmbH Isny im Allgäu, Diplomarbeit, 2011

[Schöpf u. a. 1996] SCHÖPF, W.; PATTERSON, J. C.; BROOKER, A. M. H.: Evaluation of the shadowgraph method for the convective flow in a side-heated cavity. In: *Experiments in Fluids* 21 (1996), S. 331–340. http://dx.doi.org/10.1007/BF00189053. 10.1007/BF00189053

[Schrank u. a. 2013] SCHRANK, K.; MURRENHOFF, H.; STAMMEN, C.: Measurements of air absorption and air release characteristics in hydraulic oils at low pressure. In: *ASME/BATH 2013 Symposium on Fluid Power and Motion Control*, 2013

[Schrank u. a. 2014] SCHRANK, K.; MURRENHOFF, H.; STAMMEN, C.: Investigation of Different Methods to Measure the Entrained Air Content in Hydraulic Oils. In: *ASME/BATH Symposium on Fluid Power and Motion Control* American Society of Mechanical Engineers, 2014

[Schweitzer u. Szebehely 1950] SCHWEITZER, P. H.; SZEBEHELY, V. G.: Gas Evolution in Liquids and Cavitation. In: *Journal of Applied Physics* 21 (1950), Nr. 12, S. 1218–1224. http://dx.doi.org/10.1063/1.1699579.

[Semidetnov u. Tropea 2004] SEMIDETNOV, N.; TROPEA, C.: Conversion relationships for multidimensional particle sizing techniques. In: *Measurement Science and Technology* 15 (2004), Nr. 1, S. 112–118. http://stacks.iop.org/0957-0233/15/i=1/a=015

[Shen u. a. 1984] SHEN, Y. T.; GROWING, S.; PIERCE, R.: Cavitation Susceptibility Measurements by a venturi. In: *International Symposium on Cavitation Inception* ASME, 1984, S. 9–18

[Shulgin u. Ruckenstein 2002] SHULGIN, I.; RUCKENSTEIN, E.: The Solubility of Binary Mixed Gases by the Fluctuation Theory. In: *Industrial & Engineering Chemistry Research* 41 (2002), Nr. 25, S. 6279–6283. http://dx.doi.org/10.1021/ie020016t.

[da Silva u. de Freitas Rachid 2012] SILVA, A. B.; DE FREITAS RACHID, B. F.: Hysteresis Loops Due To Gaseous Cavitation. In: *ENCIT2012 14th Brazilian Congress of Thermal Sciences and Engineering*, 2012

[Singhal u. a. 2002] SINGHAL, A. K.; ATHAVALE, M. M.; LI, H.; JIANG, Y.: Mathematical basis and validation of the full cavitation model. In: *Journal of Fluids Engineering* 124 (2002), Nr. 3, S. 617–624. http://dx.doi.org/10.1115/1.1486223.

[Skoda u. a. 2011] SKODA, R.; IBEN, U.; MOROZOV, A.; MIHATSCH, M.; SCHMIDT, S. J.; ADAMS, N. A.: Numerical simulation of collapse induced shock dynamics for the prediction of the geometry, pressure and temperature impact on the cavitation erosion in micro channels. In: *WIMRC 3rd International Cavitation Forum*, 2011

[Smith u. a. 2008] SMITH, N. Q.; JOHNSON, M. C.; BARFUSS, S. L.: Vapor cavity collapse downstream from orifice plates. In: *Journal of Hydraulic Research* 46 (2008), November, Nr. 6, S. 830–834. http://dx.doi.org/10.1080/00221686.2008.9521927.

[Solano-Altamirano u. a. 2015] SOLANO-ALTAMIRANO, J.; MALCOLM, J. D.; GOLDMAN, S.: Gas bubble dynamics in soft materials. In: *Soft matter* 11 (2015), Nr. 1, S. 202–210

[Stephan u. Mayinger 1999] STEPHAN, P.; MAYINGER, F.: *Thermodynamik: Band 2: Mehrstoffsysteme und chemische Reaktionen*. 14. Springer-Verlag Berlin Heidelberg, 1999. http://dx.doi.org/10.1007/978-3-662-10522-1

[Strunk 2015] STRUNK, C.: *Moderne Thermodynamik: Von einfachen Systemen zu Nanostrukturen*. de Gruyter, 2015. ISBN 9783110371055

[Tarantino u. a. 2009] TARANTINO, A.; ROMERO, E.; CUI, Y.-J.: *Laboratory and Field Testing of Unsaturated Soils.* Springer Netherlands, 2009. http://dx.doi.org/10.1007/978-1-4020-8819-3. ISBN 9781402088186

[Tipler 1994] TIPLER, P. A.; GERLICH, D.; JERKE, G.: *Physik.* Spektrum Akademischer Verlag, 1994. ISBN 3860251228

[Totten u. a. 1997] TOTTEN, G.; SUN, Y.; BISHOP, R.: Hydraulic Fluids: Foaming, Air Entrainment, and Air Release - A Review. In: *SAE* (1997), S. 53–63. http://dx.doi.org/10.4271/972789. No. 972789

[Totten 2006] TOTTEN, G. E.: *Handbook of Lubrication and Tribology: Volume I Application and Maintenance.* CRC-Press Taylor & Francis Group, 2006. ISBN 9780849320958

[Totten u. De Negri 2011] TOTTEN, G. E.; DE NEGRI, V. J.: *Handbook of hydraulic fluid technology.* 2. ed. CRC-Press, 2011. ISBN 1420085263

[Trevena 1987] TREVENA, D. H.: *Cavitation and tension in liquids.* Hilger, 1987. ISBN 0852744544

[Tropea u. a. 2007] TROPEA, C.; YARIN, A. L.; FOSS, J. F.: *Springer Handbook of Experimental Fluid Mechanics.* Springer Berlin Heidelberg, 2007. http://dx.doi.org/10.1007/978-3-540-30299-5

[Tsonopoulos 1974] TSONOPOULOS, C.: An empirical correlation of second virial coefficients. In: *AIChE Journal* 20 (1974), Nr. 2, S. 263–272. http://dx.doi.org/10.1002/aic.690200209.

[Van Ness u. Abbott 1982] VAN NESS, H. C.; ABBOTT, M. M.: *Classical thermodynamics of nonelectrolyte solutions: with applications to phase equilibria.* New York: McGraw-Hill, 1982

[Vogelpohl 1949] VOGELPOHL, G.: Über die Schaumbildung von Ölen durch Kavitation. In: *Forschung auf dem Gebiet des Ingenieurwesens A* 16 (1949), Nr. 4, S. 109–112. http://dx.doi.org/10.1007/BF02592335.

[Waniewski u. a. 2001] WANIEWSKI, T. A.; HUNTER, C.; BRENNEN, C. E.: Bubble measurements downstream of hydraulic jumps. In: *International Journal of Multiphase Flow* 27 (2001), Nr. 7, S. 1271–1284. http://dx.doi.org/10.1016/S0301-9322(01)00003-9.

[Washio u. a. 2010] WASHIO, S.; KIKUI, S.; TAKAHASHI, S.: Nucleation and subsequent cavitation in a hydraulic oil poppet valve. In: *Proceedings of the Institution of Mechanical Engineers, Part C: Journal of Mechanical Engineering Science* 224 (2010), Nr. 4, S. 947–958. http://dx.doi.org/10.1243/09544062JMES1618.

[Washio u. a. 2001] WASHIO, S.; TAKAHASHI, S.; UDA, Y.; SUNAHARA, T.: Study on cavitation inception in hydraulic oil flow through a long two-dimensional constriction. In: *Proceedings of the Institution of Mechanical Engineers, Part J: Journal of Engineering Tribology* 215 (2001), Nr. 4, S. 373–386. http://dx.doi.org/10.1243/1350650011543619.

[Welty u. a. 2008] WELTY, J. R.; WICKS, C. E.; WILSON, R. E.; RORRER, G. L.: *Fundamentals of momentum, heat and mass transfer*. 5. ed. John Wiley and Sons Ltd, 2008. ISBN 0470128682

[Wiggert u. Sundquist 1979] WIGGERT, D. C.; SUNDQUIST, M. J.: The Effect of Gaseous Cavitation on Fluid Transients. In: *Journal of Fluids Engineering* 101 (1979), Nr. 1, S. 79–86. http://dx.doi.org/10.1115/1.3448739.

[Wilcock u. Battino 1974] WILCOCK, R. J.; BATTINO, R.: Solubility of oxygen-nitrogen mixture in water. In: *Nature* 252 (1974), Nr. 5484, S. 614–615. http://dx.doi.org/10.1038/252614c0.

[Wilhelm 1985] WILHELM, E.: Solubility of gases in liquids: a critical review. In: *Pure and Applied Chemistry* 57 (1985), Nr. 2, S. 303–322. http://dx.doi.org/10.1351/pac198557020303.

[Wilhelm 1997] WILHELM, E.: Some remarks on the solubility of gases in liquid long-chain n-alkanes and n-alkan-1-ols. In: *Journal of thermal analysis* 48 (1997), Nr. 3, S. 545–555. http://dx.doi.org/10.1007/BF01979501.

[Wilhelm u. a. 1977] WILHELM, E.; BATTINO, R.; WILCOCK, R. J.: Low-pressure solubility of gases in liquid water. In: *Chemical Reviews* 77 (1977), Nr. 2, S. 219–262. http://dx.doi.org/10.1021/cr60306a003.

[Wilt 1986] WILT, P.: Nucleation rates and bubble stability in water-carbon dioxide solutions. In: *Journal of Colloid and Interface Science* 112 (1986), Nr. 2, S. 530–538. http://dx.doi.org/10.1016/0021-9797(86)90122-0.

[Winklhofer u. a. 2001] WINKLHOFER, E.; KULL, E.; KELZ, E.; MOROZOV, A.: Comprehensive hydraulic and flow field documentation in model throttle experiments under cavitation conditions. In: *ILASS-Europe 2001, 17 International Conference on Liquid Atomization and Spray Systems*, 2001, S. 629–634

[Wylie u. Streeter 1978] WYLIE, E. B.; STREETER, V. L.: *Fluid transients.* McGraw-Hill International Book Co., 1978

[Yount 1979] YOUNT, D. E.: Skins of varying permeability: A stabilization mechanism for gas cavitation nuclei. In: *The Journal of the Acoustical Society of America* 65 (1979), Nr. 6, S. 1429–1439. http://dx.doi.org/10.1121/1.382930.

[Zheng u. a. 1991] ZHENG, Q.; DURBEN, D. J.; WOLF, G. H.; ANGELL, C. A.: Liquids at Large Negative Pressures: Water at the Homogeneous Nucleation Limit. In: *Science* 254 (1991), Nr. 5033, S. 829–832. http://dx.doi.org/10.1126/science.254.5033.829.

[Zhou u. a.(2013)] ZHOU, J.; VACCA A.; MANHARTSGRUBER, B.: A Novel Approach for the Prediction of Dynamic Features of Air Release and Absorption in Hydraulic Oils. In: *Journal of Fluids Engineering* 135 (2013), S. 091305–091305–8. http://dx.doi.org/10.1115/1.4024864.